测绘院士专著

# 三线阵CCD影像卫星摄影测量原理

（第二版）

Satellite Photogrammetric Principle for Three-line-array CCD Imagery

王任享 著

测绘出版社
·北京·

ⓒ 王任享　2006,2016

所有权利（含信息网络传播权）保留,未经许可,不得以任何方式使用。

图书在版编目(CIP)数据

三线阵 CCD 影像卫星摄影测量原理 / 王任享著. —2 版. —北京：测绘出版社,2016.5
ISBN 978-7-5030-3932-4

Ⅰ.①三… Ⅱ.①王… Ⅲ.①卫星测量法－摄影测量法 Ⅳ.①P236

中国版本图书馆 CIP 数据核字(2016)第 086349 号

| 责任编辑 | 吴 芸 | 封面设计 | 李 伟 | 责任校对 | 董玉珍 | 责任印制 | 陈 超 |
|---|---|---|---|---|---|---|---|
| 出版发行 | 测绘出版社 | | | 电　话 | 010-83543956（发行部） | | |
| 地　　址 | 北京市西城区三里河路 50 号 | | | | 010-68531609（门市部） | | |
| 邮政编码 | 100045 | | | | 010-68531363（编辑部） | | |
| 电子信箱 | smp@sinomaps.com | | | 网　址 | www.chinasmp.com | | |
| 印　　刷 | 北京新华印刷有限公司 | | | 经　销 | 新华书店 | | |
| 成品规格 | 169mm×239mm | | | 印　张 | 14 | | |
| 版　　次 | 2006 年 8 月第 1 版 | | | 字　数 | 265 千字 | | |
| | 2016 年 5 月第 2 版 | | | 印　数 | 2001—3500 | | |
| 印　　次 | 2016 年 5 月第 2 次印刷 | | | 定　价 | 68.00 元 | | |
| 书　　号 | ISBN 978-7-5030-3932-4 | | | | | | |

本书如有印装质量问题,请与我社门市部联系调换。

# 序 *

"摄影测量学"(photogrammetry)有着悠久的历史。1839年法国Daguerre报道了第一张摄影(像片)的产生,差不多同时就有"摄影测量学"这一学名首次见诸学术刊物。早在15世纪末叶,就有人利用中心投影的透视图像,用手描绘下来进行测量绘图;并且在16世纪末叶出现这样用手素描的立体图像。那时候摄影还没有发明,这种测绘技术还没有叫"摄影测量学",而称之为量影术(iconometry)。名称不同而实质相同,所以可以说摄影测量的历史已经有500年了。

摄影测量学在这500年的发展是比较缓慢的,封闭式的。直到最近30～40年间才有了急剧的变化。这主要是由于其他依托学科的出现和发展,主要是数字电子计算机的技术和空间技术的发展。摄影测量本身的重大变化是走向了数字化的道路,使得摄影测量的应用范围扩大,深入而且能够逐渐走向自动化。摄影测量学作为从事地学信息工程的一门学科,可以概括地说:在1960年以前,称之为"摄影测量"学科,而在1960年以后,应该与新兴的遥感(RS)技术和地理信息系统(GIS)技术等综合到一起,改称为通过图像获取(广义的获取)地学信息的一门学科,实际上遥感技术就是摄影测量的发展,地理信息系统的基础数据库是数字化摄影测量的必然成果。按照这种意义起一名字叫作"影像信息工程"(iconic informatics)也可以考虑,有的单位已经正式改用类似的名称了。但总的来说,对这种名称方面的问题到现在还缺乏统一的共识。

从事摄影测量学科的科学工作者,一方面要注意前沿发展,也就是所谓"影像信息工程"方面发展的新课题,另一方面也要保存摄影测量学数百年的遗产,加以充分利用和做出有益的补充。欣闻西安测绘研究所将对资深中老年科学家王任享同志的著作选

王之卓院士于1988年12月30日参观西安测绘研究所的"我国卫星摄影测量成果展览"并做学术报告

---

\* 此序言是王之卓院士为《王任享研究员学术论文选集》作的序,笔者将其作为本书的序言,以示对王先生的怀念和敬仰。

出 20 余篇准备刊出,这是一件好事。

  王任享同志年过六旬,从事摄影测量科研工作 35 年,致力于摄影测量网平差、粗差定位、数字摄影测量、微分纠正影像、卫星摄影测量以及三线阵 CCD 影像的利用等方面的研究工作,孜孜不倦,建树甚多。王任享同志才华出众,勤奋治学,为人谦虚谨慎,虽已进入老年仍能坚持科学研讨,令人钦佩。乐于为其专著集作序。

王之卓

1996 年 11 月于武汉

## 序言

"摄影测量学"有着悠久的历史。1839年法国Daguerre发明了第一张摄影的产生，差不多同时就有"摄影测量学"这一学名首次见诸学术刊物。早在15世纪末叶起就有人利用中心投影的透视图象用来描绘下来进行测量绘图，并且在16世纪末叶出来这样用来素描的立体图象。那时候摄影还没有发明，把这种测绘技术当时这该是的"摄影测量学"而称之为量影术(Iconometry)，名称不同而实质相同，所以我们说摄影测量的历史已经有500年了。

摄影测量学这500年的发展是比较缓慢的，封闭式的。直到最近30~40年间才有了急剧的变化。这主要是由于其他依托学科的出现和发展，这一是电子计算机技术和空间技术的发展。摄影测量学本身的重大变化是走向数字化的道路，使得摄影测量的应用范围扩大，深入 而且逐渐走向自动化。因为 现代 摄影测量学 是 从事地学信息工程的 一门学科，可以概括地说在1960年以前，可称之为摄影测量学科，而在1960年以后，应该与新兴的遥感技术和地理信息系统技术等综合起来，以称为通过图象获取(广义的获取)地学信息的一门

学科。按照这种意义起一名子叫做"影象信息工程"(Iconic Informatics)也可以考虑，也有的单位已经正式改用类似的名称了，但总的说来到现在还缺乏统一的共识。

从事摄影测量学科的科学工作者，一方面要注意前沿信息，也就是所谓"影象信息工程"方面的发展新课题，另一方面也要保存和摄影测量学数百年的遗产加以系利用和作为有益的补充。欣闻西安测绘研究所将对省深中老年科学家王任享同志的著作选出20余篇汇编刊出，这是一件好事。

王任享同志年过六旬，从事摄影测量工作世五年，致力于摄影测量网平差 粗差定位，数字摄影测量，微分纠正影象，卫星摄影测量，以及三线阵CCD影象的利用等方面的研究

工作，致努不倦 建树甚多。王任享同志才华出众，勤奋治学，为人谦虚谨慎，虽已进入老年仍能坚持新讨，令人钦佩。乐于为其专著集作序。

王之卓 1996年11月
于武汉

# 第二版前言

卫星摄影测量是人类获取地球空间信息的重要手段，也是解决全球无图区或困难地区测绘的有效途径。阿波罗测月开启了无地面控制点卫星摄影测量（本书简称无控定位）的先河，深深地影响了摄影测量的发展。在有控制点条件下，测制1∶5万比例尺地形图困难不大；但在无控制点条件下，测制1∶5万比例尺地形图（制图标准为水平位置误差12 m，垂直高程误差6.0 m），即使是技术很发达的国家也经历了相当艰难的研发过程。中国以自身的空间技术研发了我国第一颗传输型立体测绘遥感卫星"天绘一号"，并成功地进行了光学卫星影像摄影测量实验研究，无地面控制点目标定位精度实现了美国StereoSat、MapSat、OIS和德国MOMS等光学卫星摄影测量系统（学术思想或工程）期望实现而没有实现的目标。

自2006年《三线阵CCD影像卫星摄影测量原理》一书出版以来，受到从事卫星摄影测量同仁的青睐，相关工业部门也颇感兴趣。由于我国测绘卫星发展进程的原因，第一版全部是理论基础和笔者的模拟实验研究，并未有实际在轨卫星数据研究。随着笔者对"嫦娥一号"及"天绘一号"卫星影像的处理，其理论和工程实践仍有许多可扩展点，在实际卫星工程中应予以关注。为了使三线阵摄影测量从理论到模拟实验，再到实际卫星工程的验证与完善，便于读者对卫星摄影测量有一个整体理解，决定在第一版基础上补充完善后重新出版。

此次修改主要是将"嫦娥一号"及"天绘一号"卫星影像处理的相关理论和实验结果纳入本书中。将笔者处理后的"嫦娥一号"部分红绿立体影像首次展现给读者，使读者可以"俯瞰月球"；重点介绍了EFP全三线交会光束法平差、集外方位角元素低频误差改正及偏流角平差效应处理等功能为一体的"天绘一号"特殊光束法平差软件。

"天绘一号"卫星工程目标的实现，终于使光束法平差途径在光学卫星无控摄影测量中占了一席之地，也圆了笔者三十多年前研发中国传输型摄影测量卫星的梦。至此，可以告慰恩师王之卓先生，学生遵从老师的教诲，在保存摄影测量百年遗产、加以充分利用方面做出了一点点有益的补充。

笔者在完成本书过程中，得到共同工作的许多同志的支持与参与。杨俊峰同志和王建荣博士为本书的出版做了大量的工作，测绘出版社吴芸编辑为本书出版付出了辛勤的劳动，在此一并表示感谢。

王任享

2015年6月于北京

# 第一版前言

框幅式摄影机用于无地面控制点的卫星摄影测量,技术上突出的优点为:一是静态摄影,对卫星平台稳定度要求较低;二是空中三角测量构建航线立体模型无扭曲(不计观测值偶然误差),平差后外方位元素观测值误差被较大幅度地削弱,使得满足制图精度的摄影测量工程技术难度大为降低。

三线阵CCD摄影机无疑是无地面控制点传输型摄影测量卫星的理想传感器,但利用动态摄影的三线阵CCD影像构建达到制图精度要求的立体模型,则对卫星平台的稳定度和外方位元素测定精度要求都很苛刻,卫星工程技术难度很大。长期以来,摄影测量工作者期望动态摄影影像与相当参数的框幅式像片在空中三角测量方面有相同的性能,以降低卫星工程技术难度,但始终未解决空中三角测量航线模型的无扭曲问题。

本书研究的目标是无地面控制点的卫星摄影测量,长期以来定位在三线阵CCD影像的摄影测量理论研究,也曾经同王之卓先生谈起突破这一命题之难度,他一直鼓励我要不断努力。

2001年,我整理了自己的研究成果,尤其是1998年以来研究三线阵CCD影像空中三角测量的阶段成果,虽未解决航线模型的扭曲问题,但已找到解决的可能方向,并将手稿寄给了王先生。不料,此时王先生健康状况已经极度恶化,他只能用一只眼借助放大镜才能看到粗体的题目,已无法看我的手稿,但还是吃力地写了"成就极多可喜可贺!"加以勉励。见信后,我心里非常难受,之后试图加紧努力走出三线阵影像空中三角测量的阴影,但由于个人才智所限,历经两年之后才在理论上有所突破,随后又同一起工作的同事推出线阵——面阵CCD探测器混合配置的所谓LMCCD摄影机思想,并用于卫星摄影测量的建议,以此摄影机为主要传感器可以解决设计无地面控制点的卫星摄影测量系统,遗憾的是未能让先生在在世时看到这一结果。

王先生是我们最尊敬的前辈和师长,在高龄之际依然关心我们学科的发展。1994年给我的信中写到,"现在我们从事摄测的人,很少做摄测的经典性工作了,言必称遥感或GIS或计算机视觉。今后应该怎样安排咱们的专业或学科值得研究"。1996年欣然为我的个人学术论文选作序。序言中提出摄影测量学重新起名问题,并语重心长地提到,"从事摄影测量学科的科学工作者,一方面要注意前沿发展,也就是所谓'影像信息工程'方面发展的新课题,另一方面也要保存摄影测量学数百年的遗产,加以充分利用和做出有益的补充"。

王先生给我个人学术论文集撰写的序言涉及的是摄影测量发展的重要问题，并对摄影测量工作者提出厚望，其学术价值比我所有论文之总和都重要。该论文集出版后，我只赠送给少数我的朋友和学生，测绘界绝大多数同仁无缘拜读先生的教诲。为弥补这一缺憾和保存王先生的手迹，我将其作为本书的序言刊出。本书是我多年科研成果的系统集成，确切地说是一份研究报告，其基本思路是针对三线阵 CCD 影像空中三角测量方法及精度上存在的问题，找出原因，提出解决途径与方法，最终目标是实现无地面控制点的卫星摄影测量。研究内容主要包括三线阵 CCD 影像空中三角测量；三线阵 CCD 影像无扭曲立体模型建立的条件；LMCCD 摄影机的设计思想及其影像空中三角测量的特点；三线阵 CCD 摄影机在轨检测；短航线自由网立体模型的建立；无地面控制点卫星摄影测量高程精度估算以及三线阵 CCD 影像立体测绘等。所有以上研究内容均采取理论推导、计算机数字模拟和数字影像模拟加以计算验证。也正因为如此，所以本书的结果在将来实际卫星摄影影像处理中将不断完善与修正。

王佐享<br>2005 年 8 月于西安

# 目 录

## 第一篇 卫星摄影测量科学理论研究

第一章 概 述 ·································································· 2
　§1.1 返回式卫星摄影测量 ·················································· 2
　§1.2 传输型摄影测量卫星 ·················································· 3
第二章 三线阵 CCD 推扫影像摄影测量数学关系 ······················ 7
　§2.1 三线阵 CCD 相机 ······················································ 7
　§2.2 三线阵 CCD 相机推扫式卫星摄影 ·································· 9
　§2.3 三线阵 CCD 影像坐标 ·············································· 11
　§2.4 三线阵 CCD 影像空间坐标与地面坐标关系 ····················· 12
第三章 EFP 光束法空中三角测量原理及数学模型 ····················· 16
　§3.1 EFP 空中三角测量原理 ············································· 16
　§3.2 EFP 光束法空中三角测量的数学模型 ···························· 21
　§3.3 平差数据的数学模型 ················································ 23
第四章 EFP 光束法空中三角测量误差特性研究 ························ 24
　§4.1 卫星摄影测量的基本参数 ·········································· 24
　§4.2 EFP 光束法平差几何特性 ·········································· 24
　§4.3 自由网加 4 个控制点平差 ·········································· 28
　§4.4 自由网加多个控制点平差 ·········································· 31
　§4.5 外方位元素量测值参与平差 ······································· 31
　§4.6 外方位元素带有常差的空中三角测量 ··························· 34
　§4.7 区域网平差 ···························································· 34
第五章 三线阵 CCD 影像无扭曲模型的建立 ····························· 39
　§5.1 EFP 时刻像点误差方程系数归算比较 ··························· 39
　§5.2 单航线模型扭曲原因分析 ·········································· 41
　§5.3 提高单航线 4 个控制点平差精度的措施 ························ 44
　§5.4 单航线平差精度与相机主距的关系 ······························ 49

§5.5 外方位元素参与平差计算 …… 51

## 第六章 三线阵 LMCCD 相机卫星摄影测量 …… 53
§6.1 三线阵 LMCCD 相机 …… 53
§6.2 三线阵 LMCCD 影像自由网空中三角测量 …… 54
§6.3 LMCCD 相机推扫式摄影的数字影像模拟 …… 56
§6.4 具有框幅像片空中三角测量的特性 …… 58
§6.5 卫星三线阵 CCD 摄影测量系统预期精度 …… 61
§6.6 无地面控制点卫星摄影测量的思考 …… 63

## 第七章 卫星三线阵 CCD 相机动态标定 …… 64
§7.1 动态标定内方位元素的基本问题 …… 64
§7.2 EFP 法反求内方位元素改正数 …… 68
§7.3 星地相机夹角变化值的标定 …… 71
§7.4 实验分析 …… 72

## 第八章 卫星光学立体影像测图高程误差估算 …… 75
§8.1 框幅式影像立体模型高程误差 …… 76
§8.2 二线阵 CCD 影像空间交会高程误差 …… 80
§8.3 LMCCD 相机推扫式摄影测量高程误差估算 …… 83
§8.4 小 结 …… 85

## 第九章 三线阵 CCD 影像 FEO 光束法平差 …… 86
§9.1 三线阵 CCD 影像无 $y$ 视差立体模型的建立 …… 86
§9.2 模型绝对定向 …… 89
§9.3 实验研究 …… 93

## 第十章 EFP 全三线交会光束法平差 …… 99
§10.1 全三线交会光束法平差 …… 99
§10.2 EFP 全三线交会光束法平差流程 …… 101
§10.3 EFP 全三线交会光束法平差数学模型 …… 102
§10.4 航线模型系统变形的改正 …… 103
§10.5 实验分析 …… 105
§10.6 小 结 …… 106

## 第十一章 星载二线阵 CCD 影像激光数据联合平差 …… 108
§11.1 卫星推扫摄影及激光测距仪工作 …… 108
§11.2 激光测距数据辅助高程计算 …… 108

§11.3 二线阵影像与激光测距数据联合平差 ………………………………… 110
§11.4 实验分析 …………………………………………………………………… 111

### 第十二章 三线阵CCD影像立体测图 …………………………………………… 113
§12.1 三线阵CCD影像及其正射影像模拟 …………………………………… 113
§12.2 纠正为正射影像进行影像匹配 ………………………………………… 114
§12.3 断面引导逼近影像匹配法采集DEM …………………………………… 115
§12.4 栅格DEM生成栅格等高线 ……………………………………………… 121
§12.5 实验分析 …………………………………………………………………… 124

### 第十三章 变换三线阵CCD影像为正直影像立体测绘 ………………………… 129
§13.1 正直摄影像对生成 ……………………………………………………… 129
§13.2 实验分析 …………………………………………………………………… 134

### 第十四章 "嫦娥一号"三线阵CCD影像摄影测量 ……………………………… 139
§14.1 模拟实验研究 …………………………………………………………… 139
§14.2 内部精度估算 …………………………………………………………… 144
§14.3 "嫦娥一号"影像处理 …………………………………………………… 146
§14.4 多视角摄影测量展示 …………………………………………………… 148

## 第二篇 卫星摄影测量工程实践研究

### 第十五章 "天绘一号"卫星摄影测量 …………………………………………… 156
§15.1 "天绘一号"卫星工程目标及研制历程 ………………………………… 156
§15.2 "天绘一号"技术特色 …………………………………………………… 157
§15.3 无地面控制点定位精度检测 …………………………………………… 159

### 第十六章 角元素低频补偿 ………………………………………………………… 162
§16.1 光束法平差中对俯仰和偏航误差补偿 ………………………………… 162
§16.2 试验验证 …………………………………………………………………… 164

### 第十七章 卫星摄影测量中偏流角问题 ………………………………………… 169
§17.1 摄影中偏流角 …………………………………………………………… 169
§17.2 前、后视同名像点错开的距离计算 …………………………………… 171
§17.3 偏流角上下视差改正处理 ……………………………………………… 172

### 第十八章 LMCCD相机影像摄影测量首次实践 ………………………………… 175
§18.1 LMCCD相机配置及其影像 ……………………………………………… 175

§18.2　LMCCD 影像用于相机参数在轨标定 …………………………… 176
§18.3　相机参数在轨标定中地面点高程误差 ………………………… 177
§18.4　小　结 …………………………………………………………… 180

**第十九章　"天绘一号"卫星相机参数在轨标定** ………………………… 181
§19.1　相机参数在轨标定 ……………………………………………… 181
§19.2　相机参数在轨标定结果 ………………………………………… 182
§19.3　相机参数在轨标定结果平差试验 ……………………………… 182

**第二十章　无地面控制点卫星摄影测量仿真试验研究** ………………… 184
§20.1　模拟数据生成 …………………………………………………… 184
§20.2　摄影测量主要软件 ……………………………………………… 184
§20.3　摄影参数在轨标定 ……………………………………………… 185
§20.4　无地面控制点光束法平差 ……………………………………… 187
§20.5　卫星三线阵 CCD 影像目标定位精度提高的方向 …………… 192

**参考文献** …………………………………………………………………… 194

**附　录　卫星摄影测量工程图片** ………………………………………… 198

# Contents

## First Part: Scientific theory research on satellite photogrammetry

**Chapter 1  Summar** ··· 2
  § 1.1  Film-returned satellite photogrammetry ··· 2
  § 1.2  Date-transmitted satellite photogrammetry ··· 3

**Chapter 2  Basic mathematic relations of three-line-array CCD camera for photogrammetry** ··· 7
  § 2.1  Three-line-array camera ··· 7
  § 2.2  Three-line-array CCD camera satellite photogrammetry ··· 9
  § 2.3  Image coordinates for three-line-array CCD camera ··· 11
  § 2.4  Coordinate relations of three-line-array CCD image between image space and ground ··· 12

**Chapter 3  EFP bundle triangulation principle and mathematic model for three-line-array CCD image** ··· 16
  § 3.1  EFP bundle triangulation principle ··· 16
  § 3.2  Mathematic model for EFP bundle triangulation ··· 21
  § 3.3  Mathematic model for adjustment data ··· 23

**Chapter 4  Experimental research on error characteristics of EFP bundle triangulation of three-line-array CCD image** ··· 24
  § 4.1  Main parameters of satellite photogrammetry ··· 24
  § 4.2  Geometrical characteristics of EFP bundle triangulation ··· 24
  § 4.3  Adjustment for free net and absolute orientation with four control points ··· 28
  § 4.4  Adjustment for free net and absolute orientation with multi control points ··· 31
  § 4.5  Adjustment with observations of exterior orientation element ··· 31
  § 4.6  Aerial triangulation using exterior orientation elements with constant error ··· 34
  § 4.7  Block adjustment ··· 34

**Chapter 5  Establishment of strip stereo model with tiny deformation for three-line-array CCD image** ··· 39
  § 5.1  Coefficient comparison of EFP time image point error equation ··· 39

§ 5.2 Analysis of deformation for adjustment of single strip ............... 41
§ 5.3 Some techniques for improving accuracy of single strip with four control points ............... 44
§ 5.4 Relationship of single strip adjustment accuracy and camera focal length ... 49
§ 5.5 Adjustment with observations of exterior orientation element ............... 51

**Chapter 6 Satellite photogrammetry with LMCCD camera** ............... 53
§ 6.1 LMCCD camera ............... 53
§ 6.2 Free net aerial triangulation with LMCCD image ............... 54
§ 6.3 Digital image simulation of LMCCD camera in push-broom photograph model ............... 56
§ 6.4 Characteristics similar to aerial triangulation of frame image ............... 58
§ 6.5 Expected accuracy and efficiency of three-line-array photogrammetric system ............... 61
§ 6.6 Ideas about satellite photogrammetry without GCPs ............... 63

**Chapter 7 Dynamic calibration of three-line-array CCD camera using GCPs** ... 64
§ 7.1 Dynamic calibration of interior orientation elements ............... 64
§ 7.2 Computation of correction of interior orientation element using EFP bundle triangulation ............... 68
§ 7.3 Calibration of the changes of angle between stellar camera and LMCCD cameras ............... 71
§ 7.4 Experimental analyzing ............... 72

**Chapter 8 Height error estimation for satellite photogrammetry without GCPs** ............... 75
§ 8.1 Height error estimation for frame stereo image ............... 76
§ 8.2 Height error estimation for two-line-array CCD image ............... 80
§ 8.3 Height error estimation for LMCCD image ............... 83
§ 8.4 Summary ............... 85

**Chapter 9 FEO bundle adjustment of three-line-array image** ............... 86
§ 9.1 Establishment stereo model without vertical parallax of three-line-array image ............... 86
§ 9.2 Absolute orientation for stereo model ............... 89
§ 9.3 Experimental analyzing ............... 93

**Chapter 10 EFP bundle adjustment of all three-line-intersection** ............... 99
§ 10.1 Bundle adjustment of all three-line-intersection ............... 99
§ 10.2 Process of EFP bundle adjustment of all three-line-intersection ............... 101

| § 10.3 | Mathematic model for EFP bundle adjustment of all three-line-intersection ............ 102 |
| --- | --- |
| § 10.4 | Systematic deformation correction of route ............ 103 |
| § 10.5 | Experimental analyzing ............ 105 |
| § 10.6 | Summary ............ 106 |

**Chapter 11 Combined adjustment of two-line-array CCD satellite image with laser data** ............ 108

| § 11.1 | Push-broom photography and working principle of laser rangefinders ...... 108 |
| --- | --- |
| § 11.2 | Height calculation with laser ranging data ............ 108 |
| § 11.3 | Combined adjustment of two-line-array CCD image with laser data ......... 110 |
| § 11.4 | Experimental analyzing ............ 111 |

**Chapter 12 Stereo mapping using three-line-array CCD image** ............ 113

| § 12.1 | Simulation of three-line-array CCD image and its ortho-image ............ 113 |
| --- | --- |
| § 12.2 | Image match by rectified ortho-image ............ 114 |
| § 12.3 | Generation DEM by image match of profile-guided approach............ 115 |
| § 12.4 | Generation grid contour using grid DEM ............ 121 |
| § 12.5 | Experimental analyzing ............ 124 |

**Chapter 13 Stereo mapping using normal image transformation from three-line-array CCD image** ............ 129

| § 13.1 | Generation image pairs of normal image ............ 129 |
| --- | --- |
| § 13.2 | Experimental analyzing ............ 134 |

**Chapter 14 Chang'e-1 satellite photogrammetry of three-line-array CCD image** ............ 139

| § 14.1 | Simulation study ............ 139 |
| --- | --- |
| § 14.2 | Estimation of internal accuracy ............ 144 |
| § 14.3 | Image process of Chang'e-1 ............ 146 |
| § 14.4 | Display photogrammetry with Multi-angle ............ 148 |

**Second Part: Practice research on satellite photogrammetry engineering**

**Chapter 15 TH-1 satellite photogrammetry** ............ 156

| § 15.1 | Goal and development history of TH-1 satellite engineering ............ 156 |
| --- | --- |
| § 15.2 | Technical features of TH-1 ............ 157 |
| § 15.3 | Validation the location accuracy of TH-1 without GCPs ............ 159 |

## Chapter 16 Compensation low-frequency errors of attitude determination system ......... 162
### § 16.1 Compensation low-frequency errors of pitch and yaw in bundle adjustment ......... 162
### § 16.2 Test and validation ......... 164
## Chapter 17 Drift angle correction in satellite photogrammetry ......... 169
### § 17.1 Drift angle in photogrammetry ......... 169
### § 17.2 Distance calculation about offset of same point of forward and backward image ......... 171
### § 17.3 Vertical parallax correction caused by drift angle ......... 172
## Chapter 18 Photogrammetry practice of LMCCD camera for the first time ......... 175
### § 18.1 Configuration of LMCCD and its image ......... 175
### § 18.2 On-orbit calibration of camera parameters using LMCCD image ......... 176
### § 18.3 Height errors of GCPs during on-orbit calibration of camera parameters ......... 177
### § 18.4 Summary ......... 180
## Chapter 19 On-orbit calibration of camera parameters in TH-1 ......... 181
### § 19.1 On-orbit calibration of camera parameters ......... 181
### § 19.2 Results of on-orbit calibration of camera parameters ......... 182
### § 19.3 Bundle adjustment test using on-orbit calibration of camera parameters ......... 182
## Chapter 20 Simulation study on satellite photogrammetry without GCPs ......... 184
### § 20.1 Generation of simulation data ......... 184
### § 20.2 Main software of Photogrammetry ......... 184
### § 20.3 On-orbit calibration of camera parameters ......... 185
### § 20.4 Bundle adjustment without GCPs ......... 187
### § 20.5 Fields on improvement location accuracy of three-line CCD satellite image ......... 192

## References ......... 194

## Appendix ......... 198

# 第一篇
## 卫星摄影测量科学理论研究

# 第一章 概 述

就世界范围而言,1:2.5万比例尺地形图仅覆盖约30%,1:5万～1:10万比例尺地形图覆盖也只有50%。随着地理信息系统(GIS)的推广,数字地图更是供不应求,因而卫星摄影测量得到迅速的发展。无地面控制点的可见光卫星摄影测量是笔者的研究目标。

利用卫星摄影测量技术测制中小比例尺(1:5万～1:10万)地形图,20 m等高距是常用的选择。若按美国国家标准,要求相对高程中误差 $\sigma_h \leqslant 20/3.3$ m,即 $\sigma_h \leqslant 6$ m(Light,1990)。对航空摄影测量而言,这一目标很容易达到,但是,对于全球性无地面控制点的卫星摄影测量,要达到上述要求,技术上将遇到很大困难。

## §1.1 返回式卫星摄影测量

在摄影测量中,有

$$\sigma_h = \frac{H}{B}\sigma_p \tag{1.1}$$

式中,$\sigma_h$ 为高程精度;$H$ 为航高;$B$ 为摄影基线;$\sigma_p$ 为左右视差的标准差,按像片比例尺换算到以米为单位。

在返回式卫星(或航天飞机)框幅式相机摄影测量中,$\sigma_p$ 主要是由关联到影像分辨率的影像匹配(或立体观测)误差构成,为提高摄影测量高程精度,满足 $\sigma_h \leqslant 6$ m,另一个关键因素是基高比,即 $B/H$。在卫星摄影测量相机主距约300 mm的情况下,为增大基高比,可以通过扩大相机的航向像幅实现。例如,美国的大型框幅式相机(large frame camera,LFC)($f=305$ mm,像幅为 230 mm×460 mm),俄罗斯的TK-350相机($f=350$ mm,像幅为 300 mm×450 mm),我国第一代卫星相机($f=300$ mm,像幅为 200 mm×370 mm),第二代卫星相机($f=300$ mm,像幅为 230 mm×460 mm)。这些相机所获取的卫星影像都可测制等高距20 m的1:5万比例尺地形图,按照大型框幅式相机有关实验结果,还能满足1:2.5万比例尺地形图要求(Konecny,1995)。在带有大幅面相机、GNSS和星相机情况下,返回式卫星较好地实现了无地面控制点的卫星摄影测量(Doyle,1985)。这种卫星的另一个优点是可在短期内实现对大面积地区的摄影覆盖。

框幅式相机属静态摄影,影像的几何保真度好,通过相对定向可以建立无扭曲的立体模型(单模型乃至航线模型),对卫星平台的稳定度和外方位元素测定精度要求都不高,无地面控制点卫星摄影测量比较容易实现。"无扭曲"在本书指忽略像点坐标偶然误差累积影响的与实地近似的立体模型。框幅式相机卫星摄影测量的最大缺点是云层对摄影覆盖的影响,要通过卫星多次摄影加以弥补。

## §1.2 传输型摄影测量卫星

传输型摄影测量卫星属动态摄影,不管是两线阵或三线阵 CCD 相机推扫摄影,基高比都容易达到 1.0 甚至更大。但式(1.1)中 $\sigma_p$ 的数值,除了影像匹配误差外又增加了前、后交会光线所含有的外方位元素量测的偶然误差影响,其中尤以偏角 $\varphi$ 的误差最突出。按现代卫星摄影,在轨测定姿态角的精度即使达到 $2''$,也难以满足 $\sigma_h \leqslant 6$ m 的要求,所以无地面控制点的卫星摄影测量尚有许多技术上的问题,有待进一步解决。

动态摄影可以追溯到 20 世纪 60 年代,那时摄影测量学者已对缝隙连续胶片摄影(称作航线影像)的摄影测量做过许多研究(Welch et al,1981)。不少学者对航线影像的立体测图持怀疑态度,但也有肯定者。如 Elms(1962)在其学位论文中探讨了航线影像立体测图的可能性及优点;Derenyi(1970)探讨了航线影像相对定向问题,但未见其发展(笔者未见过此文)。有些学者建议光电影像法采用两个光电相机,垂直于飞行方向推扫成像并连续记录定向参数,主要用于生成正射影像图。卫星 CCD 相机的出现,使得航线影像立体测量得到新的机遇。SPOT 1 至 SPOT 4 采用线阵 CCD 相机做侧摆构成立体成像,SPOT 5 采用前、后视两台相机同轨立体成像。二者的摄影测量处理都要地面控制点参与,IKONOS 等高分辨率卫星依靠单线阵相机在轨做前后摆,一次摄影只能覆盖约一条基线长度地区,不能进行光束法平差。立体摄影测量时,外方位元素测定的误差全部带到立体模型中,要求星敏感器测定外方位元素精度非常高,才能满足无地面控制点摄影测量的要求。

20 世纪 80 年代,三线阵 CCD 相机被推荐用于卫星摄影测量。Colvovoresses (1982),ITEK Corp(1981)建议采用 MapSat,Welch 等(1981)建议采用 StereoSat (JPL,1979),两者均采用影像分辨率为 10 m 的三线阵 CCD 相机,其中 MapSat 要求卫星平台稳定度为 $10^{-6}(°)/s$,并做特别精确的控制,使得前、后视影像交于一点,保持核线条件,加上星相机测定姿态角,GPS 测定摄站坐标,可实现无地面控制点的卫星摄影测量,可实现无地面控制点的相对摄影测量产品,此产品要调整到局部坐标基准(如大地坐标系),仅需要少量控制网点或两者之间的转换参数。Light(1990)在轨道影像系统(orbit image system,OIS)中也有相似的全球摄影测量系统建议,但 CCD 影像分辨率为 5 m,虽然以上建议均未付诸实施,但对后来的研究具有重要影响。Hamazaki(2000)在 ALOS 卫星上采用分辨率为 2.5 m 的三线阵 CCD 相机,卫星平台姿态稳定度为 $2\times10^{-4}(°)/5$ s(相当于 $4\times10^{-5}(°)/s$),双频 GPS 摄站坐标测量精度为 1 m，星敏感器测姿精度为 $0.7''$（后处理），目标是无地面控制点测制 1∶2.5 万比例尺地形图。

以上建议的无地面控制点卫星摄影测量系统是依靠极高稳定度的卫星平台或在轨测定的外方位元素，以及极高精度的后处理，参与恢复立体模型。而三线阵 CCD 相机的三个影像并不同时用于建立立体模型，其中正视影像主要用于生成正射影像。立体测图实质上只有二线阵影像（前后-正前-正后组合）。与上述不同，另外一些学者将三线阵 CCD 航线影像按光束法平差，利用影像自身的坐标恢复航线立体模型及重建外方位元素（如同框幅式相片的空中三角测量），通过摄影测量平差，不但可以降低对卫星平台稳定度的要求，还可以使式（1.1）中的 $\sigma_p$ 受外方位元素误差的影响大大削弱。期望在现有外方位元素精度条件下，实现无地面控制点卫星摄影测量，笔者将此称作光束法平差途径。

Hofmann 等（1982）提出数字摄影测量系统（digital photogrammetry system，DPS）建议，根据卫星摄影中外方位元素变化平稳的特点，将外方位元素的解算离散为只求解"定向片"时刻外方位元素，而任意时刻的外方位元素可从定向片时刻数据中内插产生，采用量测大量的同名点的三线阵 CCD 影像坐标，按定向片法在无外方位元素观测值参与下，计算重建外方位元素并构成航线立体模型，利用航线首末端的少量控制点绝对定向。按航高为 1000 m，航线宽为 800 m，相机主距为 52 mm 的模拟数据进行光束法平差，得到除航线首末基线范围外，其余部分的平差结果能与框幅式相片空中三角测量相当的结论，因而利用 DPS 无须对飞行平台稳定度提出特别要求，有少量控制点参与数据处理时，无须测定外方位元素的设备。

但将 DPS 应用于德国工程 MOMS 02/D2 的模拟计算时，出现了不尽如人意的情况。Ebner 等（1991）等模拟计算发现单航线光束法平差结果与低空的计算结果差别很大，航线模型出现相当大的扭曲，高程精度特别差，因而要求外方位元素观测值和地面控制点参加平差，当摄站坐标为 1 m，外方位角元素为 $0.7''$ 时，代入平差，三线交会区方可得到满意结果。在适当精度的外方位元素观测值和高程误差约 50 m 的数字地面模型（digital terrain model，DTM）或无外方位元素时，有网状分布的地面控制点或高程精度为 20 m 的 DTM，MOMS 02/D2 影像摄影测量才能达到 $\sigma_h = 5$ m 的 DTM，模拟计算与 MOMS 02/D2 在航天飞机以及和 MOMS-2P 在俄罗斯和平号空间站实验的结果相符，他们将这样有违 DPS 提出时初衷的原因归结为 MOMS 02/D2 影像的航线宽度太小，宽高比约为 1∶9 的极端不利几何条件所致，并明确表示不提倡无地面控制点摄影测量。因而三线阵 CCD 影像的光束法平差没有进一步发展，也未能实现无地面控制点的卫星摄影测量。1996 年至 2005 年，国际上针对"光束法平差途径"的卫星摄影测量研究陷入停滞状态。

笔者于 1980 年在荷兰的国际航空航天测量与地球科学学院（ITC）进修期间，

从 S.A.Hempenius 教授处得到 ITEK 公司关于 MapSat 的研究报告,出于对卫星摄影测量的兴趣,认为三线阵 CCD 相机是传输型卫星的理想传感器,但像 MapSat 那样,要求卫星平台稳定度达到 $10^{-6}(°)/s$,对于我国卫星工程而言很难实现,三线阵 CCD 影像的卫星摄影测量应该有新的思路。1981 年,提出以等效静态像片(equivalent statical photograph,ESP)法处理卫星三线阵 CCD 影像的建议(Wang,1981),以题为《Possibility of Aerialtrangulation for images obtained from Linear Array Cameras》(《线性阵列影像空中三角测量可能性》)的论文被指导教师 F.Amer 教授赞许,并写入 ITC 结业证书。该方法于 1985 年在国内发表时改为等效框幅像片(equivalent frame photo,EFP)法,与德国学者的定向片法原理上有许多不谋而合之处,但在贡献于定向片时刻的像点观测值方面并不相同。经历相当时间的断断续续研究和实验,笔者在光束法平差的方程式中增加了外方位元素二阶差分等于零的条件,使得平差要求的最短航线为两条基线(定向片法要求四条基线),精度也有所改善,但航线模型依然存在扭曲,说明了仅有三个 CCD 线阵的相机无法像相同条件的框幅相机那样应用于无地面控制点的卫星摄影测量,但从实验数据中笔者排除了这种扭曲的根源在宽高比太小。通过深入探讨发现航线扭曲的原因主要在于各定向片时刻的空中三角锁的地面模型之间缺乏有效的连接条件,进而创造了 LMCCD(line-matrix CCD) 相机的思想,即在传统三线阵 CCD 相机的正视线阵两侧的特定位置上布设四个小面阵 CCD 探测器,推扫摄影时,只在定向时刻获取小面阵 CCD 影像,并在小面阵 CCD 影像上选取连接点的像平面坐标参与光束法平差,便可消除航线模型的扭曲,空中三角测量的性能与相当参数的框幅式像片基本相同。实验显示在航线长大于等于两条基线情况下,航线首末端只需四个控制点或没有控制点,只要有适当精度的外方位元素参加光束法平差均能得到好的结果,并可用于设计无地面控制点卫星摄影测量系统。

LMCCD 相机设计思想的出现,为陷入停滞状态的"光束法平差途径"带来继续开拓的希望,并有效地支持了 2006 年"天绘一号"卫星无地面控制点摄影测量方案的立项。2007 年"嫦娥一号"影像几何反演中,EFP 光束法平差原理首次经真实卫星影像得到验证。但 LMCCD 影像 EFP 平差最适用于月球及火星等无云星球的摄影测量,因为 EFP 光束法和定向片法共同有一个弱点:即航线首末一条基线范围(卫星对地摄影情况下约 200 km)都属于两线交会,与三线交会相比,基高比差,高程精度低 50%,这对于高程精度十分吃紧的无地面控制点摄影测量来说,十分不利。德国学者主张,平差后只保留三线交会区成果,舍去两线交会区成果。对地球摄影而言,由于受云的影响,长航线无云覆盖极为困难,因而对地球摄影测量中,LMCCD 影像 EFP 光束法平差主要用于相机几何参数在轨地面标定,因地面标定的数学模型来自框幅相机原理,EFP 影像符合这一要求,"天绘一号"卫星在轨运行后,以 LMCCD 影像和 EFP 平差为核心的在轨标定技术获得成功应用。对地球卫星摄影测量而言,适用于立体测绘的应该是全三线交会或只有前、后两线阵交会的立体影像。笔者利用等效框幅相片(EFP)的概念,研发了另一种光束法平差方案,为避免与上述的 EFP 光束法平差混淆,特称作"EFP 全三线交会光束法平差"(平差航线从始至终都有三线阵 CCD 影像立体交会)。这一平差方法,在理论上没有 EFP 严格,但也可以实现平差结果上下视差很小,并能有效削弱外方位角元素高频误差对平差结果的影响。

"天绘一号"卫星地面应用系统进行了 EFP 多功能光束法平差软件实现与集成,其功能包括:EFP 光束法平差、EFP 全三线交会光束法平差、LMCCD 影像 EFP 光束法平差地面在轨标定、外方位角元素低频误差补偿以及偏流角效应改正等。外方位角元素低频补偿技术,可以在很大程度上消除低频误差对定位精度的影响;卫星摄影中偏流角改正措施理论上的不严格性,造成立体影像存在一定上下视差,偏流角效应改正能消除其不严格性给光束法平差带来的误差,实现在轨卫星全轨道摄影区无地面控制点目标定位精度保持一致。

# 第二章 三线阵 CCD 推扫影像摄影测量数学关系

## §2.1 三线阵 CCD 相机

三线阵 CCD 相机的原理来自 20 世纪 60 年代的三缝隙连续胶片摄影相机。相机构成有两种形式,单镜头三线阵 CCD 相机和三镜头三线阵 CCD 相机。

### 2.1.1 单镜头三线阵 CCD 相机

在三缝隙胶片相机上用 CCD 线阵代替缝隙胶片,可得到三个 CCD 线阵,分别为前视线阵($l$)、正视线阵($v$)和后视线阵($r$)。其中,正视线阵推扫摄影得到的影像可实现正视观察(orthographic view)(JPL,1979),最适于生成正射影像。

这样,三线阵 CCD 影像就构成了标准的三条框幅像片的影像,如图 2.1 所示。这种相机内方位元素比较简单,如图 2.2 所示,其中:$f=F$ 为(焦距)主距;$\alpha_r$ 为后视光线与正视光线在主垂面上的夹角;$\alpha_l$ 为前视光线与正视光线在主垂面上的夹角。

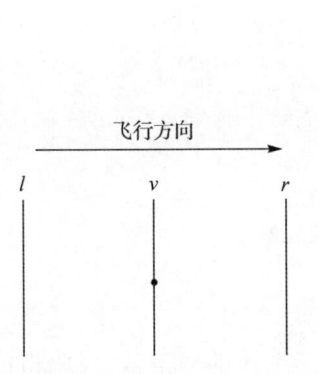
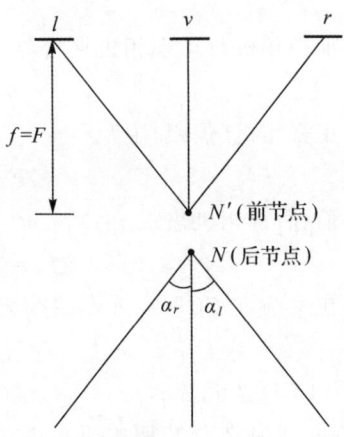

图 2.1 框幅相面上的三个 CCD 线阵　　图 2.2 单镜头三线阵 CCD 相机

### 2.1.2 三镜头三线阵 CCD 相机

单镜头三线阵 CCD 相机的缺点在于镜头的边缘分辨率有所降低,即前视线阵

($l$)和后视线阵($r$)的影像分辨率不如正视线阵($v$),此外受物镜视场角所限,基高比受到影响。三镜头三线阵 CCD 相机如图 2.3 和图 2.4 所示,基高比可以选择得比较好,但要将三镜头的三线阵构成为同一框幅像面的相机,受光学机械的限制而难以严格实现。通常在机械结构中,选择在像坐标 $x$ 方向上后节点尽量能相交一个点,受机械限制造成的不相交留在 $y$ 方向。为保持逼近于同一框幅像面,要求三条 CCD 线阵空间平行,内方位元素与单镜头三线阵 CCD 相机相似。按原理设计的三线阵 CCD 相机中,各参数间的关系如下:

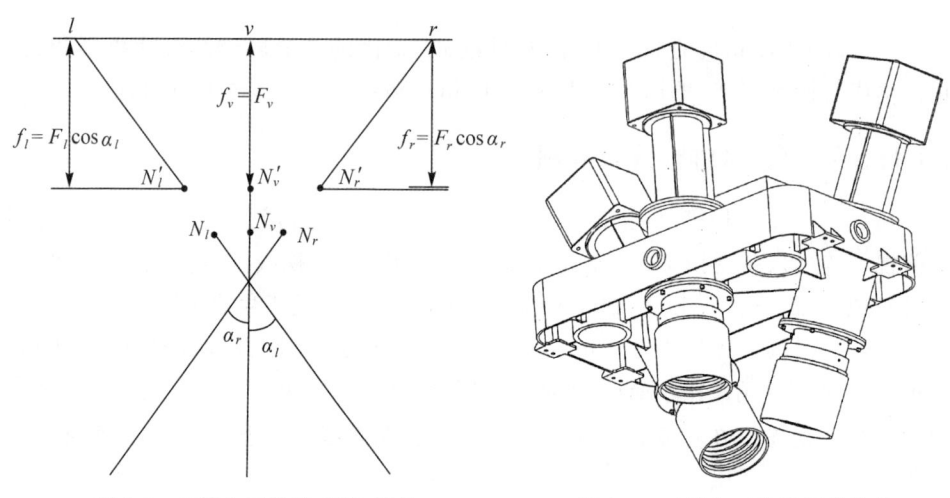

图 2.3　三镜头三线阵 CCD 相机　　　图 2.4　三镜头三线阵相机结构

(1)前视相机对正视相机夹角与后视相机对正视相机夹角均等于 $\alpha$,即
$$\alpha_l = \alpha_r = \alpha$$

(2)正视相机(焦距)主距
$$F_v = f_v = f$$

(3)前、后视相机焦距
$$F_l = F_r = f/\cos\alpha$$

(4)在 $y$ 方向 CCD 线阵上端点至像主点的像元数
$$y_{\text{CCD}} = l/2$$

式中,$l$ 为 CCD 像元数。

但在相机制造与装调中不可能做到刚好等于上述的额定值,因此相机应经过实验室标定,并提供各相机的有关参数的标定值:$F_v$、$F_l$、$F_r$、$y_{\text{CCD}ol}$、$y_{\text{CCD}ov}$、$y_{\text{CCD}or}$、$\alpha_l$、$\alpha_r$。其中,$y_{\text{CCD}ol}$、$y_{\text{CCD}ov}$、$y_{\text{CCD}or}$ 分别为前视、正视及后视 CCD 相机 $y$ 方向主点坐标。

在摄影测量应用中,应将前后视相机焦距换算为主距,即

$$f_v = F_v$$
$$f_l = F_l \cos\alpha_l$$
$$f_r = F_r \cos\alpha_r$$

由于制造工艺及相机结构的限制,三镜头的三个 CCD 影像并不完全等同一个框幅相机的三条影像,严格讲只能称作"似框幅影像",但对于航高很大的卫星摄影测量而言,机械局限带来的影响可以忽略不计。

## §2.2　三线阵 CCD 相机推扫式卫星摄影

三线阵 CCD 相机的三个线阵垂直于飞行方向,如图 2.5 所示。飞行期间,前视($l$)、正视($v$)、后视($r$)依据推扫原理,以同步扫描周期 $t$(周期=取样距离/卫星速度,后称取样时刻)对地面进行扫描,如图 2.5 和图 2.6 所示,得到同一地面不同透视中心的三个重叠航线影像,如图 2.7 所示。图 2.7 是按照推扫摄影原理由计算机模拟生成的三线阵 CCD 影像。由于卫星平台运动,对应于每一个取样时刻 $t_i$ 的外方位元素 $X_{S_i}、Y_{S_i}、Z_{S_i}、\varphi_i、\omega_i、\kappa_i$ 是不同的,且每一个地面点 $A(X,Y,Z)$ 在三个不同的取样时刻 $t_l、t_v、t_r$ 分别对应于线性阵列 $l、v、r$ 上的位置成像,如图 2.8 所示。由于线性阵列在像平面上的位置、像元的间隔和相机内方位元素标定值为已知,所以地面点 $A$ 在航线影像上的同名像点及其坐标 $a_l(t_{a_l}, y_{a_l})$、$a_v(t_{a_v}, y_{a_v})$、$a_r(t_{a_r}, y_{a_r})$ 可以求得。利用影像匹配的方法不难得到地面点在三条航线影像上的同名像点坐标,其中,$t_{a_l}、t_{a_v}、t_{a_r}$ 为点 $A$ 的取样时刻,再利用 $t_{a_l}、t_{a_v}、t_{a_r}$ 求得相应的外方位元素值。最后按摄影测量前方交会公式计算,得相应地面点 $A$ 的坐标 $(X,Y,Z)$。这里,外方位元素值的求得将成为三线阵 CCD 相机摄影测量的最核心问题之一,将在以下各章详细讨论。

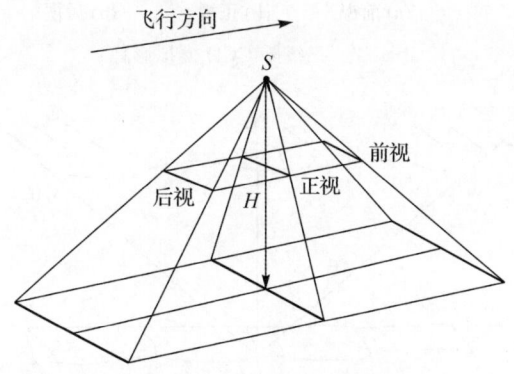

图 2.5　三线阵 CCD 相机摄影瞬间构像

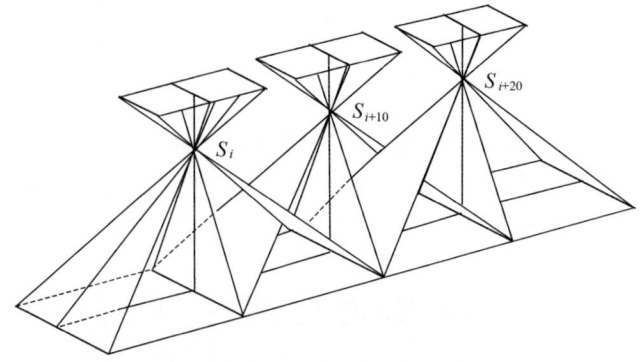

图 2.6 三线阵 CCD 相机推扫摄影

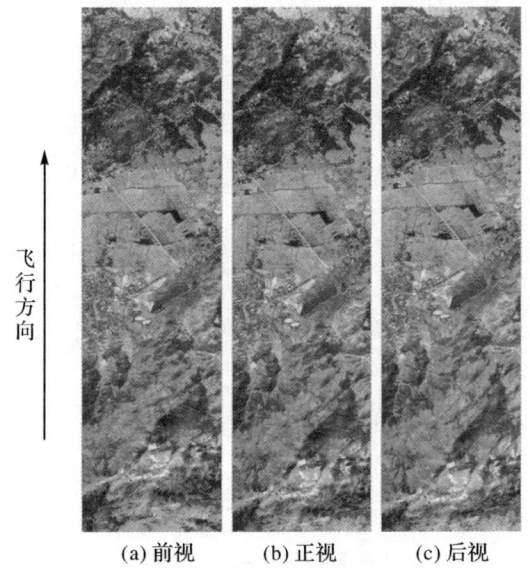

(a) 前视　　(b) 正视　　(c) 后视

图 2.7 三线阵 CCD 模拟影像

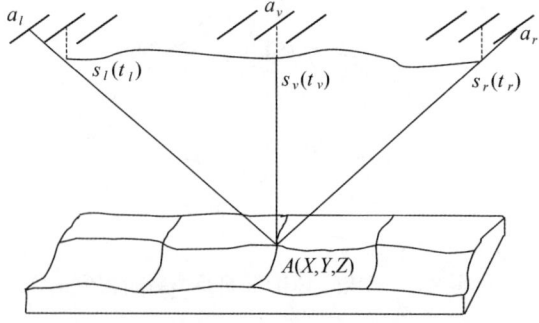

图 2.8 三线阵 CCD 相机摄影定位原理

## §2.3 三线阵 CCD 影像坐标

三线阵 CCD 影像有两个属性：一是作为相当于框幅相面上的三条影像，框幅像面上的坐标均在像平面坐标系中；二是像点又有它在推扫摄影影像上的坐标。为了在三线阵 CCD 影像摄影测量中对像点坐标的含义有更明确的表达，本书将像点在框幅像面上的坐标即"像平面坐标"改称为"框幅像平面坐标"，并简称为"框幅像坐标"，在推扫影像中的坐标称为"推扫像坐标"。

在三线阵 CCD 相机中因为三个线阵是平行排列，所以框幅像坐标是常数（Jacobsen et al,2008），即

$$\left.\begin{array}{ll}\text{前视相机}(l) & x_l = f\tan\alpha_l \\ \text{正视相机}(v) & x_v = 0 \\ \text{后视相机}(r) & x_r = -f\tan\alpha_r\end{array}\right\} \quad (2.1)$$

CCD 推扫影像是将 CCD 相机推扫记录的数据按取样时刻的时序排列构成一条航线影像（见图 2.9），推扫坐标系坐标单位为像元，按实数运算。坐标原点 $O(t_O, y_{CCD0})$ 设在像幅左上角（见图 2.9）。$t$ 为横坐标轴，与飞行方向平行，$t_i$ 为 CCD 相机摄影取样时刻，$y_{CCD}$ 为纵坐标轴，纵坐标属于中心投影，与框幅像坐标的纵坐标重合。$y_{CCD0}$ 为 CCD 线阵上端点（像面处于阳位）至像主点的像元数。三线阵 CCD 相机中三个线阵受几何安排与装调关系影响，$y_{CCD0}$ 数值各自不同，由相机实验室标定给出。

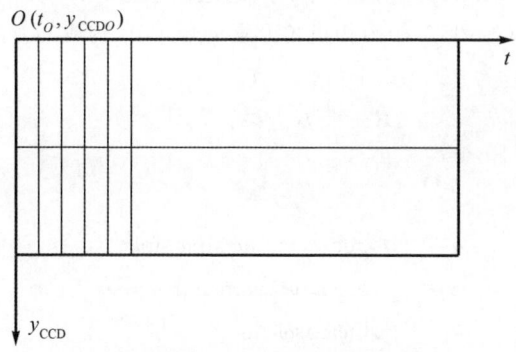

图 2.9 CCD 数字影像推扫像坐标

数字影像推扫纵坐标与框幅纵坐标关系为

$$y_{CCDj} = y_{CCD0} - y_j / pixel \quad (2.2)$$

式中，$y_{CCDj}$ 为地面点 $j$ 的 CCD 数字影像的推扫纵坐标，像元；$y_{CCD0}$ 为 CCD 数字影像推扫坐标原点的纵坐标，像元；$y_j$ 为地面点 $j$ 的框幅像坐标的纵坐标，mm；$pixel$ 为 CCD 像元大小，mm。

## §2.4 三线阵CCD影像空间坐标与地面坐标关系

### 2.4.1 框幅像坐标

#### 2.4.1.1 共线方程

共线方程的表达式为(王之卓,1979)

$$\left.\begin{aligned} x &= -f\frac{a_1(X_j-X_{s_i})+b_1(Y_j-Y_{s_i})+c_1(Z_j-Z_{s_i})}{a_3(X_j-X_{s_i})+b_3(Y_j-Y_{s_i})+c_3(Z_j-Z_{s_i})} \\ y &= -f\frac{a_2(X_j-X_{s_i})+b_2(Y_j-Y_{s_i})+c_2(Z_j-Z_{s_i})}{a_3(X_j-X_{s_i})+b_3(Y_j-Y_{s_i})+c_3(Z_j-Z_{s_i})} \end{aligned}\right\} \quad (2.3)$$

反算式为

$$\left.\begin{aligned} X_j &= \left[\frac{a_1 x + a_2 y - a_3 f}{c_1 x + c_2 y - c_3 f}\right](Z_j - Z_{s_i}) + X_{s_i} \\ Y_j &= \left[\frac{b_1 x + b_2 y - b_3 f}{c_1 x + c_2 y - c_3 f}\right](Z_j - Z_{s_i}) + Y_{s_i} \end{aligned}\right\} \quad (2.4)$$

对于三线阵CCD数字影像而言,根据摄影取样时刻$t_i$,每时刻都有其相应的六个外方位元素,可表示为

$$\boldsymbol{P}_i^{\mathrm{T}} = [X_{s_i} \quad Y_{s_i} \quad Z_{s_i} \quad \varphi_i \quad \omega_i \quad \kappa_i]$$

式(2.3)和式(2.4)中,$(x,y)$为CCD像点框幅像坐标,参考式(2.1);$t_i$为摄取地面点$j$的相机取样时刻;$(X_j,Y_j,Z_j)$为$j$点的地面坐标;$(X_{s_i},Y_{s_i},Z_{s_i})$为$t_i$时刻的摄站坐标;$a_k,b_k,c_k,(k=1,2,3)$为相机角元素$\varphi_i,\omega_i,\kappa_i$构成的方向余弦,即表示成

$$\boldsymbol{R}_i = \begin{bmatrix} a_1 & a_2 & a_3 \\ b_1 & b_2 & b_3 \\ c_1 & c_2 & c_3 \end{bmatrix}_i \quad (2.5)$$

式中

$$\left.\begin{aligned} a_1 &= \cos\varphi\cos\kappa - \sin\varphi\sin\omega\sin\kappa \\ a_2 &= -\cos\varphi\sin\kappa - \sin\varphi\sin\omega\cos\kappa \\ a_3 &= -\sin\varphi\cos\omega \\ b_1 &= \cos\omega\sin\kappa \\ b_2 &= \cos\omega\cos\kappa \\ b_3 &= -\sin\omega \\ c_1 &= \sin\varphi\cos\kappa + \cos\varphi\sin\omega\sin\kappa \\ c_2 &= -\sin\varphi\sin\kappa + \cos\varphi\sin\omega\cos\kappa \\ c_3 &= \cos\varphi\cos\omega \end{aligned}\right\} \quad (2.6)$$

## 2.4.1.2 线性化共线方程

在平差应用中应将共线条件方程用泰勒级数展开成线性化方程。对于某一像点线性化误差方程式为

$$v = At + BX - l \tag{2.7}$$

式中,

$$A = \begin{bmatrix} a_{11} & a_{12} & a_{13} & a_{14} & a_{15} & a_{16} \\ a_{21} & a_{22} & a_{23} & a_{24} & a_{25} & a_{26} \end{bmatrix}$$

$$B = \begin{bmatrix} -a_{11} & -a_{12} & -a_{13} \\ -a_{21} & -a_{22} & -a_{23} \end{bmatrix}$$

$$t = [\Delta X_S \quad \Delta Y_S \quad \Delta Z_S \quad \Delta \varphi \quad \Delta \omega \quad \Delta \kappa]^T$$

$$X = [\Delta X \quad \Delta Y \quad \Delta Z]^T$$

$$l = [l_x \quad l_y]^T$$

$$v = [v_x \quad v_y]^T$$

$$l_x = x - \dot{x}$$

$$l_y = y - \dot{y}$$

其中,$\dot{x}, \dot{y}$ 是由待定值的近似值代入式(2.3)计算的 $x, y$ 值。

对地面控制点而言,$\Delta X$、$\Delta Y$、$\Delta Z$ 应为零,若将地面控制点当作观测值,则应额外增加误差方程

$$\left. \begin{array}{l} v_x = \Delta X \\ v_y = \Delta Y \\ v_z = \Delta Z \end{array} \right\} \tag{2.8}$$

式中,线性化系数为

$$\left. \begin{array}{l} a_{11} = \dfrac{1}{Z}[a_1 f + a_3(x - x_0)] \\[6pt] a_{12} = \dfrac{1}{Z}[b_1 f + b_3(x - x_0)] \\[6pt] a_{13} = \dfrac{1}{Z}[c_1 f + c_3(x - x_0)] \\[6pt] a_{14} = (y - y_0)\sin\omega - \left\{ \dfrac{(x - x_0)}{f}[(x - x_0)\cos\kappa - (y - y_0)\sin\kappa] + f\cos\kappa \right\}\cos\omega \\[6pt] a_{15} = -f\sin\kappa - \dfrac{x - x_0}{f}[(x - x_0)\sin\kappa + (y - y_0)\cos\kappa] \\[6pt] a_{16} = y - y_0 \end{array} \right\} \tag{2.9}$$

令 $\overline{Z} = a_3(X-X_S) + b_3(Y-Y_S) + c_3(Z-Z_S)$,则

$$\left.\begin{aligned}
a_{21} &= \frac{1}{Z}[a_2 f + a_3(y-y_0)] \\
a_{22} &= \frac{1}{Z}[b_2 f + b_3(y-y_0)] \\
a_{23} &= \frac{1}{Z}[c_2 f + c_3(y-y_0)] \\
a_{24} &= (x-x_0)\sin\omega - \left\{\frac{(y-y_0)}{f}[(x-x_0)\cos\kappa - (y-y_0)\sin\kappa] - f\sin\kappa\right\}\cos\omega \\
a_{25} &= -f\sin\kappa - \frac{y-y_0}{f}\{(x-x_0)\sin\kappa + (y-y_0)\cos\kappa\} \\
a_{26} &= -(x-x_0)
\end{aligned}\right\}$$

(2.10)

式中,$(x_0, y_0)$为相机主点坐标,由相机标定给出。

### 2.4.2 推扫像坐标

#### 2.4.2.1 像地坐标正算

本书定义像地坐标关系正算($T_{I-O}$)为由已知 CCD 数字影像推扫坐标($t_i, y_{CCDj}$)计算地面坐标($X_j, Y_j, Z_j$)。这里 $\boldsymbol{I}^T = [t \ y_{CCD}]$,$\boldsymbol{O}^T = [X \ Y \ Z]$。在已知$P_{t_i}(i=0,1,\cdots,n)$及该地区 DEM 情况下可以按下面的程序进行 $T_{I-O}$ 计算:

(1)按式(2.1)和式(2.2)计算框幅像坐标 $x_j, y_j$。

(2)按 $t$ 得出 $P_{t_i}$,取 $Z_j \approx Z_s$。

(3)按式(2.4)计算 $X_j$、$Y_j$。

(4)根据 $X_j$、$Y_j$,从已知的 DEM 中内插 $h_j$,并计算 $Z_j = Z_{S_i} - h_j$。

(5)重复步骤(2)至步骤(4),比较 $X_j$、$Y_j$ 或 $h_j$ 数值的变化,直至小于规定值为止。

#### 2.4.2.2 像地坐标反算

像地坐标关系反算($T_{I-O}^{-1}$)定义为由已知地面点 $j$ 的地面坐标($X_j, Y_j, Z_j$)计算其 CCD 影像推扫坐标($t_i, y_{CCDj}$)。计算程序如下:

(1)按 $X_j$ 及 CCD 影像地面分辨率计算 $t_j$ 的近似值,即

$$t_j \approx (X_j - X_{s0})/GSD$$

式中,$GSD$ 为取样地面距离,在本书中定义为地面分辨率,即 $GSD = pixel \times H/f_v$,单位为 m。

(2)利用 $t_j$ 在 $P_{t_i}(i=0,1,\cdots,n)$ 中内插计算 $P_j$。

(3) 按式(2.3)中第一式计算 $x_j$。

(4) 计算 $x_j - f\tan\alpha$，此处 $\alpha$ 值依 CCD 影像的相机代号而异。即：对于前视相机，$\alpha$ 取正号，后视相机 $\alpha$ 取负号，正视相机 $\alpha=0$。

(5) 若 $x_j - f\tan\alpha$ 大于规定值，则计算：$t_j = t_j + (x_j - f\tan\alpha)$，并重复步骤(2)至步骤(4)；若小于或等于规定值，再按式(2.3)中第二式计算 $y_j$ 值。进而按式(2.2)计算 $y_{CCDj}$，计算的结果值为 $(t_i, y_{CCDj})$。

# 第三章　EFP 光束法空中三角测量原理及数学模型

　　框幅像片的几何保真度好,可以利用测定适当数量的同名像点构建无扭曲立体模型(指不计像点观测误差的单模型或 2～3 基线的短航线),其高程精度主要由影像匹配误差和基高比决定。例如,当基高比为 0.7,地面分辨率为 5 m,影像匹配误差为 0.3 像元时,高程误差约 3 m,此时只要模型首末端布设 4 个控制点便可绝对定向。如果外方位元素观测值参与平差,可以不要地面控制点,而且外方位元素观测值误差还因平差得到削弱。

　　二线阵 CCD 相机推扫影像完全依赖外方位元素观测值恢复立体模型,外方位元素观测值误差被全部带入立体模型,当外方位线元素误差为 ±2 m,角元素误差为 ±2″时,即使不计影像匹配误差,对于航高为 600 km 摄影的影像,高程误差已达 12 m,远大于立体量测的高程误差。三线阵 CCD 相机由前视、正视和后视三个线阵组成,其采样时刻获取的三线阵影像在几何上近似于相同参数框幅像片上的三条影像(Heipke et al,1994),这种影像提供了利用影像本身构建空中三角航线的可能。摄影测量工作者期望能像框幅像片立体模型那样,只要航线首末 4 个控制点或外方位元素观测值经过平差削弱其影响,达到符合精度要求的绝对定向结果。

## §3.1　EFP 空中三角测量原理

　　将缝隙框幅式相机上开设的三个用于胶片曝光的缝隙用 CCD 线阵替代,就构成了三线阵 CCD 相机。三线阵 CCD 相机推广到卫星摄影,出于光学机械设计上的考虑,演变成前视、正视和后视三个相机的组合。又受限于光学机械工艺,三个 CCD 线阵不可能等同于框幅相机的同一焦平面上的三个缝隙影像,因此必然要引入将前、正、后三个相机摄取的影像归算成一个框幅相机摄取的影像,即等效框幅像片(equivalent frame photo,EFP)。

　　假定将三线阵 CCD 影像按其真实的外方位元素进行投影便可建立起像元尺寸为分辨率的航线立体模型,如图 3.1 所示,该图为标准情况下的三线阵 CCD 影像构成的三角锁航线。理论上,每一取样时刻都有一组独立的外方位元素值,均可构成一条三角锁(王任享,2003),但三线阵 CCD 相机在一个取样时刻内只有前、正、后三条影像,受外方位元素变化及地形起伏等影响,满足经典框幅像片空中三角测量定向点(含有定向和三角锁本身模型连接作用)的影像不可能都落在这三条影像上。如果选取落在这三条影像周围的影像上的点作为定向点参与计算,则每一像点也只能提供两个观测方程，但带入了摄取此定向时刻的额外待解的6个外方位元素值，及其待解的地面坐标，因而理论上无法解算出每一个取样时刻的外方位元素值。

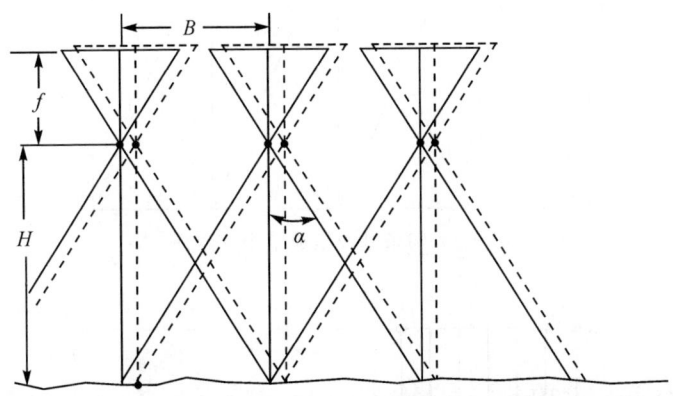

图3.1 三线阵CCD影像航线

对于卫星摄影而言，平台比较平稳，外方位元素变化率不大，Hofmann首先提出采用适当大间距的时刻，称作定向时刻，本书称作EFP时刻，将航线模型进一步离散化，近似地表达航线模型和外方位元素，从而有可能采用CCD影像自身解算进一步离散取样时刻，即定向时刻或EFP时刻的外方位元素。在EFP法中规定相邻EFP时刻的飞行间距为基线$B$的1/10，任何一个EFP时刻与其相距成基线整倍数的时刻均可构成一个空中三角锁，因而，一条航线可以构成10个空中三角锁。图3.2为4条基线组成的航线三角锁组合，摄站编号110-120-130-140-150的基线为一条三角锁，编号111-121-131-141的基线为其相邻的一条三角锁，10条三角锁的起始摄站编号分别为110,111,112,113,…,119。在所建立的三角锁中，航线首末基线范围内为二线交会区，其余为三线交会区。按照空中三角锁构网原则，这10条三角锁的定向点(在一个三角锁之内还起到连接点作用)按以下规则选定并量测推扫像坐标。

首先，在正视影像上以1/10基线相应的影像的像元数为间距，选定一个时刻，即EFP时刻，每线上确定上、中、下三个点作为用于生成EFP的定向点。正视影像上选定的定向点情况如图3.3所示，图中点号是三位数，在EFP法中适用于航线基线数少于10的情况，若基线数超过9，应改用4位数编号。定向点在前视、后视影像上的同名坐标，可以采用立体观测或影像匹配的方法加以测定。影像坐标记录如表3.1所示。

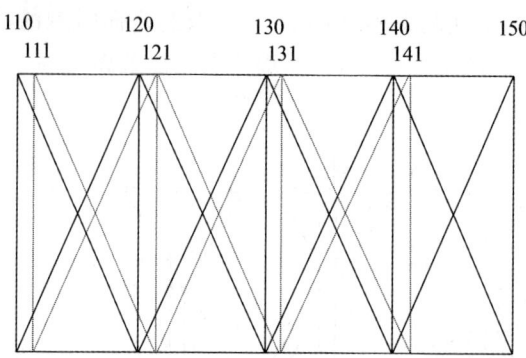

图 3.2  四条基线组成空中三角锁

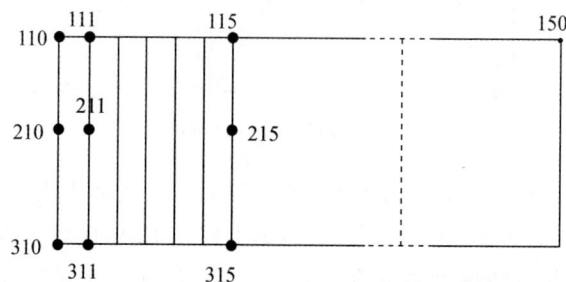

图 3.3  正视影像上的定向点分布

表 3.1  CCD 像点推扫坐标

| 点号 | $t_l$ | $y_l$ | $t_v$ | $y_v$ | $t_r$ | $y_r$ |
|---|---|---|---|---|---|---|
| 110 | | | | | | |
| 210 | | | | | | |
| 310 | | | | | | |
| 111 | | | | | | |
| 211 | | | | | | |
| 311 | | | | | | |
| ⋮ | | | | | | |
| 999 | | | | | | |

正视影像上的三个点的推扫坐标,按式(2.1)和式(2.2)转换为 EFP 过主点纵线上的三个像点坐标。如果外方位元素值已知,那么根据表(3.1)列出像点的推扫像坐标,以其 $t$ 值可以求出取样该点的外方位元素值,进而按前方交会计算得到模型点坐标。利用这些模型点坐标及 EFP 时刻的外方位元素值,按共线方程式(2.3)计算 EFP 上主纵线两侧的各三个定向点的框幅坐标,如图 3.4 所示。

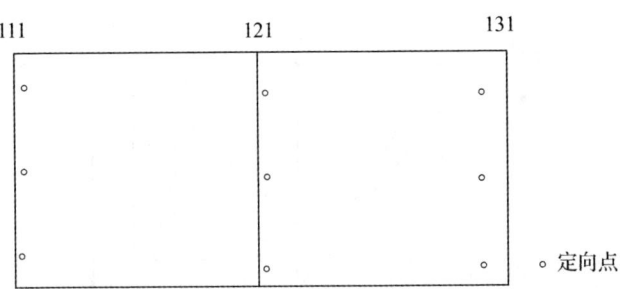

图 3.4 第 11 幅 EFP 像片上生成的定向点

由于飞行姿态、速度变化以及地形起伏影响,主纵线两侧定向点的影像与 EFP 上前、后视线阵的标准位置并不重合。经典的空中三角测量是精确量测框幅像坐标,从外方位元素近似值开始做光束法平差迭代计算,可收敛求得外方位元素的精确值,但在三线阵 CCD 影像空中三角测量中,从外方位元素近似值开始,计算的 EFP 像点坐标也是近似值,光束法平差迭代收敛后也难以获得正确的结果。卫星摄影中外方位元素变化率平稳,地面高差与航高相比很小,因而像点与前、后视线阵的标准位置不重合度是很小的,也就是取样定向点影像时刻与该 EFP 时刻相差也很小,这一特点给 EFP 法提供了可能。经典光束法平差中,共线方程的线性化根据式(2.7)得

$$\begin{bmatrix} v_x \\ v_y \end{bmatrix} = \begin{bmatrix} a_{11} & a_{12} & a_{13} & a_{14} & a_{15} & a_{16} \\ a_{21} & a_{22} & a_{23} & a_{24} & a_{25} & a_{26} \end{bmatrix} \begin{bmatrix} \Delta X_s \\ \Delta Y_s \\ \Delta Z_s \\ \Delta \varphi \\ \Delta \omega \\ \Delta \kappa \end{bmatrix} + \begin{bmatrix} -a_{11} & -a_{12} & -a_{13} \\ -a_{21} & -a_{22} & -a_{23} \end{bmatrix} \begin{bmatrix} \Delta X \\ \Delta Y \\ \Delta Z \end{bmatrix} - \begin{bmatrix} l_x \\ l_y \end{bmatrix}$$

式中,$l_x = x - \dot{x}$,$l_y = y - \dot{y}$;$(x,y)$ 为框幅像坐标,$(\dot{x}, \dot{y})$ 为由外方位元素近似值及地面点坐标 $(X,Y,Z)$ 的近似值代入式(2.3)计算得到的常数项。EFP 光束法平差与经典光束法平差略有不同,常数项都是从地面点前视、正视和后视的推扫像坐标为原始观测值及外方位元素近似值计算得到,以下分别讨论。

### 3.1.1 地面点坐标及 $(\dot{x}, \dot{y})$ 的计算

首先,根据外方位元素近似值,内插 $(t_l, t_v, t_r)$ 时刻的外方位元素值,再将推扫像坐标转换为框幅像坐标,并前方交会得到地面点坐标。由于外方位元素是近似值以及量测像点坐标的影像匹配误差,$l$、$v$、$r$ 三个光线不会相交于一点,如图 3.5 所示。

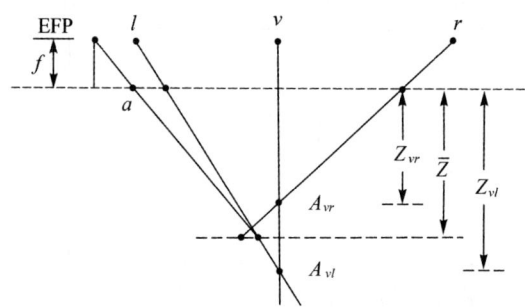

图 3.5　前、正、后 CCD 像点投影及逆投影得 EFP 像点 $a$

由 $v$、$l$ 框幅像坐标前方交会得 $Z_{vl}$，由 $v$、$r$ 框幅像坐标前方交会得 $Z_{vr}$，取
$$\overline{Z}=(Z_{vl}+Z_{vr})/2$$

以 $\overline{Z}$ 为基准面，重新计算平面坐标，称作投影坐标，即 $X_l$，$X_v$，$X_r$ 和 $Y_l$，$Y_v$，$Y_r$，再取

$$\begin{cases}\overline{X}=(X_l+X_v+X_r)/3\\ \overline{Y}=(Y_l+Y_v+Y_r)/3\end{cases}$$

$\overline{X}$，$\overline{Y}$，$\overline{Z}$ 即作为平差中地面点坐标近似值。

将 $\overline{X}$，$\overline{Y}$，$\overline{Z}$ 以及 EFP 时刻的外方位元素近似值代入共线方程式(2.3)，便可计算得到平差用的 $\dot x$，$\dot y$。由投影坐标可以计算 Y 视差

$$\begin{cases}PY_l=Y_l-Y_v\\ PY_r=Y_r-Y_v\end{cases}$$

在光束法平差中，$Y$ 视差是控制外方位元素迭代次数的依据，同理有 $X$ 视差，它将在地面点坐标改正中"消除"。

### 3.1.2　EFP 框幅像坐标计算

EFP 光束法平差中，不是直接操作三线阵 CCD 推扫像坐标，而是将以上生成的投影坐标逆投影到 EFP 上，其坐标被当作观测值。由于坐标值是推算出来的，称作"推导的观测值"(derived observation)，此时的 EFP 应属于"广义的等效框幅相片"，可以通过方差、协方差传播规律求出余因子矩阵参与平差。由于协方差值不大，在 EFP 平差中仍采用权矩阵为对角矩阵。

三线阵 CCD 影像原始坐标显示的上下视差 $PY_l$、$PY_r$，通过光束法改正外方位元素而不断变小，直到最小二乘意义上的最小为止。这里应特别注意的是在 EFP 平差中，EFP 框幅像坐标只是过渡性数值，每次迭代都在改变之中，所以 EFP 光束法平差可以引用经典光束法平差方法，但应根据像点坐标这一特点，作适应性修改。

## §3.2 EFP 光束法空中三角测量的数学模型

光束法平差采用后方、前方交会交替迭代的方案(钱曾波,1980),这一方案在本书应用中有益于法方程式解的稳定性。

### 3.2.1 前方交会

前方交会第 $i$ 片、地面点 $j$ 的改正数方程为

$$\begin{bmatrix} v_{x_{ij}} \\ v_{y_{ij}} \end{bmatrix} = \boldsymbol{B}_{ij}\boldsymbol{\delta}_j - \begin{bmatrix} l_{x_{ij}} \\ l_{y_{ij}} \end{bmatrix}, \quad (i=0,1,\cdots,n) \tag{3.1}$$

式中,$v_{x_{ij}}$,$v_{y_{ij}}$ 为像点坐标余差;$\boldsymbol{B}_{ij}$ 为系数矩阵,见式(2.7);$\boldsymbol{\delta}_j = [\delta X_j \quad \delta Y_j \quad \delta Z_j]^T$,为地面点 $j$ 坐标改正数;$l_{x_{ij}} = x_{ij} - \dot{x}_{ij}$,$l_{y_{ij}} = y_{ij} - \dot{y}_{ij}$;$\dot{x}_{ij}$,$\dot{y}_{ij}$ 为 $\dot{P}_i$ 代入共线方程式(2.3)计算值;$\dot{P}_i = [\dot{X}_{S_i} \quad \dot{Y}_{S_i} \quad \dot{Z}_{S_i} \quad \dot{\varphi}_i \quad \dot{\omega}_i \quad \dot{\kappa}_i]^T$,为外方位元素起始近似值或迭代逼近值。

### 3.2.2 后方交会及附加条件方程

#### 3.2.2.1 后方交会

后方交会第 $i$ 片,像点 $j$ 的改正数方程为

$$\begin{bmatrix} v_{x_{ij}} \\ v_{y_{ij}} \end{bmatrix} = \boldsymbol{A}_{ij}\boldsymbol{\delta}_i - \begin{bmatrix} l_{x_{ij}} \\ l_{y_{ij}} \end{bmatrix}, \quad (i=0,1,\cdots,n) \tag{3.2}$$

式中:$\boldsymbol{A}_{ij}$ 为系数矩阵,见式(2.7);$n=$ 基线数 $\times 10+1$,为航线像片数;$\boldsymbol{\delta}_i = [\delta X_{S_i} \quad \delta Y_{S_i} \quad \delta Z_{S_i} \quad \delta \varphi_i \quad \delta \omega_i \quad \delta \kappa_i]^T$,为外方位元素改正数。

#### 3.2.2.2 外方位元素连续(平滑)制约条件

由图3.2知,一条三线阵 CCD 影像的航线可被分割成10条相当于框幅式的空中三角锁,各条三角锁是独立的。如何将离散的三角锁联系为一个整体,是 EFP 光束法平差中的关键环节。各三角锁自身的连接依然与框幅式空中三角测量相同,采用公共定向点构成航线模型,卫星在轨运行时,外方位元素变化比较平稳,同类外方位元素二阶差分等于零的条件对外方位线元素和角元素都成立,此条件可以将离散的各条空中三角锁的外方位元素联系为整体,是 EFP 法得以成功的重要条件。按同类外方位元素之二阶差分为零给出以下方程

$$\boldsymbol{v}_k = \boldsymbol{\delta}_{k+1} - 2\boldsymbol{\delta}_k + \boldsymbol{\delta}_{k-1} - \boldsymbol{l}_k, \quad (k=1,2,\cdots,n-1) \tag{3.3}$$

式中,$\boldsymbol{v}_k = [v_{X_{S_k}} \quad v_{Y_{S_k}} \quad v_{Z_{S_k}} \quad v_{\varphi_k} \quad v_{\omega_k} \quad v_{\kappa_k}]^T$;$\boldsymbol{l}_k = \dot{P}_{k+1} - 2\dot{P}_k + \dot{P}_{k-1}$,$\dot{P}_k$ 为外方位元素起始近似值或迭代逼近值。

方程式(3.2)和式(3.3)生成的法方程式系数阵为带状矩阵，维数为 $n \times 6$，带状为 $6 \times 6$。

### 3.2.2.3 外方位元素量测值改正数方程式

外方位元素量测值改正数方程为

$$v_i = \boldsymbol{\delta}_i - \boldsymbol{l}_i, \quad (i = 0, 1, \cdots, n) \tag{3.4}$$

式中，$\boldsymbol{l}_i = \boldsymbol{P}_i - \dot{\boldsymbol{P}}_i$；$\boldsymbol{P}_i = [X_{S_i} \ Y_{S_i} \ Z_{S_i} \ \varphi_i \ \omega_i \ \kappa_i]^T$ 为外方位元素量测值。

### 3.2.2.4 外方位元素常差改正数方程式

外方位元素常差改正数方程为

$$v_i = \boldsymbol{\delta}_i + \boldsymbol{\delta}_C - \boldsymbol{l}_i, \quad (i = 0, 1, \cdots, n) \tag{3.5}$$

式中，$\boldsymbol{\delta}_C = [X_{S_C} \ Y_{S_C} \ Z_{S_C} \ \varphi_C \ \omega_C \ \kappa_C]^T$ 为外方位元素量测值中含有的常差；$\boldsymbol{l}_i = \boldsymbol{P}_i - \dot{\boldsymbol{P}}_i$；$\boldsymbol{P}_i = [X_{S_i} + X_{S_C} \ Y_{S_i} + Y_{S_C} \ Z_{S_i} + Z_{S_C} \ \varphi_i + \varphi_C \ \omega_i + \omega_C \ \kappa_i + \kappa_C]^T$，为含有常差的外方位元素量测值。

式(3.2)、式(3.3)和式(3.5)生成的法方程系数为带状加边阵，维数为 $n \times 6 + 6$，带宽和边宽均为 6。

### 3.2.2.5 各类改正数方程权的确定

各类改正数方程关系的权较多，合理地确定它们之间的大小关系比较困难。首先分析矩阵 $\boldsymbol{A}$ 组成的法方程式主对角元素的特点，即角元素数值比线元素大得多，加上实验经验给出以下的数值

$W_A = 0.0001$

$W_{S_a} = \begin{cases} 0.0001, & \text{无外方位元素参与平差} \\ 0.1, & \text{外方位元素参与平差} \end{cases}$

$W_{S_p} = \begin{cases} 1, & \text{无外方位元素参与平差} \\ 10, & \text{外方位元素参与平差} \end{cases}$

其中，$W_A$ 为像点坐标权值；$W_{S_a}$ 为外方位角元素权值；$W_{S_p}$ 为外方位线元素权值。考虑到外方位元素中线元素误差与角元素误差的共同影响，拟定如下的权函数

$$W_{S_a} = \frac{14 \times (\sigma_p^2 + \sigma_a^2) + 1}{(\sigma_p + \sigma_a)^4 + 0.001} \tag{3.6}$$

$$W_{S_p} = 0.001 \times W_{S_a}$$

式中，$\sigma_p$ 为摄站坐标观测误差，m；$\sigma_a$ 为角元素观测误差，(″)。

在当今卫星摄影测量中可预见到的外方位元素误差范围内，式(3.6)的权函数均适用。

## §3.3 平差数据的数学模型

为验证以上原理及数学模型,需要数字模拟数据。严格模拟卫星飞行时的外方位元素是很困难的,本书利用 Wu(1984)列出的数学模型作为模拟计算卫星各方位元素的基础,即

$$P_i = a\cos\left(\frac{j \times 2\pi}{T}\right) + b\sin\left(\frac{j \times 2\pi}{u}\right), \quad (j=1,2,\cdots,n, i=1,2,\cdots,6) \quad (3.7)$$

式中,$P_i$ 为某一时刻的外方位元素$(X_S, Y_S, Z_S, \varphi, \omega, \kappa)$;$a$、$T$、$b$、$u$ 为按飞行状况选择的参数。

依卫星飞行平台平稳状态的参数数值列于表 3.2。

表 3.2 外方位元素模拟数据参数

| $P_i$ | $a$ | $T$ | $b$ | $u$ |
|---|---|---|---|---|
| $X_S$ | 1.4 | 220 | 14 | 120 |
| $Y_S$ | −1.9 | 230 | 19 | 130 |
| $Z_S$ | −0.9 | 240 | 9 | 140 |
| $\varphi$ | 0.1 | 240 | −1 | 140 |
| $\omega$ | 0 | 320 | 0.5 | 220 |
| $\kappa$ | 0.1 | 220 | −1 | 120 |

根据式(3.7)和表 3.2 的参数,得图 3.6。该图曲线是低频正、余弦振荡曲线,用于模拟卫星飞行中的 6 个外方位元素的变化,比较适用于三线阵 CCD 影像摄影测量数学模拟实验研究。

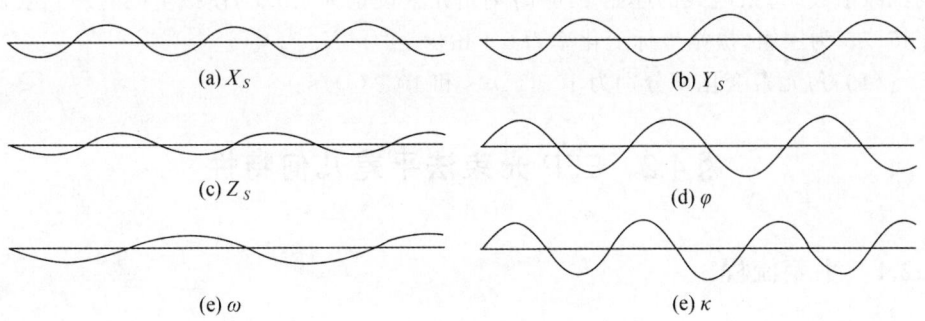

图 3.6 外方位元素的变化曲线

# 第四章  EFP 光束法空中三角测量误差特性研究

## §4.1  卫星摄影测量的基本参数

为了开展 EFP 光束法空中三角测量误差特性实验研究,假设三线阵相机卫星摄影测量相关参数如下:

(1)正视相机与前、后视相机夹角为 25.6°。
(2)正视相机主距 $f_v$=500 mm。
(3)像比例尺为 1:100 万。
(4)前视相机主距 $F_l=f_v/\cos\alpha$。
(5)后视相机主距 $F_r=f_v/\cos\alpha$。
(6)摄影基线长约 250 km。
(7)航线宽为 120 km。
(8)宽高比为 1/4。
(9)正视与前后视光线基高比为 0.5。
(10)前后视光线基高比为 1.0。
(11)卫星飞行高度为 500 km。
(12)卫星运行周期约 90 min,地面高差为 2000~8000 m,生成旁向重叠 10% 的四条航线,每条航线的起始 EFP 时刻角元素设定为 ±0.5°,模拟生成的外方位元素按 0.5″为一组,摄站坐标变化率为 0.1 m/s。
(13)角元素变化率分别为 $10^{-3}$(°)/s 和 $10^{-4}$(°)/s。

## §4.2  EFP 光束法平差几何特性

### 4.2.1  平差流程

由前方交会式(3.1)、后方交会式(3.2)以及外方位元素平滑制约条件式(3.3),可以构成类似经典的光束法空中三角测量数学模型。由于 EFP 像点坐标是推算出来的,控制点不宜直接参与平差过程,于是平差要分成自由网平差及利用控制点作三维线性变换两个步骤。另一方面,卫星摄影中起始角元素大约在 ±0.5°左右,对于经典空中三角测量,角元素起始近似值均可按零处理。但 EFP 平差中,$\varphi$ 角

起始值 $\varphi_0$ 对整条航线的几何状态影响很大,必须采用特殊的程序预先加以确定。本书采用对 $\varphi$ 角值不断步进的方法,比较式(3.2)及式(3.1)计算的 Y 视差的均方根值最小者,即作为 $\varphi$ 的最佳起始值。三线阵 CCD 影像自由网加控制点空中三角测量的步骤如图 4.1 所示。

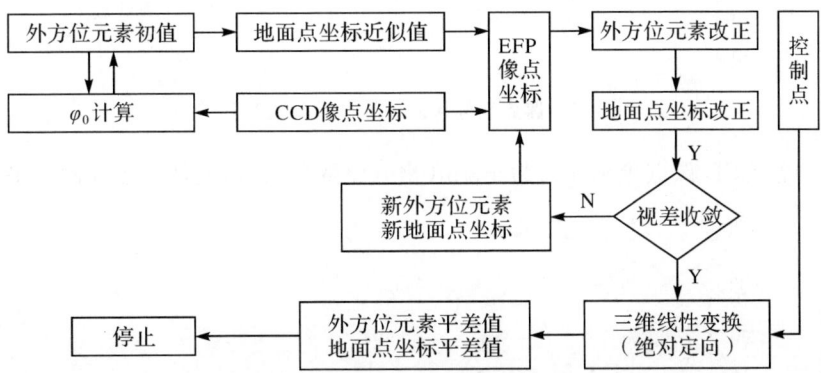

图 4.1 三线阵 CCD 影像自由网加控制点空中三角测量

### 4.2.2 平差实验

自由网加布设在航线首末端的 4 个控制点的空中三角测量方案,可以用来讨论 EFP 光束法平差的几何特性,从中找出与经典框幅式像片平差的区别,也便于同"定向片"平差特性作比较。用生成的卫星摄影测量模拟数据做以下计算:

(1)首先利用真外方位元素、CCD 像点坐标误差±3 m(物方比例),计算得地面高程误差,如图 4.2 所示,显示的高程误差是上、中、下三排点误差的均值(以下同)。图 4.2 的数值可当作理论精度。

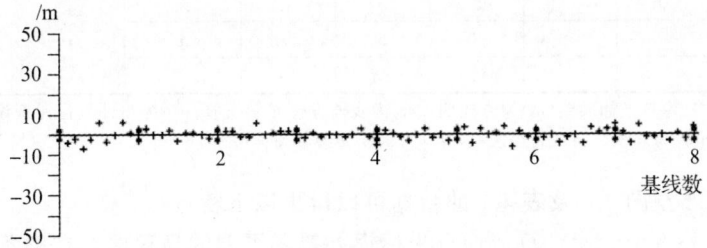

图 4.2 外方位元素真值计算的高程误差

(2)按 CCD 像点坐标误差为零的自由网加 4 个控制点平差,地面点高程误差如图 4.3 所示。该数据表示由平差模型引出的误差不大,误差值与外方位元素的变化率有关。

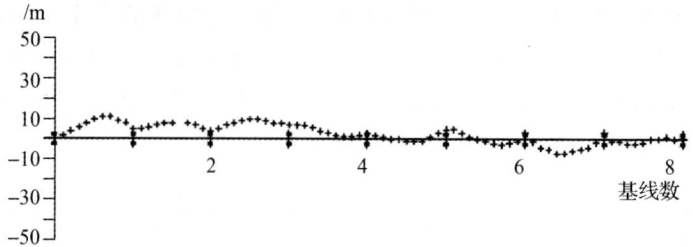

图 4.3  像点坐标误差为零平差的高程误差

(3) 按 CCD 像点坐标误差为 ±3 m(物方比例)的自由网加 4 个控制点平差,地面点高程误差如图 4.4 所示。

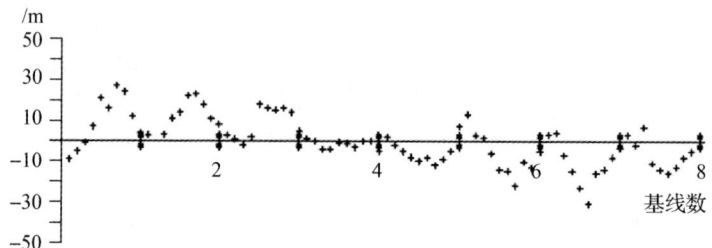

图 4.4  像点坐标误差为 3 m(物方比例)时平差的高程误差

三种平差的统计结果如表 4.1 所示。

表 4.1  三种计算的高程误差统计

| $m_I$ | $m_P$/m | $m_\alpha$/('') | $m_Z$/m | $m_{Z_3}$/m | $m_{Z_2}$/m | 控制点 | 姿态稳定度 /(°)s$^{-1}$ | 基线数 |
| --- | --- | --- | --- | --- | --- | --- | --- | --- |
| 3 | 0 | 0 | 5 | 5 | 7 | 无 | | |
| 0 | | | 3 | 5 | 5 | 4 | $10^{-7}$ | 8 |
| 3 | | | 12 | 13 | 14 | 4 | | |

注:$m_I$ 为 CCD 像点坐标误差(m)物方比例,$m_P$ 为线外方位元素误差,$m_\alpha$ 为角外方位元素误差,$m_Z$ 为高程误差,$m_{Z_3}$ 为三线交会区高程误差,$m_{Z_2}$ 为二线交会区高程误差。

从图 4.2 至图 4.4 及表 4.1 的数据可以得出以下特点:

(1) 由外方位元素计算或像点坐标误差等零平差的高程误差在整条航线上的分布比较均匀,二线交会区的精度比三线交会区约低 1.4 因子,与理论估算基本一致。

(2) EFP 光束法平差与经典框幅像片空中三角测量平差在性质上有相同之处,所以控制点可以布设在航线首末端。

(3) 像点坐标误差为零的单航线平差误差不大,如果姿态角减小,其误差将更小,说明同类外方位元素二阶差分等零制约条件能比较好地将各三角锁联成一个整体,但平差对像点坐标误差很敏感,当像点坐标误差为±3 m(物方比例)时,高程误差很快增大,呈现明显的系统现象。考查其原因仍是航线中的各三角锁由于像点坐标误差产生具有累积性的误差,使得三角锁在整航线中的定位受影响,最明显的是在航线首末基线内,即二线交会区内。这是各三角锁的首末端所在区,在这个基线区间内,外方位元素只依靠初值开始迭代,其走向无有效的数据控制,所以外方位元素只能逼近到一定精度。图 4.5 中振幅大的粗、细点曲线分别表示 $\varphi$ 角相对于起始摄站变化值的真值和平差值,靠近轴线的细点曲线表示 $\varphi$ 角平差值的误差。外方位元素平差值的系统性对高程精度影响较大,这是单航线平差精度不高的主要原因。克服该问题有三种方案,即采用飞行中测定的外方位元素参与平差、采用区域平差以及在各三角锁首末端均设控制点等。

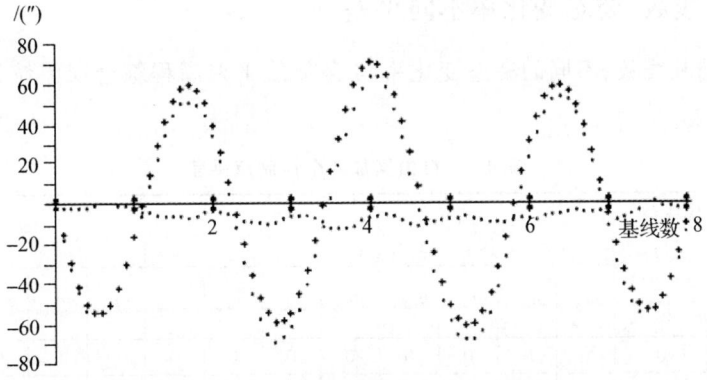

图 4.5 $\varphi$ 的真值、平差值和误差值

像点坐标误差为±3 m(物方比例)时,地面点坐标有明显的系统误差,但迭代收敛时,$X$、$Y$ 视差都不大,原因是基线误差与 $\varphi$ 角误差间有相关性。为了说明这一情况,将基线误差按基高比换算为高程误差(见图 4.6),$\varphi$ 角误差按 $-Hd\varphi$ 换算为高程误差(见图 4.7),比较图 4.6 和图 4.7 可以看出,基线误差与 $\varphi$ 角误差间的相关程度,其相关系数约为 0.5。

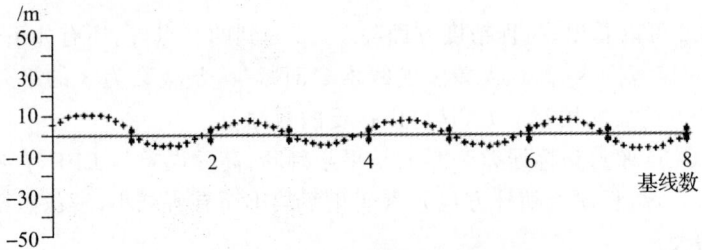

图 4.6 $dB$ 影响的高程误差

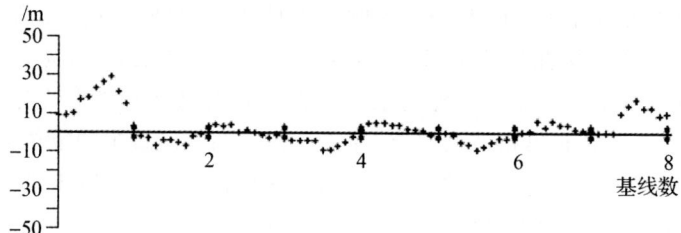

图 4.7 d$\varphi$ 影响的高程误差

## §4.3 自由网加 4 个控制点平差

### 4.3.1 基线数、姿态变化率不同平差

按不同基线数、不同的姿态变化率,4 条航线平差高程综合误差统计如表 4.2 所示。

表 4.2 自由网加 4 个控制点平差

| d$\alpha$/ (°)s$^{-1}$ | 基线数 $m_Z/m$ $m_l/m$ | 3 | | | | 4 | | | | 8 | | | |
|---|---|---|---|---|---|---|---|---|---|---|---|---|---|
| | | $m_Z$ | $m_{Z_0}$ | $m_{Z_3}$ | $m_{Z_2}$ | $m_Z$ | $m_{Z_0}$ | $m_{Z_3}$ | $m_{Z_2}$ | $m_Z$ | $m_{Z_0}$ | $m_{Z_3}$ | $m_{Z_2}$ |
| 10$^{-8}$ | 0 | 0 | 0 | 0 | 0 | 0 | 0 | 0 | 0 | 0 | 0 | 0 | 0 |
| | 1 | 4 | 4 | 5 | 4 | 4 | 3 | 4 | 4 | 3 | 3 | 3 | 3 |
| | 3 | 13 | 13 | 16 | 12 | 9 | 3 | 13 | 13 | 6 | 3 | 10 | 11 |
| 10$^{-4}$ | 0 | 2 | 3 | 3 | 2 | 1 | 0 | 9 | 1 | 2 | 1 | 2 | 1 |
| | 1 | 6 | 4 | 7 | 5 | 5 | 3 | 6 | 5 | 6 | 5 | 6 | 6 |
| | 3 | 15 | 12 | 17 | 14 | 11 | 8 | 17 | 17 | 6 | 3 | 13 | 14 |
| 10$^{-3}$ | 0 | 12 | 2 | 13 | 11 | 7 | 2 | 7 | 6 | 3 | 3 | 6 | 5 |
| | 1 | 13 | 4 | 14 | 12 | 8 | 3 | 11 | 10 | 9 | 5 | 9 | 9 |
| | 3 | 25 | 11 | 27 | 23 | 13 | 8 | 21 | 22 | 9 | 4 | 16 | 17 |

从表 4.2 可以看出,高程精度方面除 §4.2 提到的特点外,还有如下特点:

(1)在一定范围内,高程误差随航线增多而减少,基线数为 3 的平差数据与其他基线数的平差数据相差不大,是可以接受的数据。

(2)从 CCD 像点坐标误差为零的结果来判断,高程误差与 EFP 平差的数学模型关系不太大,高程误差随外方位元素变化率减小而有所减小,随像点坐标误差增大而显著增大。

(3)控制点所在的三角锁,高程精度较高(见表 4.2 的 $m_{Z_0}$)。

## 4.3.2 长航线误差特点

首先利用真外方位元素按 EFP 法空中三角单航线、4 个控制点平差方案,计算误差作为平差精度的极限值,如表 4.3 所示。此外还利用法方程式逆矩阵主对角线元素及像点观测值标准差计算内部精度,如表 4.4 所示,供判断平差精度参考。

表 4.3 平差精度极限值

| $B$ | $m_X/\text{m}$ | $m_Y/\text{m}$ | $m_Z/\text{m}$ | $m_{Z_3}/\text{m}$ | $m_{Z_2}/\text{m}$ |
| --- | --- | --- | --- | --- | --- |
| 2 | 0 | 2 | 6 | 6 | 7 |
| 3 | 1 | 1 | 6 | 5 | 7 |
| 4 | 1 | 2 | 6 | 5 | 6 |
| 5 | 1 | 2 | 5 | 5 | 7 |
| 10 | 1 | 2 | 5 | 5 | 6 |
| 19 | 1 | 2 | 5 | 5 | 6 |

注:$m_P = m_\varphi = 0, m_I = \pm 3\text{ m}$,4 条航线综合,$B$=基线数。

表 4.4 内部精度

| 三线交会 | | | 二线交会 | | |
| --- | --- | --- | --- | --- | --- |
| $m_X/\text{m}$ | $m_Y/\text{m}$ | $m_Z/\text{m}$ | $m_X/\text{m}$ | $m_Y/\text{m}$ | $m_Z/\text{m}$ |
| 1.7 | 1.7 | 4.3 | 3.0 | 2.2 | 8.6 |

注:按 $\sigma_X = \sigma_0 \dfrac{H}{f} \sqrt{Q_{XX}}$,$Q_{XX}$ 为法方程逆矩阵主元。

从表 4.4 可看出,二线交会区比三线交会区误差大一倍,这反映了基高比条件的作用。但从平差精度极限值看,二线交会区精度并不比三线交会区低太多。在二线交会区,内部精度略低于平差极限精度。本书按不同基线数做 EFP 空中三角自由网平差计算并利用航线四角隅各一个控制点进行绝对定向,统计精度如表 4.5 所示,同时将表 4.5 中高程误差依基线数图解,如图 4.8 所示。显然基线数小于 4 的高程误差特别大,随着基线数增加,高程精度不断提高,整个误差趋势与 Hofmann 等(1982)的相关结果相似。基线数为 19 时高程误差大约是极限精度的 1.8 倍,图 4.9 为高程误差,可以看出整条航线内误差幅度变化并不太大,且二线交会区误差仅略大于三线交会区。这一点与 Hofmann 等(1982)的相关结果不太一样。后者二线交会区高程误差比较大,实际应用时,要舍去这部分数据。为什么基线数小的航线,高程误差特别大呢? 与其他航线数的高程误差相差如此大,显然无法用基高比条件不一样解释。$B=10$ 的第二航线高程误差如图 4.10 所示,从整条航线看,高程误差呈明显的振荡变化,与 Hofmann 等(1982)的相关结果的误差变化不太一样。

表 4.5 单航线平差结果统计

| $B$ | $m_X$/m | $m_Y$/m | $m_Z$/m | $m_{Z_3}$/m | $m_{Z_2}$/m |
|---|---|---|---|---|---|
| 2 | 25 | 9 | 96 | 14 | 98 |
| 3 | 9 | 7 | 23 | 22 | 25 |
| 4 | 13 | 8 | 21 | 21 | 22 |
| 5 | 9 | 4 | 13 | 13 | 14 |
| 6 | 9 | 9 | 14 | 14 | 15 |
| 7 | 7 | 5 | 15 | 14 | 15 |
| 8 | 9 | 4 | 17 | 16 | 17 |
| 9 | 7 | 5 | 12 | 11 | 12 |
| 10 | 5 | 7 | 11 | 11 | 12 |
| 12 | 6 | 4 | 12 | 11 | 13 |
| 15 | 6 | 4 | 10 | 9 | 13 |
| 19 | 5 | 11 | 9 | 9 | 10 |

注:$m_I = \pm 3$ m,姿态变化率为 $10^{-3}$ (°)/s。

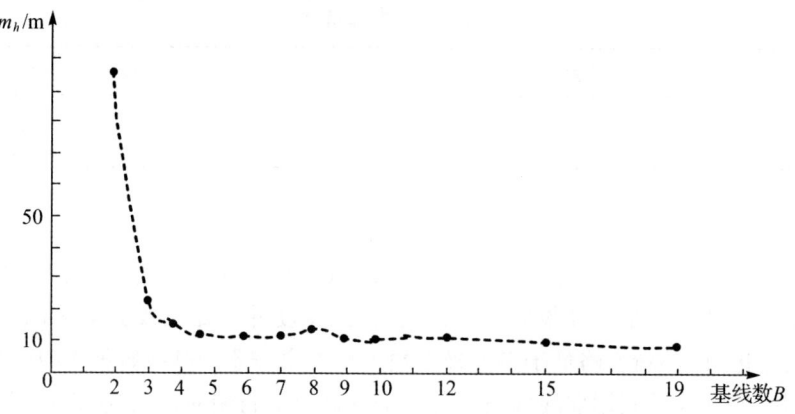

图 4.8 地面点高程误差(依航线长度标示)

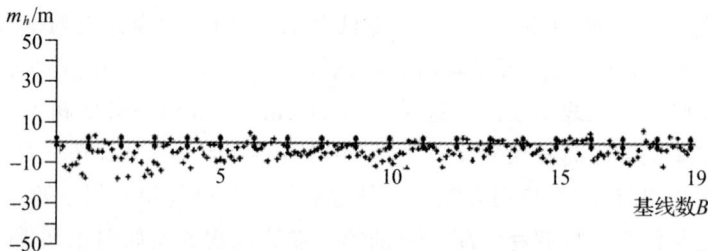

图 4.9 地面点高程误差($B=19$)

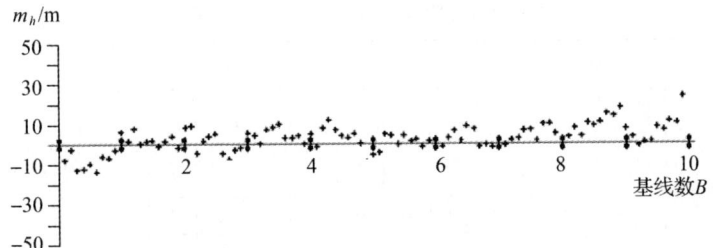

图 4.10 地面点高程误差($B=10$)

## §4.4 自由网加多个控制点平差

为了控制各三角锁在整个航线中的定位,各三角锁首末端都布设控制点,对提高平差精度有明显作用。按 4 条航线、不同基线分别计算,误差统计如表 4.6 所示。从表 4.6 可以看出,各三角锁两端布设控制点,高程精度明显提高,逐条布点与隔条布点精度相当。

表 4.6 自由网加多个控制点高程误差统计

| 控制点 | 基线数 | 3 | | | | 4 | | | | 8 | | | |
|---|---|---|---|---|---|---|---|---|---|---|---|---|---|
| | $m_Z/m$ $m_I/m$ | $m_Z$ | $m_{Z_0}$ | $m_{Z_3}$ | $m_{Z_2}$ | $m_Z$ | $m_{Z_0}$ | $m_{Z_3}$ | $m_{Z_2}$ | $m_Z$ | $m_{Z_0}$ | $m_{Z_3}$ | $m_{Z_2}$ |
| 各三角锁4个控制点 | 0 | 2 | 2 | 2 | 1 | 2 | 2 | 3 | 1 | 3 | 2 | 3 | 1 |
| | 3 | 7 | 8 | 9 | 5 | 6 | 6 | 6 | 5 | 9 | 9 | 10 | 4 |
| 隔条4个控制点 | 3 | 8 | 9 | 11 | 7 | 6 | 6 | 6 | 6 | 10 | 10 | 11 | 6 |

注:上述实验均在姿态稳定度为 $10^{-3}(°)/s$ 的情况下进行。

## §4.5 外方位元素量测值参与平差

由于外方位元素量测值可以当作初值输入平差,所以不必像自由网平差那样预先确定 $\varphi_0$ 的数值。

实验计算按前方交会式(3.1)与后方交会式(3.2)及其附加条件式(3.3)和式(3.4)交替进行迭代,无地面控制点参与。依外方位元素观测误差的不同,分别计算光束法平差结果和直接前方交会结果,如表 4.7 和表 4.8 所示。

表 4.7 四条航线平差结果统计表

| 外方位误差 | | | 基线数 | 3 | | | | 4 | | | | 8 | | | |
|---|---|---|---|---|---|---|---|---|---|---|---|---|---|---|---|
| 线元素/m | 角元素/(″) | 像点误差/m | 平差方法 | $m_Z$/m | $m_{Z_3}$/m | $m_{Z_2}$/m | $m_\varphi$/(″) | $m_Z$/m | $m_{Z_3}$/m | $m_{Z_2}$/m | $m_\varphi$/(″) | $m_Z$/m | $m_{Z_3}$/m | $m_{Z_2}$/m | $m_\varphi$/(″) |
| 0 | 0 | 0 | 前方交会 | 0 | 0 | 0 | | 1 | 1 | 1 | | 0 | 0 | 0 | |
| | | | 光束法 | 0 | 0 | 0 | 0 | 1 | 0 | 1 | 0 | 0 | 0 | 0 | 0 |
| | | ±3 | 前方交会 | 6 | 4 | 7 | | 6 | 5 | 7 | | 5 | 5 | 6 | |
| | | | 光束法 | 6 | 4 | 7 | 0 | 6 | 5 | 6 | 0 | 5 | 5 | 6 | 0 |
| ±1 | ±10 | 0 | 前方交会 | 66 | 27 | 79 | | 61 | 37 | 78 | | 50 | 36 | 79 | |
| | | | 光束法 | 7 | 6 | 8 | 2.3 | 7 | 7 | 7 | 2.0 | 6 | 6 | 6 | 0.9 |
| | | ±3 | 前方交会 | 66 | 27 | 80 | | 61 | 37 | 79 | | 50 | 36 | 80 | |
| | | | 光束法 | 10 | 8 | 11 | 2.4 | 10 | 9 | 10 | 2.1 | 9 | 8 | 10 | 2.0 |
| ±1 | ±1 | 0 | 前方交会 | 5 | 4 | 6 | | 5 | 4 | 6 | | 5 | 4 | 8 | |
| | | | 光束法 | 3 | 3 | 4 | 0.7 | 3 | 2 | 3 | 0.6 | 2 | 1 | 2 | 0.4 |
| | | ±0.5 | 前方交会 | 5 | 4 | 6 | | 5 | 4 | 6 | | 5 | 4 | 8 | |
| | | | 光束法 | 3 | 3 | 4 | 0.7 | 3 | 2 | 3 | 0.6 | 2 | 2 | 3 | 0.4 |
| | | ±3 | 前方交会 | | | | | | | | | 7 | 6 | 10 | |
| | | | 光束法 | 7 | 5 | 8 | 0.7 | 7 | 6 | 8 | 0.8 | 6 | 5 | 8 | 0.6 |
| ±1 | ±2 | 0 | 前方交会 | 13 | 8 | 15 | | 11 | 7 | 15 | | 10 | 7 | 17 | |
| | | | 光束法 | 3 | 3 | 4 | 0.9 | 3 | 3 | 3 | 0.7 | 2 | 2 | 3 | 0.7 |
| | | ±0.5 | 前方交会 | 13 | 8 | 18 | | 11 | 7 | 15 | | 10 | 7 | 17 | |
| | | | 光束法 | 3 | 3 | 4 | 0.9 | 3 | 3 | 4 | 0.7 | 3 | 2 | 3 | 0.7 |
| | | ±1 | 前方交会 | 13 | 8 | 16 | | 11 | 8 | 15 | | 11 | 8 | 17 | |
| | | | 光束法 | 4 | 4 | 5 | 0.9 | 4 | 4 | 4 | 0.7 | 3 | 3 | 4 | 0.7 |
| | | ±2 | 前方交会 | 14 | 8 | 16 | | 12 | 8 | 15 | | 11 | 8 | 17 | |
| | | | 光束法 | 6 | 5 | 6 | 0.9 | 5 | 4 | 6 | 0.8 | 5 | 4 | 6 | 0.7 |
| | | ±3 | 前方交会 | 14 | 9 | 13 | | 12 | 8 | 15 | | 12 | 9 | 17 | |
| | | | 光束法 | 8 | 6 | 9 | 0.9 | 7 | 6 | 8 | 0.9 | 6 | 5 | 8 | 0.8 |

注:$m_Z$ 为高程综合误差,$m_{Z_3}$ 为三线交会区高程误差,$m_{Z_2}$ 为二线交会区高程误差,$m_\varphi$ 为平差后 $\varphi$ 角误差。

表 4.8 四条航线平差结果统计表

| 外方位误差 | | | 基线数 | 3 | | | | 4 | | | | 8 | | | |
|---|---|---|---|---|---|---|---|---|---|---|---|---|---|---|---|
| $m_P$/m | $m_a$/(″) | $m_I$/m | 平差方法 | $m_Z$/m | $m_{Z_3}$/m | $m_{Z_2}$/m | $m_\varphi$/(″) | $m_Z$/m | $m_{Z_3}$/m | $m_{Z_2}$/m | $m_\varphi$/(″) | $m_Z$/m | $m_{Z_3}$/m | $m_{Z_2}$/m | $m_\varphi$/(″) |
| ±5 | 0 | 0 | 前方交会 | 13 | 6 | 15 | | 12 | 7 | 17 | | 9 | 7 | 15 | |
| | | | 光束法 | 5 | 3 | 6 | 1.0 | 5 | 4 | 6 | 0.9 | 4 | 3 | 5 | 1.1 |
| | | ±3 | 前方交会 | 14 | 7 | 17 | | 13 | 8 | 17 | | 9 | 7 | 14 | |
| | | | 光束法 | 9 | 6 | 10 | 0.8 | 8 | 6 | 10 | 1.1 | 6 | 6 | 8 | 1.2 |

续表

| 外方位误差 | | | 基线数 | 3 | | | | 4 | | | | 8 | | | |
|---|---|---|---|---|---|---|---|---|---|---|---|---|---|---|---|
| $m_P$ /m | $m_a$ /(″) | $m_I$ /m | 平差方法 | $m_Z$ /m | $m_{Z_3}$ /m | $m_{Z_2}$ /m | $m_\varphi$ /(″) | $m_Z$ /m | $m_{Z_3}$ /m | $m_{Z_2}$ /m | $m_\varphi$ /(″) | $m_Z$ /m | $m_{Z_3}$ /m | $m_{Z_2}$ /m | $m_\varphi$ /(″) |
| ±5 | ±10 | 0 | 前方交会 | 73 | 44 | 85 | | 62 | 41 | 78 | | 54 | 43 | 79 | |
| | | | 光束法 | 8 | 7 | 8 | 1.8 | 6 | 5 | 7 | 1.7 | 4 | 4 | 5 | 1.0 |
| | | ±3 | 前方交会 | 74 | 44 | 86 | | 62 | 41 | 78 | | 54 | 43 | 86 | |
| | | | 光束法 | 11 | 9 | 12 | 2.0 | 10 | 8 | 11 | 1.9 | 7 | 7 | 9 | 1.2 |
| ±5 | ±1 | 0 | 前方交会 | 16 | 5 | 20 | | 11 | 7 | 15 | | 11 | 8 | 18 | |
| | | | 光束法 | 5 | 3 | 6 | 1.1 | 5 | 4 | 6 | 1.0 | 5 | 4 | 5 | 1.0 |
| | | ±0.5 | 前方交会 | 16 | 5 | 20 | | 11 | 7 | 15 | | 11 | 8 | 18 | |
| | | | 光束法 | 5 | 3 | 6 | 1.1 | 5 | 4 | 6 | 1.0 | 5 | 5 | 6 | 1.1 |
| | | ±3 | 前方交会 | 17 | 7 | 21 | | 13 | 8 | 16 | | 12 | 9 | 15 | |
| | | | 光束法 | 8 | 6 | 9 | 1.3 | 8 | 6 | 10 | 1.0 | 8 | 7 | 9 | 1.1 |
| ±5 | ±2 | 0 | 前方交会 | 19 | 8 | 22 | | 18 | 9 | 23 | | 14 | 10 | 23 | |
| | | | 光束法 | 8 | 6 | 9 | 0.9 | 4 | 4 | 4 | 1.2 | 4 | 3 | 4 | 0.9 |
| | | ±0.5 | 前方交会 | 19 | 8 | 22 | | 18 | 9 | 23 | | 14 | 10 | 23 | |
| | | | 光束法 | 8 | 6 | 9 | 1.0 | 4 | 4 | 5 | 1.2 | 4 | 3 | 5 | 0.9 |
| | | ±1 | 前方交会 | 19 | 8 | 22 | | 18 | 9 | 23 | | 14 | 10 | 23 | |
| | | | 光束法 | 8 | 6 | 10 | 0.9 | 4 | 4 | 5 | 1.2 | 4 | 4 | 5 | 0.9 |
| | | ±2 | 前方交会 | 19 | 8 | 23 | | 18 | 10 | 24 | | 14 | 10 | 23 | |
| | | | 光束法 | 9 | 6 | 11 | 1.0 | 6 | 5 | 7 | 1.2 | 5 | 5 | 6 | 1.0 |
| | | ±3 | 前方交会 | 20 | 9 | 23 | | 18 | 10 | 24 | | 15 | 11 | 74 | |
| | | | 光束法 | 11 | 8 | 13 | 1.2 | 8 | 7 | 9 | 1.4 | 7 | 6 | 8 | 1.0 |

注：$m_Z$ 为高程综合误差，$m_{Z_3}$ 为三线交会区高程误差，$m_{Z_2}$ 为二线交会区高程误差，$m_\varphi$ 为平差后 $\varphi$ 角误差。

由表 4.7 和表 4.8 可以得出：

(1) EFP 光束法平差后的高程精度比直接进行前方交会有较大幅度提高。

(2) 摄站坐标误差为 ±5 m、角元素误差为 ±10″、CCD 像元地面分辨率为 10 m，或摄站坐标误差为 ±5 m、角元素误差为 ±2″、CCD 像元地面分辨率为 5 m、影像匹配误差为 0.3 像元，光束法平差后的高程误差与像元相当。

(3) 外方位角元素观测误差为 ±10″，光束法平差后，角元素的误差可缩小至 1.5″~2.5″。

(4) EFP 光束法平差，基线数等于 3 的结果，与其他基线数精度相当；二线阵交会区的平差精度比三线交会区大约低 1.4 个因子。

(5) 摄站坐标误差为 ±1 m、角元素误差为 ±2″、CCD 像元地面分辨率为 1 m、影像匹配误差为 0.3~0.5 像元，光束法平差后，高程精度可从直接进行前方交会的 ±11 m 提高到 ±3 m。

## §4.6 外方位元素带有常差的空中三角测量

卫星摄影测量中,摄站坐标由 GPS 数据处理获得,所提供的摄站坐标往往带有系统性的常差;角元素由星相机或星敏感器测定,星地相机间的夹角测定值出于种种原因,所提供的地相机角元素也难免含有常差,需要通过平差的方法将其分离出来。平差方法与§4.5 类似,但必须注意外方位元素的观测值不能当作初值使用,因为量测值中含有常差,故平差要分为两个步骤进行。第一步按自由网加 4 个控制点的方案平差,利用控制点进行三维变换后,求得基本消除常差的外方位元素,并作为第二步平差的初值;第二步平差按式(3.5),改正数项中外方位元素的常差项,按带状加边矩阵解算,可将常差分离出来。实验计算结果列于表 4.9。

表 4.9 剔除外方位元素常差精度统计

| 基线数 | $X_{SC}$ /m | $Y_{SC}$ /m | $Z_{SC}$ /m | $\varphi_C$ /(″) | $\omega_C$ /(″) | $\kappa_C$ /(″) | 外方位元素常差值 | | |
|---|---|---|---|---|---|---|---|---|---|
| 3 | 10 | 0 | −8 | 5 | 3 | 0 | $X_{SC}$/m | −100 | $\varphi_C$/rad | 0.007 |
| 4 | 2 | 7 | 4 | 0 | −2 | 1 | $Y_{SC}$/m | 100 | $\omega_C$/rad | −0.007 |
| 8 | 6 | 20 | 1 | 1 | −9 | 0 | $Z_{SC}$/m | 100 | $\kappa_C$/rad | 0.007 |
| 3 | 0 | 0 | 0 | −1 | −1 | 0 | $X_{SC}$/m | 0 | $\varphi_C$/rad | 0.007 |
| 4 | 0 | 0 | 0 | 1 | 1 | 1 | $Y_{SC}$/m | 0 | $\omega_C$/rad | −0.007 |
| 8 | 0 | 0 | 0 | 2 | −1 | 0 | $Z_{SC}$/m | 0 | $\kappa_C$/rad | 0.007 |
| 3 | 1 | 13 | −2 | 0 | 0 | 0 | $X_{SC}$/m | −100 | $\varphi_C$/rad | 0 |
| 4 | 0 | 16 | 3 | 0 | 0 | 0 | $Y_{SC}$/m | 100 | $\omega_C$/rad | 0 |
| 8 | −2 | 7 | 8 | 0 | 0 | 0 | $Z_{SC}$/m | 100 | $\kappa_C$/rad | 0 |

从表 4.9 可以看出,解算出的外方位角元素精度较高,线元素常差解算的精度差一些。实际工作中应进一步研究利用多条航线多控制点平差,以便确定更精确的外方位元素常差估值。

## §4.7 区域网平差

### 4.7.1 区域网平差策略与方法

通常卫星三线阵 CCD 影像的宽度不大,宽高比较小,为了保持尽可能大的宽高比值,连接点应尽量选在航线边缘。在卫星摄影中,三线阵 CCD 影像航线间的重叠不如航空摄影规范,在纬度高的地区旁向重叠很大,为了保持好的宽高比值,不宜在旁向重叠中线处选择连接点和区域平差的公共点。此外,按 EFP 光束法平差,一条航线上的连接点未必能作为相邻航线的连接点使用,而且每条航线所关系到的外方位元素也较航空摄影测量的框幅式相片区域平差复杂得多,所以区域平差的策略是,采用使航线旁向重叠的相应点闭合差不断减小的迭代方法。

如图 4.11 所示,每条航线内部连接点编号都是按相同号码及规律编定,只用于航线内部平差,其位置应尽量靠近航线边缘。连接点在邻航线上的相应坐标,可由影像匹配法求得,其编号规律如下:航线 1 的下排点 310,其在航线 2 的上排处相应点的编号为 1310,而航线 2 的上排点 110 在航线 1 的下排处相应点的编号为 2110,依此类推。

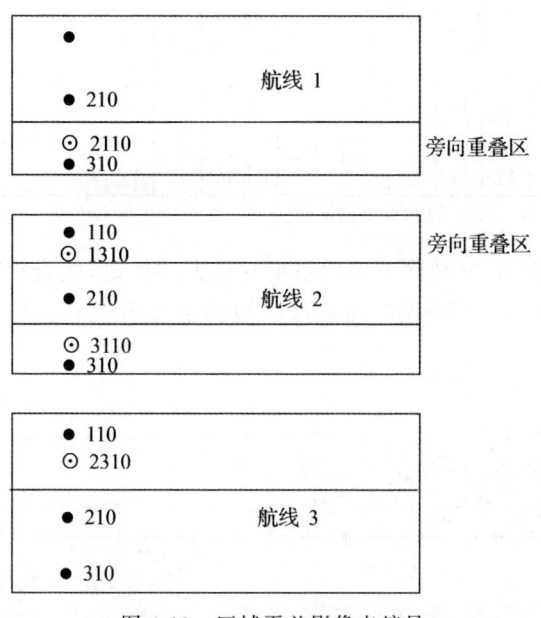

图 4.11　区域平差影像点编号

如果经过单航线平差,各航线连接点均无误差,外方位元素也都正确,那么在本航线的连接点与邻航线之相应点的地面坐标应相等。例如,航线 1 中的 2110 点地面坐标应与航线 2 的 110 点地面坐标相同,同样 311 点坐标应与 1310 点坐标相等。地面坐标间的差值称作闭合差,平差的目标就是要使闭合差降到最小。

区域网平差分两个步骤。首先,以单航线按自由网加控制点或外方位元素参与平差,平差中邻航线的连接点在本航线的相应像点坐标不参与平差,但航线平差后,要用其计算出地面点坐标,连同其他平差成果,作为区域网平差初值。然后,采用逐条航线循环迭代计算的方法,计算的基本方程是式(3.1)、式(3.2)、式(3.3),但每次迭代中要将本航线连接点地面坐标与邻航线相应点地面坐标取中数,进一步迭代计算,直至闭合差减小到稳定后,再转入下一条航线,如此循环迭代,直至闭合差稳定为止。

## 4.7.2 区域网平差计算实例

按角元素变化率为 $10^{-3}$(°)/s,线元素变化率为 0.1 m/s,基线数为 8,4 条航线分别按自由网加 4 个控制点方案平差,然后再进行区域网平差的循环迭代。区域网平差后的地面点坐标误差综合统计如表 4.10 所示。

表 4.10 区域平差地面坐标精度统计 单位:m

| 航线 | 区域平差前 | | | | | 区域平差后 | | | | | 闭合差 | |
|---|---|---|---|---|---|---|---|---|---|---|---|---|
| | $m_X$ | $m_Y$ | $m_Z$ | $m_{Z_0}$ | $m_{Z_3}$ | $m_{Z_2}$ | $m_X$ | $m_Y$ | $m_Z$ | $m_{Z_0}$ | $m_{Z_3}$ | $m_{Z_2}$ | 区域平差前 | 区域平差后 |

| 航线 | $m_X$ | $m_Y$ | $m_Z$ | $m_{Z_0}$ | $m_{Z_3}$ | $m_{Z_2}$ | $m_X$ | $m_Y$ | $m_Z$ | $m_{Z_0}$ | $m_{Z_3}$ | 区域平差前 | 区域平差后 |
|---|---|---|---|---|---|---|---|---|---|---|---|---|---|
| 1 | 13 | 4 | 12 | 6 | 12 | 14 | 9 | 4 | 10 | 7 | 10 | 11 | | |
| 2 | 8 | 5 | 19 | 12 | 19 | 20 | 7 | 2 | 6 | 6 | 6 | 7 | $m_X=16$ | $m_X=3$ |
| 3 | 10 | 5 | 15 | 8 | 15 | 15 | 4 | 2 | 9 | 7 | 9 | 9 | $m_Y=9$ | $m_Y=2$ |
| 4 | 5 | 4 | 21 | 19 | 22 | 18 | 3 | 16 | 15 | 15 | 18 | | $m_Z=27$ | $m_Z=6$ |
| 综合 | 9 | 5 | 17 | 12 | 17 | 17 | 6 | 3 | 11 | 10 | 10 | 12 | | |

注:基线数为 8,$m_I=3$ m,$d\alpha=10^{-3}$(°)/s。

从表 4.10 可看出,区域网平差后精度有较大的提高,闭合差显著减小,区域整体的整合有很大改善。现将第三条航线区域网平差前后有关数据图解,如图 4.12 至图 4.19 所示。

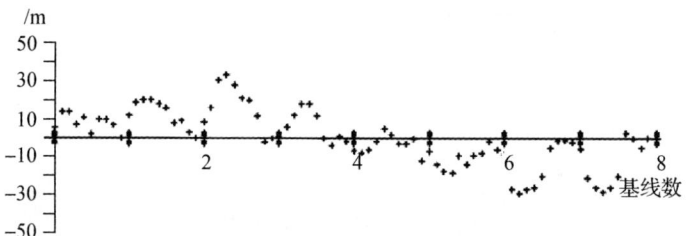

图 4.12 平差前高程误差

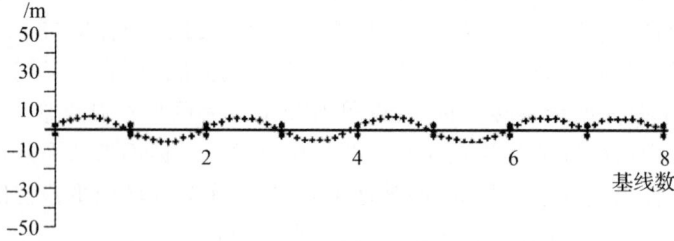

图 4.13 平差前 dB 影响的高程误差

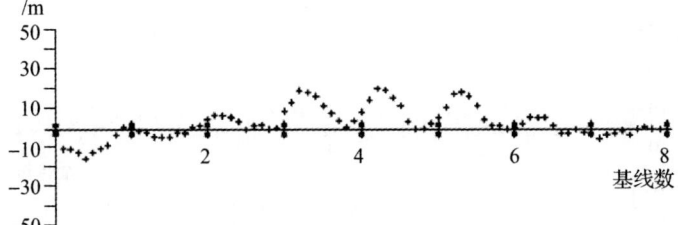

图 4.14 平差前 dφ 影响的高程误差

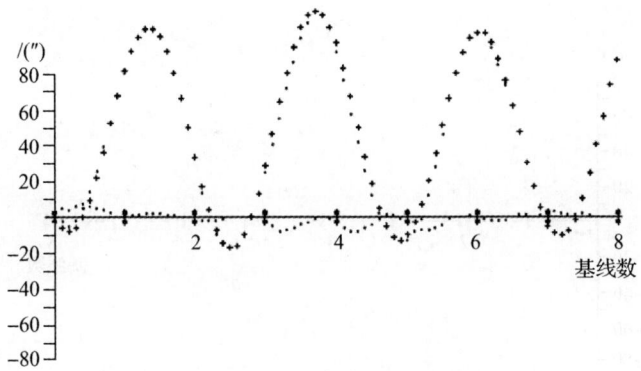

图 4.15 φ 的真值、平差值及误差值分布 1

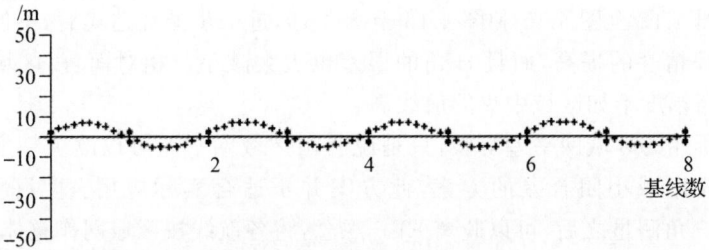

图 4.16 平差后 dB 影响的高程误差

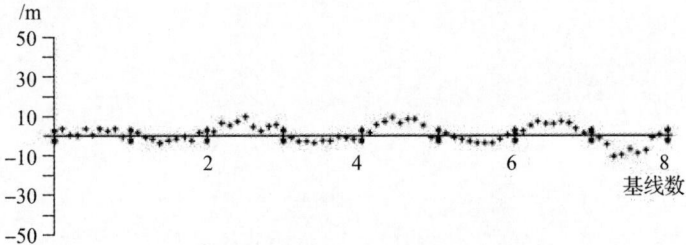

图 4.17 平差后 dφ 影响的高程误差

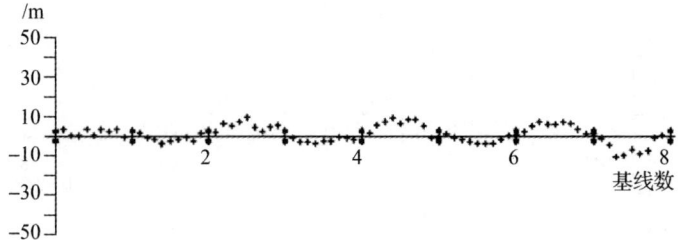

图 4.18　$\varphi$ 的真值、平差值及误差值分布 2

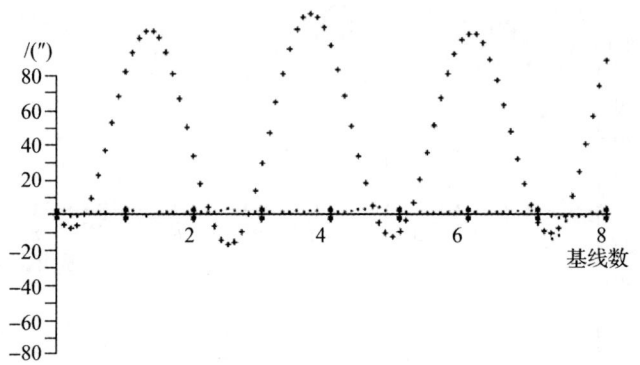

图 4.19　平差后的高程误差

比较图 4.12 至图 4.15 和图 4.16 至图 4.19，进一步循环迭代后，不但可以看到平差后高程精度的提高，而且 $\varphi$ 角的误差也大大减小。相对而言，区域边缘的航线精度提高幅度不如区域中央的航线高。

这里所述的区域网平差实验，只是说明用区域网平差可以改善精度。区域网平差只是应用减小闭合差的方案，此方案并不适合实际应用。实际上，单航线 EFP 空中三角测量之后，可以脱离 EFP 观念，将各航线按区域网作整体平差，本书在此方向没有做进一步研究。

# 第五章 三线阵 CCD 影像无扭曲模型的建立

三线阵 CCD 影像自由网加 4 个控制点航线平差,是检查立体模型是否存在扭曲的有效方法。从第四章实验研究得知,卫星三线阵 CCD 影像自由网加 4 个控制点航线平差立体模型存在相当明显的扭曲,这一事实为无地面控制点传输型卫星摄影测量投下了阴影,德国学者从 20 世纪 80 年代至 90 年代在 MOMS 工程中对三线阵 CCD 影像的摄影测量做了大量研究,并取得了显著成就(Kornus et al, 1998;Lehner et al,1995)。在 MOMS 02/D2 实验中,Hofmann 等(1982)提出的定向片法和 Konecny(1995)、Wu(1984)提出的方法均得到了良好的结果。笔者对 Konecny(1995)的方法缺乏参考资料研究,但对定向片法有较详细的了解,德国学者在这方面有很扎实的研究成果,笔者通过大量参考文献归纳为以下几个要点。

(1)要点 A:20 世纪 80 年代初提出的数字摄影测量系统的模拟计算适用于低空、短主距三线阵 CCD 相机,影像宽高比约为 1:1.2,除航线首末基线范围内是二线交会点、高程误差较大外,其余整航线为等精度,且误差分布很平稳,摄影飞行无须对平台稳定度特别要求,有少量控制点时,可不需外方位元素量测值。

(2)要点 B:通过对 MOMS 02/D2 参数(主距较长,宽高比约为 1:9)进行模拟研究,发现单航线 4 个控制点平差,航线有相当明显的扭曲,要达到 5 m 精度的 DEM,需要外方位元素观测值和 50 m 精度的 DEM 联合平差,或者无外方位元素观测值时,需要网状分布的地面控制点和 20 m 精度的 DEM 联合平差,不提倡无地面控制点。Hofmann(1984)和 Ebner 等(1999)认为 MOMS 02/D2 参数中宽高比为 1:9 这种极端狭窄的影像航线,是导致单航线 4 个控制点平差精度很低的原因,因而也改变了数字摄影测量系统提出时的初衷。

(3)要点 C:空中三角测量稳定解要求航线长度大于 $4B$($B$ 为基线长度),单航线 4 个控制点平差要求控制点布设在二线与三线交会区,航线首末端基线范围内为二线交会区,高程精度较低,应舍去不用。

本章将以数学分析和模拟计算方法,分析要点 A 与要点 B 的结论合理与否,并找出解决航线模型无扭曲的途径。

## §5.1 EFP 时刻像点误差方程式系数归算比较

### 5.1.1 定向片法归算

EFP 法是将与 EFP 时刻相近的像点坐标通过投影变换为 EFP 像片上的框幅

像坐标,然后以此坐标按共线方程组成未知数误差方程式。定向片的归算方法则是假定两个相邻定向片之间的像点所相应的外方位元素,可看作由此两定向片外方位元素(待求值)内插生成(张森林,1988),即

$$P_K = W_1 P_1 + W_2 P_2 \tag{5.1}$$

式中,

$$P_K = [X_{SK} \quad Y_{SK} \quad Z_{SK} \quad \varphi_K \quad \omega_K \quad \kappa_K]^T$$
$$P_1 = [X_{S1} \quad Y_{S1} \quad Z_{S1} \quad \varphi_1 \quad \omega_1 \quad \kappa_1]^T$$
$$P_2 = [X_{S2} \quad Y_{S2} \quad Z_{S2} \quad \varphi_2 \quad \omega_2 \quad \kappa_2]^T$$

$$\left. \begin{array}{l} W_1 = \dfrac{d_2 - d_1}{d_2 - d_K} \\ W_2 = 1 - W_1 \end{array} \right\} \tag{5.2}$$

式中,$d_1$、$d_2$ 为定向片1、定向片2的取样时刻;$d_K$ 为摄影影像 $K$ 的取样时刻;$W_1$ 定义为影像 $K$ 对定向片1的贡献系数;$W_2$ 定义为影像 $K$ 对定向片2的贡献系数。

计算定向片外方位元素时,是将影像 $K$ 的共线方程(误差方程式)中的未知数系数,以贡献系数 $W_1$、$W_2$ 分解成定向片1和定向片2的未知数误差方程系数分量。这样将与定向片相近时刻摄取的像点误差方程未知数系数,归算到定向片的误差方程未知数系数中,达到计算定向片外方位元素的目的。但在"基线长度/相邻定向片距离=整数"时,所有定向片辐射的光线均与其相距一个基线的其他定向片辐射光线相交于地面。由此可知,关于某一地面点的前视、正视及后视的三张定向片未知数的误差方程系数的贡献系数相同。这一特性使得在一条空中三角锁内,关于定向片摄影中心坐标未知数的列向量能被相应的地面点坐标未知数列向量线性表示,从而导致法方程系统是奇异的。通过分析研究得出,采用"基线长度/相邻定向片距离=整数+0.25"时,在产生的平差系统内部有最佳的几何连接(张森林,1988)。关于定向片法,德国学者及中国在德留学生已取得过大量研究成果,本书后续的研究中将有引用。

## 5.1.2 两种归算法实验

定向片法和 EFP 法分别在定向片法空中三角测量和 EFP 法空中三角测量中得到成功应用。从理论上讲定向片归算方法也可以应用到 EFP 法空中三角测量中,为此将式(5.2)做些变换得

$$W_a = \begin{cases} (t_i + OA - t_a)/OA, & (t_a - t_i) \geqslant 0 \\ [t_a - (t_i - OA)]/OA, & 其他 \end{cases} \tag{5.3}$$

式中,$t_i$ 为 EFP 像片时刻;$t_a$ 为摄取像点 $a$ 的时刻;$OA = B/D$,$D$ 为一条基线内规定的 EFP 像片数,在 EFP 法空中三角测量中取 $D = 10$。

定向片法采取"基线长÷定向片距＝非整数"的办法,解决了光束法平差可能遇到的法方程式奇异问题。根据定向片的间距,空间交会很难应用框幅式空中三角测量的性质来解释单航线 4 个控制点平差高程精度很低。EFP 法采用将三线阵 CCD 影像坐标投影转换为 EFP 像坐标,光束法平差中不存在法方程式奇异问题,且保留了较多的框幅式空中三角测量的特征,比较便于解读平差中存在的问题。

笔者手中没有定向片法的计算软件,无法对其存在的问题做进一步研究,利用 EFP 法空中三角测量方案,对两种归算法的平差精度进行比较,可以检验两者是否有大的差别,如果没有,就可以采用第四章的 EFP 法空中三角方案研究定向片法实验研究中存在的问题。

应用第四章提供的模拟数据进行平差计算,以第二航线为例,计算结果如表5.1 所示。

表 5.1 两种归算法平差与影像真框幅坐标平差比较　　　单位:m

| 栏目 | 1 | | | 2 | | | 3 | | |
|---|---|---|---|---|---|---|---|---|---|
| 基线数 | 真框幅坐标 | | | EFP 法归算 | | | 定向片法归算 | | |
| | $m_X$ | $m_Y$ | $m_Z$ | $m_X$ | $m_Y$ | $m_Z$ | $m_X$ | $m_Y$ | $m_Z$ |
| 2 | 4 | 3 | 13 | 5 | 3 | 12 | 6 | 4 | 21 |
| 3 | 3 | 4 | 8 | 4 | 3 | 11 | 7 | 3 | 17 |
| 4 | 3 | 4 | 7 | 3 | 3 | 9 | 6 | 4 | 11 |
| 5 | 3 | 4 | 7 | 3 | 3 | 7 | 4 | 3 | 8 |
| 10 | 3 | 5 | 6 | 3 | 4 | 7 | 3 | 5 | 6 |
| 19 | 3 | 3 | 6 | 3 | 3 | 6 | 4 | 4 | 6 |

注:摄站坐标误差 $m_P=\pm 5$ m,角元素误差 $m_\varphi=\pm 10''$($m_\varphi$、$m_\omega$、$m_\kappa$ 相同),像点坐标误差 $m_I=\pm 3$ m(物方比例)。

表 5.1 第 1 栏计算的像点是真框幅坐标,其结果用于同其他方法计算结果进行比较,第 2 栏像点坐标是用 EFP 法归算,第 3 栏是用定向片法归算,也就是 EFP 时刻周围的像点误差方程式未知数系数,按贡献系数分解到 EFP 像片的误差方程式未知数系数上,三者都是以 EFP 法空中三角测量程序计算。从统计误差看,在基线数小于 4 时,EFP 法归算比定向片法归算更接近于真框幅坐标的结果;基线数大于 4 时,三者误差相当,说明 EFP 法归算和定向片法归算,都是可以接受的方案。

## §5.2　单航线模型扭曲原因分析

### 5.2.1　定向片法光束法平差实验结果摘要

为了便于讨论,本书将定向片法光束法平差的多个实验结果汇集(Hofmann,

1984;张森林,1988;Ebner et al,1989,1991),实验的摄影测量模拟计算参数如表 5.2 所示。

表 5.2 摄影测量参数模拟

| 序 | $f$/mm | $\tan\alpha$ | $H$/km | $m_t$ | $\sigma_0$/μm | 航线长/km | 航宽/km | 基线 $B$/km | 宽:高 |
|---|---|---|---|---|---|---|---|---|---|
| 0 | 52 | 0.404 | 1 | 19 000 | 4.6 | 3 | 0.8 | 0.4 | 1:1.25 |
| 1 | 660 | 0.468 | 330 | 500 000 | 5 | 510 | 36 | 154 | 1:9 |
| 2 | 660 | 0.455 | 334 | 500 000 | 5 | 606 | 36 | 152 | 1:9 |
| 3 | 30 | 0.455 | 15.1 | 506 000 | 5 | 27.6 | 1.67 | 6.9 | 1:9 |

按表 5.2,序 0 的参数、外方位元素按低频正弦振荡曲线模拟。模拟数据计算得到的地面点坐标误差为:$m_x=0.157\text{ m}, m_y=0.202\text{ m}, m_z=0.416\text{ m}$;统计结果如图 5.1 所示(Ebner et al,1989)。

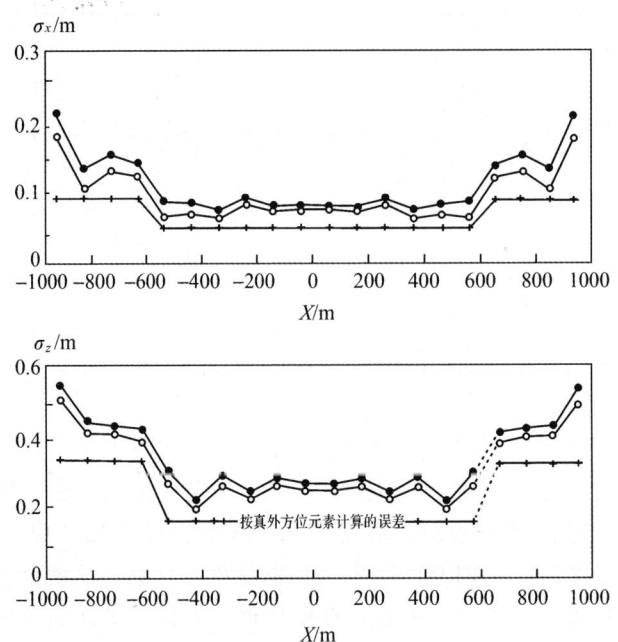

图 5.1 地面点坐标误差分布

注:飞行高度为 1000 m,地面高差为零,相机焦距为 52 mm,CCD 像点坐标误差为 0.1 m(物方比例尺),像比例尺为 1:19 200,基线数为 4。

模拟实验显示,除航线首末基线范围内是二线交会点,高程误差较大外,其余精度较高且整航线为等精度,但稳定解要求航线长大于 $4B$。Hofmann 还提出三线非平行排列(前、后视线阵相对正视阵列旋转 $\beta$ 角,$\beta\approx12°$),甚至可以采用三线平行的相机做固定的旁向倾斜(约 30°),推扫得到的影像也等效于三线非平行排列线阵的影像。这种影像虽然可克服三线平行影像处理中可能遇到的法方程奇异问题,解算精度高,但影像的摄影测量处理非常不便,未见于实际应用。Hofmann 教授推出一个作为普遍应用的公式

$$SF = \frac{\sigma_i}{\sigma_0} \frac{H_i}{H_0} \frac{f_0}{f_i} \tag{5.4}$$

式中,$\sigma$ 为像点坐标误差,$\mu m$;$H$ 为航高,km;$f$ 为主距,mm;$SF$ 为误差比例系数。

式(5.4)中,下标 0 为本次实验参数,按表 5.2 的序 0,有 $\sigma_0 = 4.6\ \mu m$,$H_0 = 1.00\ km$,$f_0 = 52\ mm$;下标 $i$ 为待实验计算参数,其预期误差可表示为

$$\left. \begin{array}{l} m_{X_1} = SF\ m_{X_0} \\ m_{Y_1} = SF\ m_{Y_0} \\ m_{Z_1} = SF\ m_{Z_0} \end{array} \right\} \tag{5.5}$$

按此推论,按表 5.2 的序 1 或序 2 参数模拟计算,$SF \approx 27$,其预期模型点坐标误差应为:$m_x = 3.2\ m$,$m_y = 5.4\ m$,$m_z = 13.6\ m$。

Ebner 等(1991)、张森林(1988)等曾用定向片法空中三角测量,以 MOMS-02 为目标按单航线 4 控点平差进行多次模拟计算。本书仅将其计算得到的高程误差摘列于表 5.3,表 5.3 列出的高程误差与按式(5.5)估算的预期误差相比,相差之大令人难以置信。

表 5.3 定向片法模拟计算高程误差

| 参数按<br>表 5.2 序 | 1 | 1 | 1 | 1 | 2 | 2 | 2 | 2 | 2 | 2 | 2 |
|---|---|---|---|---|---|---|---|---|---|---|---|
| $m_Z/m$ | 69 | 61 | 166 | 121 | 64 | 77 | 46 | 43 | 42 | 22 | 20 |
| 定向片距<br>/km | 29.3 | 29.3 | 18.7 | 18.7 | 16 | 8 | 8 | 16 | 16 | 29 | 29 |
| $\beta/(°)$ | 0 | 12 | 0 | 12 | 0 | 0 | 12.6 | 0 | 12.6 | 0 | 12.6 |
| 统计区 | 全航线 | | | | 三线交会区 | | | 三线交会区 | | | |
| 外方位<br>模拟 | 张森林(1988),不详 | | | | Ebner 等<br>(1989),不详 | | | Ebner 等(1991),直线飞行,姿态角为零,地面平坦,$m_Z$ 值由 Ebner 等(1991)的图 8 估读 | | | |

Hofmann 等(1988)、Ebner 等(1991,1994)认为 MOMS-02 参数中较小的宽高比(1:9),是导致单航线 4 个控制点平差精度很低的主要原因。继而提出卫星推扫摄影时,外方位元素记录值和必要的地面控制点是后处理必不可少的数据,也就是本章的要点 C。

## 5.2.2 应用 EFP 法计算宽高比对平差精度的关系

笔者没有定向片法计算程序，只好应用 EFP 法按宽高比分别为 1∶1、1∶9、1∶18 对表 5.2 的序 2 的参数模拟数据进行平差计算，高程误差统计如表 5.4 所示。在 EFP 法计算中，相邻 EFP 的距离 $=B/10=15.3\text{ km}$，则表 5.4 的高程误差应该同表 5.3 的定向片距较为接近的高程误差相比较。在此条件下，表 5.4 的 $M_1$ 与表 5.3 相应的高程误差量级基本相当。但从表 5.4 可以看出，宽高比对高程误差只有一定影响。相比之下，二线交会区受影响略大些，三线交会区不明显。即使宽高比增大到 1∶1，也未能说明，宽高比不佳是造成高程误差大的主要原因。尽管这里计算不能等同于直接用定向片法计算，但从高程误差量级比较大这一方面看，有理由说，本章的要点 C 有进一步探讨的空间，应该进一步探讨 MOMS-02 参数模拟计算单航线加 4 个控制点平差高程误差太大的其他可能原因，从而找出有效的解决办法。

表 5.4　宽高比对精度影响（EFP 法计算）　　　　　　　　　单位：m

| 宽∶高 | $M_1$ | | | | | $M_2$ | | | | | 极限误差（按真外方位元素计算） | | | | | $M_3$ | | | | |
|---|---|---|---|---|---|---|---|---|---|---|---|---|---|---|---|---|---|---|---|---|
| | $m_X$ | $m_Y$ | $m_Z$ | $m_{Z_3}$ | $m_{Z_2}$ | $m_X$ | $m_Y$ | $m_Z$ | $m_{Z_3}$ | $m_{Z_2}$ | $m_X$ | $m_Y$ | $m_Z$ | $m_{Z_3}$ | $m_{Z_2}$ | $m_X$ | $m_Y$ | $m_Z$ | $m_{Z_3}$ | $m_{Z_2}$ |
| 1∶1 | 18.1 | 21.3 | 54.0 | 47.8 | 59.4 | 4.9 | 6.7 | 11.3 | 11.2 | 11.5 | 1.0 | 2.6 | 6.0 | 4.8 | 6.9 | 2.1 | 3.0 | 9.2 | 8.7 | 9.6 |
| 1∶9 | 12.9 | 28.8 | 75.3 | 43.3 | 98.3 | 14.4 | 14.5 | 18.2 | 18.7 | 17.5 | 0.8 | 1.5 | 6.0 | 4.8 | 6.9 | 6.6 | 1.7 | 8.3 | 7.4 | 9.1 |
| 1∶18 | 16.8 | 28.9 | 100.9 | 83.0 | 116.4 | 20.3 | 9.5 | 16.8 | 16.7 | 16.9 | 0.8 | 1.5 | 5.9 | 4.8 | 7.0 | 12.8 | 1.7 | 7.2 | 7.5 | 6.9 |

注：按表 5.2 的序 2 参数模拟，姿态变化率为 $10^{-3}(°)/\text{s}$，基线数为 4，全航统计，$m_{Z_3}$、$m_{Z_2}$ 分别为三线交会和二线交会的高程误差；$M_1$ 代表定向点、连接点 EFP 坐标共线误差方程，法化求解；$M_2$ 代表在 $M_1$ 的基础上，增加同类外方位元素二阶差分等零条件，法化求解；$M_3$ 代表在 $M_2$ 的基础上进行改动——在首末基线内 EFP 主纵线两侧之上、下连接点采用真像框幅坐标（见 5.3.2.1 小节）。

## §5.3　提高单航线 4 个控制点平差精度的措施

### 5.3.1　空中三角锁间连接条件的建立

EFP 法空中三角测量中，从第一条到第十条三角锁，本质上是属于原本按像元级离散的"连续"航线，因此空中三角测量计算策略中应考虑这十条三角锁之间的关联性，包括三角锁之间地面模型的连接，外方位元素的"连续性"（即平滑性）。忽视任何一方都会给航线三角测量带来误差。

考虑卫星摄影时，飞行比较平稳，外方位元素平滑性较好，因此将"同类外方位元素二阶差分等零"作为带权制约条件与共线方程一起解答，可改善航线的整合，表 5.4 中 $M_2$ 计算的高程精度有明显提高，已达到或接近式(5.5)的预估精度，但与极限误差还有不小差距，即单航线 4 个控制点平差精度问题并未彻底得到解决。

为了使模型中各条三角锁之间也有连接性,使离散的十条三角锁更好地连接起来,可在相邻三角锁间设连接点,如图5.2所示,在$S_{110}$和$S_{111}$三角锁间设定连接点$A$。为区别起见,将生成EFP像点用于构建三角锁的连接点称作定向点,它既起到定向作用还起到三角锁内部的连接作用,在其点号前加"T",以与定向点区别。图5.3为整航线的定向点和连接点在正视影像上的示意图,全航线选定的观测点排数(三点为一排)是EFP数的2倍,其中定向点是各三角锁空中三角测量的基础数据。连接点的推扫像坐标也要按EFP坐标生成的原理,投影换算到其左右三角锁的相应EFP上,图5.4为生成在第11个EFP像片上的定向点和连接点。在光束法平差中,连接点能起到整合左、右三角锁的作用。表5.4中$M_1$的数据就是定向点和连接点共同平差的结果。连接点在整合三角锁中起了重要作用,如果没有它参与计算,那么在宽:高=1:9时,高程误差将增大为$m_Z=161.5$ m,$m_{Z_3}=125.0$ m,$m_{Z_2}=192.2$ m。但仅有连接点条件,平差精度也不令人满意,只达到与定向片法计算的误差(表5.3)相当。高程误差比按式(5.5)推算得到的数值大数倍的原因还应从三线阵CCD影像空中三角测量自身上找原因。

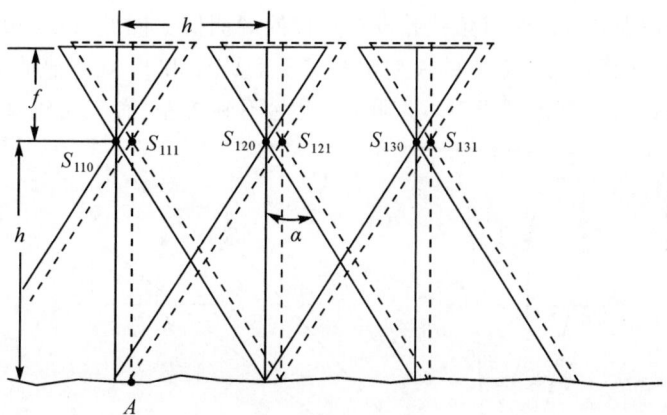

图5.2 EFP三角锁

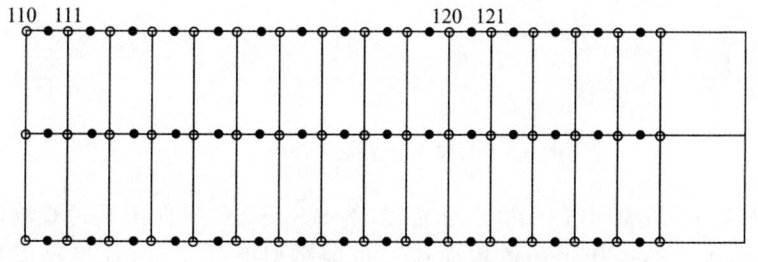

图5.3 正视影像上选取的定向点和连接点

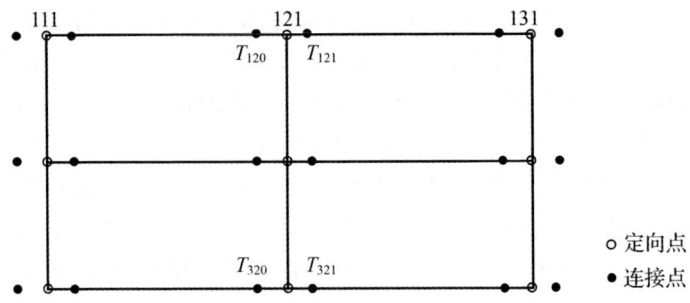

图 5.4　第 11 个 EFP 像片上生成的定向点和连接点

### 5.3.2　连接点影像投影方向控制原理

图 5.5 表示片号为 $0,10,\cdots$ 三角锁与 $1,11,\cdots$ 三角锁之间的一个连接点 $A$，其像点只有 $t_{va}$ 和 $t_{ra}$ 两个时刻的观测值。虽然在计算中按 EFP 原理可以生成 4 根投影光线，即 $\overline{S_0-a}$、$\overline{S_{10}-EFP_{a(10)}}$、$\overline{S_1-EFP_{a(1)}}$ 和 $\overline{S_{11}-EFP_{a(11)}}$，但实际上与 $0,10,\cdots$ 三角锁以及 $1,11,\cdots$ 三角锁并没有直接的观测值。因此，以 4 根投影光线进行光束法平差计算，所得点 $A$ 的模型位置实质上是 $t_{va}$ 和 $t_{ra}$ 观测值的交会点，它与其左、右三角锁的计算模型没有直接联系，也起不到将左、右三角锁计算模型联系起来的作用。

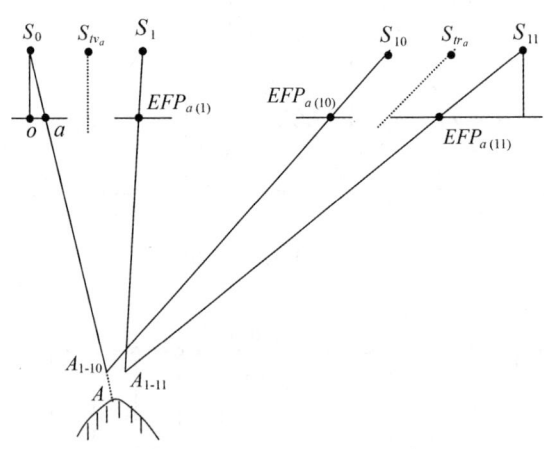

图 5.5　前方交会连接点 A

如果 $0,10,\cdots$ 三角锁中有 1 根投影光线，例如 $\overline{S_0-a}$ 的方向由某种观测值提供，使其在光束法平差迭代中始终指向该三角锁模型上的点 $A$，这里投影光线 $\overline{S_0-a}$ 和 $\overline{S_{10}-EFP_{a(10)}}$ 属于左三角锁，随着迭代 $A_{1-10}$ 将趋近于左三角模型上的点

$A$。而投影光线$\overline{S_1-EFP_{a(1)}}$和$\overline{S_{11}-EFP_{a(11)}}$属于右三角锁,在光束法平差中,连接点 $A$ 的上述 4 根投影光线构成的共线方程的误差方程式,迭代解答的结果将在最小二乘意义下确定为一个点。这样就实现了两个三角锁计算模型的连接。从原理上讲,只要在航线一端的基线范围内布设 10 个连接点,且其观测值符合上述的条件,平差迭代结果便可以将整航线的计算模型连接成一体。但为了提高精度,采取航线上下边缘各设 10 个连接点,并且在航线末端基线范围内做对称的布设。

#### 5.3.2.1 引用连接点的真框幅坐标

如果连接点 $A$ 在编号为 0 的 EFP 像片上的像点 $a$ 是真框幅坐标,那么投影光线$\overline{S_0-a}$的方向在平差迭代过程中始终指向左三角锁计算模型上的连接点 $A$,这符合"连接点影像投影方向控制"原理。在航线首末基线范围内分别布设 1 排、2 排和 3 排左像坐标均为真框幅坐标的连接点。利用第四章提供的模型数据平差,其结果如表 5.5 所示。从表中第 2、3、4 栏的数据,综合分析后发现取 2 排点比较适宜,且包括基线数 $B=2$、$B=3$ 在内精度都较好,基本上可认为平差计算航线模型没有扭曲。

表 5.5　连接点影像投影方向控制平差结果统计　　　　单位:m

| 栏目 | 1 | | | 2 | | | 3 | | | 4 | | | 5 | | | 6 | | |
|---|---|---|---|---|---|---|---|---|---|---|---|---|---|---|---|---|---|---|
| 基线数 | 真框幅坐标 | | | 连接点左像点真框幅坐标控制 | | | | | | | | | 连接点地面坐标控制 | | | | | |
| | | | | 3 排点 | | | 2 排点 | | | 1 排点 | | | 2 排点 | | | 1 排点 | | |
| | $m_X$ | $m_Y$ | $m_Z$ | $m_X$ | $m_Y$ | $m_Z$ | $m_X$ | $m_Y$ | $m_Z$ | $m_X$ | $m_Y$ | $m_Z$ | $m_X$ | $m_Y$ | $m_Z$ | $m_X$ | $m_Y$ | $m_Z$ |
| 2 | 2 | 2 | 9 | 1 | 2 | 9 | 1 | 2 | 9 | 2 | 2 | 11 | 2 | 2 | 8 | 2 | 3 | 8 |
| 3 | 2 | 2 | 10 | 2 | 2 | 9 | 2 | 2 | 9 | 2 | 2 | 9 | 2 | 2 | 7 | 2 | 3 | 8 |
| 4 | 3 | 3 | 10 | 2 | 3 | 10 | 2 | 4 | 11 | 5 | 3 | 12 | 3 | 2 | 7 | 3 | 3 | 7 |
| 5 | 3 | 3 | 10 | 2 | 3 | 10 | 3 | 3 | 10 | 5 | 3 | 11 | 3 | 2 | 7 | 3 | 3 | 7 |
| 10 | 3 | 4 | 10 | 3 | 3 | 10 | 3 | 4 | 10 | 5 | 4 | 10 | 4 | 4 | 7 | 4 | 5 | 7 |

注:航线四角隅各一个控制点,连接点地面坐标误差±3 m,像点坐标误差 $m_I=\pm 3$ m,4 条航线平差结果综合统计。

#### 5.3.2.2 引用连接点的地面坐标

如果将连接点的地面坐标引入平差,显然在地面坐标控制下,所有有关该点的像点投影光线都强制地指向该连接点的位置,自然完成航线计算模型的连接。按航线首末基线范围内设 2 排点(航线上下边缘)和 1 排点(航线轴上),同样利用第四章提供的模拟数据,平差计算结果列于表 5.6 的第 5、6 栏中。从表 5.6 可知,1 排点布设已达到精度要求。同时还可以看出,不同基线数平差精度基本相当,大约是平差精度极限值的 1.4~2.0 倍。这种连接点地面坐标的布设有些类似于本章开始提到的定向片法,要求网状分布的地面控制点参与平差,不过在本节,连接点地面坐标布置只要求在航线首末基线范围内。

### 5.3.3 分步联合平差实验

为了更明确地了解采取提高单航线自由网加 4 个控制点平差精度措施后的平差性质,本书设计了"分步联合平差"程序,分别按表 5.2 的序 2 和序 3 的参数做模拟计算,分步联合计算结果如表 5.6 所示。平差的特点是:先以步骤 1 迭代(相当于 $M_1$ 计算),收敛停止后,再加入"同类外方位元素二阶差分等零"条件组成新的法方程式,迭代又可以继续进行(相当于 $M_2$ 计算),此时外方位元素精度进一步提高。同样迭代停止后,再加入连接点真框幅坐标进行步骤 3 迭代(相当于 $M_3$ 计算)。

**表 5.6 分步联合平差结果**

| 平差步骤 | 定向点坐标残差 | | 连接点坐标残差 | | 模型点坐标误差 | | | 上下视差残差/μm | 参数模拟 |
|---|---|---|---|---|---|---|---|---|---|
| | $m_X$ /μm | $m_Y$ /μm | $m_X$ /μm | $m_Y$ /μm | $m_X$ /m | $m_Y$ /m | $m_Z$ /m | | |
| 0(近似值) | 8.0 | 17.2 | 23.0 | 25.2 | 74.9 | 38.4 | 274.6 | | |
| 1($M_1$) | 6.4 | 5.3 | 16.1 | 14.4 | 13.0 | 28.8 | 75.3 | 2.0 | 表 5.2 的序 2 |
| 2($M_2$) | 5.3 | 5.1 | 6.0 | 6.4 | 13.5 | 10.9 | 18.4 | 2.0 | |
| 3($M_3$) | 5.2 | 5.1 | 4.3 | 4.8 | 7.0 | 3.9 | 7.7 | 2.0 | |
| 0(近似值) | 5.4 | 5.5 | 4.1 | 4.2 | 3.7 | 2.7 | 12.0 | | |
| 1($M_1$) | 6.0 | 5.3 | 6.3 | 4.8 | 6.6 | 2.3 | 12.6 | 2.0 | 表 5.2 的序 3 |
| 2($M_2$) | 5.4 | 5.1 | 4.0 | 4.1 | 5.8 | 1.8 | 6.0 | 2.0 | |
| 3($M_3$) | 5.4 | 5 | 4.3 | 4.4 | 5.9 | 1.8 | 5.7 | 2.0 | |

注:精度误差为 $m_X = 0.8$ m, $m_Y = 1.6$ m, $m_Z = 6.0$ m。

在步骤 2 迭代中,由于 EFP 上连接点框幅坐标,是由三线阵 CCD 像坐标按迭代当时的外方位元素经过投影换算来的,因此 EFP 上连接点坐标与外方位元素之间不完全独立,所以迭代到一定次数后,精度不可能进一步提高,这是连接点 EFP 框幅坐标作用的局限性。

要打破步骤 2 迭代的局限性,可以采用连接点真框幅坐标,真框幅坐标是独立观测值,所以步骤 3 迭代(相当于 $M_3$ 计算)可以使三角锁得到更好的整合。如表 5.6 所示,按表 5.2 的序 2 的参数,$f = 660$ mm 模拟计算,由步骤 3 计算的高程精度比步骤 2 计算的又有很大提高,与极限误差差距不大。按表 5.2 的序 2 的参数,$f = 30$ mm 模拟计算,由于主距较短,$f\mathrm{d}\varphi$ 的作用减弱(见§5.4),步骤 3 与步骤 2 计算的高程精度相差很小,并接近于极限误差。

在平差中,只要在航线首末基线范围内,EFP 过主点纵线两侧的连接点采用真框幅坐标,如图 5.4 中的 $T_{120}$、$T_{121}$、$T_{320}$、$T_{321}$,即可将整航线的 10 条三角锁整合。应该指出,如果仅仅有 EFP 主点纵线两侧的连接点真框幅坐标,因其相邻三角锁之间基线很短,高程交会精度将很低。要与其同名的由三线阵 CCD 影像生成的 EFP 连接点框幅坐标共同平差,才可得到交会精度高的结果。

根据上述分析,三线阵 CCD 相机应加以改造,使其在推扫摄影时,能直接在相应于 EFP 时刻的摄取连接点中心投影影像,这种相机称作 LMCCD 相机(line-matrix CCD camera),将在第六章讨论。

## §5.4 单航线平差精度与相机主距的关系

Hofmann 教授按 $f=52$ mm,模拟计算得到单航线 4 个控制点平差高程精度很好,也就是本章的要点 B。表 5.6 中,$f=30$ mm 的模拟计算,单航线 4 个控制点平差高程精度也很好,为什么主距短的模拟计算高程精度都好,而主距长时并不好呢?这问题还要从理论上加以讨论。

三线阵 CCD 影像每一个取样周期(以下称摄影时刻)有其独立的 6 个外方位元素,独立解算每一时刻的外方位元素,在理论上是不可能的。定向片法和 EFP 法都是将取样时刻离散为一定等距离的定向片时刻或 EFP 时刻(以下统称定向时刻)。这样定向时刻的外方位元素求解,就可以利用其近周围的像点观测值参与光束法平差,从而达到定向时刻的外方位元素有解的目的。

这样处理,解算的数学问题解决了,但包含两层误差:一是定向时刻光束法平差的误差方程式系数要从其近周围的像点观测值数据,按一定的变换方法得到,在外方位元素为未知值的情况下,变换都带有近似性;二是定向时刻以外的任意时刻外方位元素是由已平差得到的定向时刻的外方位元素内插而得,内插也存在误差。但这两项误差在框幅式像片空中三角测量中都不存在,因此在讨论三线阵 CCD 影像空中三角测量精度时,相对于框幅式像片空中三角测量而言,应该顾及这种情况对平差精度可能的特殊影响。长期以来,摄影测量界没有察觉到这一问题。

光束法平差中,依共线方程,像点 $x$ 坐标生成的地面点坐标误差方程式为(钱曾波,1980)

$$v_x = -a_{11}\Delta x - a_{12}\Delta y - a_{13}\Delta z\, l_x \tag{5.6}$$

当角元素很小时

$$a_{13} = -\frac{f}{H}(f\varphi + x) \tag{5.7}$$

在框幅式像片光束法平差中,只有像点坐标 $(x,y)$ 含有独立的观测误差。平差结果可以用 SF 系数估算各次计算之间的地面点坐标误差。但三线阵 CCD 影像光束法平差在数学上有前面提到的不严格之处,因此可以从共线误差方程系数额外误差上估计其对平差结果的影响。

三线阵 CCD 影像为解算定向时刻 $i$ 的外方位元素,需要其周围时刻的像点 $j$,($j=1,2,\cdots,n$;$n$ 为选定的参与计算的像点数,EFP 法中包括定向点和连接点)。按照 EFP 法是将像点 $j$ 的坐标$(x_j,y_j)$投影换算为定向时刻 $i$ 的 EFP 像坐标。过程是先从 $i$ 和 $i+1$ 时刻外方位元素内插得 $j$ 时刻的外方位元素值,假定内插的偏角 $\varphi_j$ 含有误差 $\mathrm{d}\varphi_j$,那么像点 $x_j$ 的投影影像将含有 $H\mathrm{d}\varphi_j$ 的误差,然后再逆投影到定向时刻 $i$ 的 EFP 像上,其 EFP 像坐标 $x_{ij}$ 将含有 $\mathrm{d}x_{ij}=f\mathrm{d}\varphi_j$ 的误差,于是定向时刻 $i$ 的 EFP 像点 $j$ 生成的误差方程式系数$(a_{13})_{ij}$所含误差为

$$\mathrm{d}(a_{13})_{ij}=-\frac{f}{H}\mathrm{d}\varphi_j \tag{5.8}$$

定向片法也是先从 $i$ 和 $i+1$ 时刻的外方位元素内插 $j$ 时刻外方位元素值,按定向片的一次线性内插(张森林,1988),即

$$\varphi_j=C_j\varphi_j+(1-C_j)\varphi_{j+1} \tag{5.9}$$

式中,$C_j$ 为定向片法定义的贡献系数。

由像点 $x_j$ 坐标生成的误差方程系数为

$$(a_{13})_j=-\frac{1}{H}(f\varphi_j+x_j) \tag{5.10}$$

按定向片法,要将$(a_{13})_j$乘以其贡献系数 $C_j$,成为定向时刻 $i$ 的误差方程式系数,即

$$(a_{13})_{ij}=C_j(a_{13})_j=-\frac{C_j}{H}(f\varphi_j+x_j) \tag{5.11}$$

其中,$\varphi_j$ 也含有内插误差 $\mathrm{d}\varphi_j$,则定向时刻 $i$ 的误差方程系数误差为

$$\mathrm{d}(a_{13})_{ij}=-\frac{C_j}{H}f\mathrm{d}\varphi_j \tag{5.12}$$

从以上讨论可知,EFP 法和定向片法的地面点误差方程中,与高程有关的系数 $a_{13}$ 中都带有与主距成正比的误差,它将给三线阵 CCD 影像空中三角测量结果带来框幅式像片平差所没有的额外误差。

由于空中三角测量平差整个数学过程比较复杂,很难用数学分析的方法估计其平差结果,本书仍采用模拟计算的方法讨论。

以表5.2的序2的参数为基础,但在保持 $SF=1.0$,影像比例尺为 1∶30 万,像点观测误差 $\sigma_0=5\ \mu\mathrm{m}$ 的情况下,对不同焦距值分别进行模拟计算,高程误差统计如表5.7所示,从表5.7中 $M_1$ 计算的高程误差来看,存在着明显的与焦距 $f$ 成正比的现象,但按式(5.4)计算 $SF$ 值,不管主距大小,它们的误差应基本相等。其中,$f=600$ mm 的高程误差达 43 m,与表5.3中的相应误差相当。可以推论,误差方程系数含有与 $f$ 有关的误差才是要点 B 中提到的高程误差太大的最主要原因。

表 5.7 按 $SF=1.0$ 设计参数进行模拟平差高程精度

| 方法 | $f/H/(\text{mm/km})$ | | | | | | 高程误差与 $f$ 的额外关系 | 基线数 |
|---|---|---|---|---|---|---|---|---|
| | 30/9 | 100/30 | 300/90 | 600/180 | 800/240 | 1000/300 | | |
| $M_1$ | 5.7 | 9.1 | 21.5 | 43.0 | 60.6 | 77.8 | 正比系数较大 | 4 |
| $M_2$ | 3.2 | 5.0 | 6.4 | 8.1 | 8.6 | 9.5 | 正比系数较小 | 4 |
| $M_3$ | 3.2 | 3.5 | 3.1 | 2.8 | 2.9 | 3.0 | 与 $f$ 无额外比例关系 | 2 |
| | 3.1 | 3.0 | 3.2 | 3.3 | 3.3 | 3.5 | | 3 |
| | 3.0 | 3.8 | 3.7 | 3.7 | 3.7 | 3.8 | | 4 |

表 5.7 还可得出焦距小于 30 mm 时，$M_2$ 与 $M_3$ 高程误差相当，即无须连接点真框幅坐标参与光束法平差。说明 Hofmann 教授 20 世纪 80 年代初期数字摄影测量系统的模拟计算用低空、短主距三线阵 CCD 相机，得出摄影飞行无须对平台稳定度提特别要求，有少量控制点时，可不需外方位元素量测值，也就是本章的要点 A 的估计是正确的。

为了能表达 $SF$ 系数适应三线阵 CCD 相机空中三角测量高程误差与焦距有额外的关系，将式(5.4)加以修改，即

$$SFF = SF(1 + kf_i) \tag{5.13}$$

式中，$SF$ 即式(5.4)的系数；$f_i$ 为相机焦距；$k$ 为常数，利用表 5.7 的高程误差拟合可得

$$k = \begin{cases} 0.010, & M_1 \text{ 计算结果} \\ 0.0036, & M_2 \text{ 计算结果} \\ 0.0003, & M_3 \text{ 计算结果} \\ 0, & f_0 \end{cases} \tag{5.14}$$

利用式(5.13)预估模拟计算空中三角高程精度将更符合实际，但式(5.14)的 $k$ 值仅由表 5.7 的数值拟合计算得到，只能用来说明本书遇到的高程问题不具有普遍性。

## §5.5 外方位元素参与平差计算

现代的卫星摄影测量，外方位元素测定精度已有很大进步，利用外方位元素参与平差，可以进一步提高空中三角测量平差精度。在外方位元素没有系统误差的情况下，空中三角测量可以完全不要地面控制点。表 5.8 列出了外方位元素误差参与综合平差的高程误差。

从表 5.4、表 5.6、表 5.7 和表 5.8 中 $M_3$ 计算结果可以看出，连接点真框幅坐标参与平差下，即使基线数为 2 的航线也能得到好的结果，说明建立的航线模型无扭

曲。比较表 5.8 的 $M_2$ 和 $M_3$ 平差精度可知,在航线无扭曲的情况下,外方位元素观测值误差在平差中更有效地被滤波,高程精度有明显的提高,这为三线阵 CCD 影像无地面控制点的卫星摄影测量打下了良好的理论基础。

表 5.8 外方位元素参与平差高程精度　　　　　　　　单位:m

| 序 | 基线数 | 2 | | 3 | | 4 | | 4 | |
|---|---|---|---|---|---|---|---|---|---|
| | | | | | | | | 定向片法 | |
| | $m_P/m_a$ | $M_2$ | $M_3$ | $M_2$ | $M_3$ | $M_2$ | $M_3$ | 三线平行 | 非平行 |
| 0 | $2/m_a$ | 10.8 | 6.1 | 7.2 | 5.7 | 6.5 | 5.5 | 8 | 7 |
| 1 | $5/(2m_a)$ | 17.1 | 11.8 | 8.4 | 7.1 | 9.1 | 7.5 | 10 | 8 |
| 2 | $10/(5m_a)$ | 34.6 | 23.8 | 13.6 | 10.7 | 15.4 | 10.9 | 15 | 10 |
| 3 | 仅 4 个控制点 | 61.1 | 10.4 | 21.2 | 8.0 | 15.9 | 7.2 | 43 | 42 |
| 说明 | 按表 5.2 的序 2 的参数,姿态角变化率为 $10^{-3}(°)/s$,全航线统计 | | | | | | | 按 Ebner 等(1991)的图 8,定向片距 = 16 km,估读三线区统计,卫星摄影直线平行,角元素为零,4 个控制点参与平差 | |

注:$m_a = 3.3''$,$m_P$ 单位为 m。

在本章,笔者以数学分析和模拟计算方法,分析要点 A 与要点 B 结论的合理性,并找出解决航线模型扭曲问题的有效途径。由于地球表面云的关系,卫星摄影很难得到长航线无云的影像,要点 C 的技术要求在实际地球卫星摄影测量中不易现实,本书第一版时笔者对此尚无解决的思路,直到 2009 年才发现解决的途径,其系统解决方案见第十章中相关内容。

# 第六章 三线阵 LMCCD 相机卫星摄影测量

长期以来,三线平行排列的三线阵 CCD 相机的设计思想没有根本性的变化,德国学者 Hofmann 曾经提出过将前、后视线阵相对正视阵列旋转一个角度(约 12°),能起到空中三角测量稳定解的作用(Hofmann et al,1988)。后来,定向片法采取定向片间距与基线长度之比为非整数的方法,解决了稳定解的问题,且平差精度与非平行排列的相当(张森林,1988)。因此,非平行排列的三线阵 CCD 相机设计思想没有得到进一步的发展。本书第五章中已得出在 EFP 法空中三角测量中,如果在正视阵列两侧的上、下连接点是真框幅像坐标(不是由三线阵 CCD 推扫像坐标换算得到的等效框幅像坐标),那么,单航线 4 个控制点空中三角测量可得到无扭曲的航线模型。为了实现此目标,三线阵 CCD 相机应改造成除能获取三线阵框幅像点外,还可同时获取 4 个连接点框幅像点。采用线阵-面阵(line-matrix)CCD 混合配置,简称三线阵 LMCCD 相机或 LMCCD 相机,可以实现这一要求(王任享 等,2004)。

## §6.1 三线阵 LMCCD 相机

三线阵 LMCCD 相机是以三线阵 CCD 相机为基础,在正视阵列两侧各设置两个 CCD 小面阵,因而称为 LMCCD 相机,CCD 探测器配置如图 6.1 所示。

(a) 前视阵列　　(b) 正视阵列　　(c) 后视阵列

图 6.1　LMCCD 相机的 CCD 探测器配置

小面阵 CCD 在推扫摄影时用于摄取空中三角锁之间的连接点的中心投影影像,按 EFP 光束法平差规定,每一基线(前视或后视相机与正视相机摄影中心的距离)按 10 等分选定 EFP 时刻(定向时刻),因此,小面阵 CCD 中心与正视线阵的距离为

$$\mathrm{d}x = \frac{f\tan\alpha}{20}$$

式中,$f$ 为正视相机主距,$\alpha$ 为前、后视相机与正视相机的夹角。

在推扫摄影过程中,只有在定向时刻才记录小面阵的影像数据,也就是说在定向时刻除了三线阵 CCD 影像外,另加 4 个小面阵影像,它们的坐标均属于该定向时刻的真框幅坐标。同时,此定向时刻也要寄存,用于序后空中三角测量时确定为 EFP 时刻。此前,相机标定数据中应给出每一个小面阵 CCD 探测器左上角像元在正视相机的框幅坐标,以便于换算连接点的框幅像坐标。

关于小面阵 CCD 探测器与正视相机线阵 CCD 器件之间配置实现的可行性问题,需要根据器件情况进行专门研究。设 $H = 600$ km,CCD 像元为 $0.006\ 5$ mm,地面分辨率为 $5$ m×$5$ m,$\alpha = 25°$,$f = 780$ mm,则 $\mathrm{d}x = 18.2$ mm,对应的视场角约 $1°47'$,而 $\mathrm{d}y$ 取 $200$ 像元,则 $\mathrm{d}y = 1.3$ mm,按照选定的 CCD 元器件,得出正视线阵与 CCD 小面阵中心的物理距离约为 $14$ mm,$\mathrm{d}x$ 大于此值 $4$ mm,机械上有足够的安装余量。

## §6.2　三线阵 LMCCD 影像自由网空中三角测量

三线阵 LMCCD 影像空中三角测量采用 EFP 光束法平差,同时要增加小面阵 CCD 影像的综合应用。

### 6.2.1　EFP 像点分布

与 EFP 光束法空中三角测量一样,CCD 像点的选取在正视影像上完成,如图 5.3 所示。以推扫时记录面阵 CCD 影像的时刻作为 EFP 时刻,一条航线分成 10 条空中三角锁,在三角锁内,定向点既起到定向作用,又起到连接点作用。连接点设在两相邻定向点中央,起到整合 10 条三角锁的作用,所有选定的点,相应于前、后视线阵上的同名坐标均由影像匹配获得,连接点中属于上排和下排者,还应用影像匹配方法,求得小面阵 CCD 影像的同名点,并计算其在该 EFP 时刻的真框幅坐标。

按 EFP 像点坐标生成原则,EFP 上像点坐标属于推算得的像框幅坐标,像点分布如图 5.4 和图 6.2 所示。其中,$T_{120}$、$T_{121}$、$T_{320}$、$T_{321}$ 由小面阵 CCD 摄取,属于真框幅坐标。从空中三角测量角度讲,4 个小面阵真框幅坐标的连接点从本质上改变了推扫摄影相邻定向时刻影像间缺乏固定连接的状态,有利于克服卫星姿态变化对平差造成的系统误差。

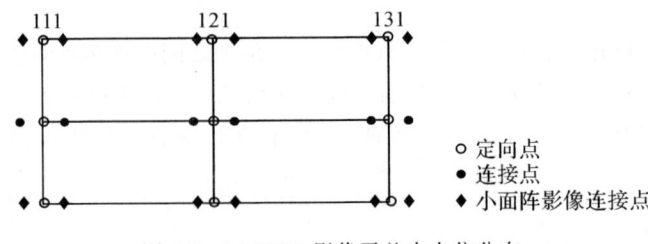

图 6.2　LMCCD 影像平差中点位分布

## 6.2.2 空中三角测量流程

空中三角测量先以自由网光束法平差按后方交会和前方交会交替迭代，收敛后再以 4 个控制点做绝对定向，光束法平差流程如图 6.3 所示。为了便于理解 LMCCD 影像的 EFP 光束法平差的航线结构，将两条基线的航线，即一个双模型，展示于图 6.4 和图 6.3。为了方便示意，假定一条基线按 5 等分选定 EFP 时刻，且连接点选在航线轴上，即 EFP 的中央排上，而且摄站的编号与 EFP 的上排点号相同。

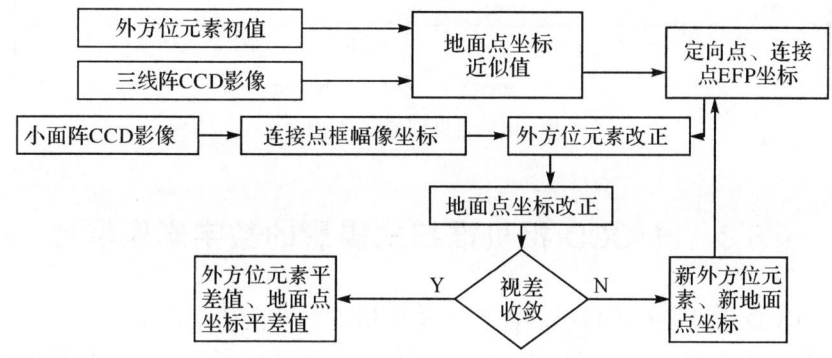

图 6.3　LMCCD 影像空中三角测量

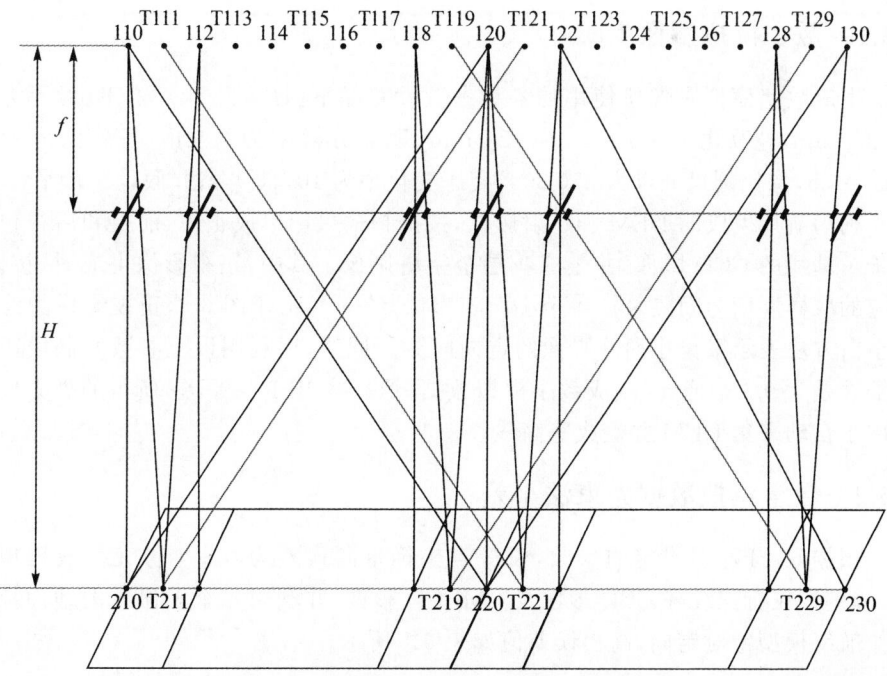

图 6.4　两条基线的 LMCCD 航线

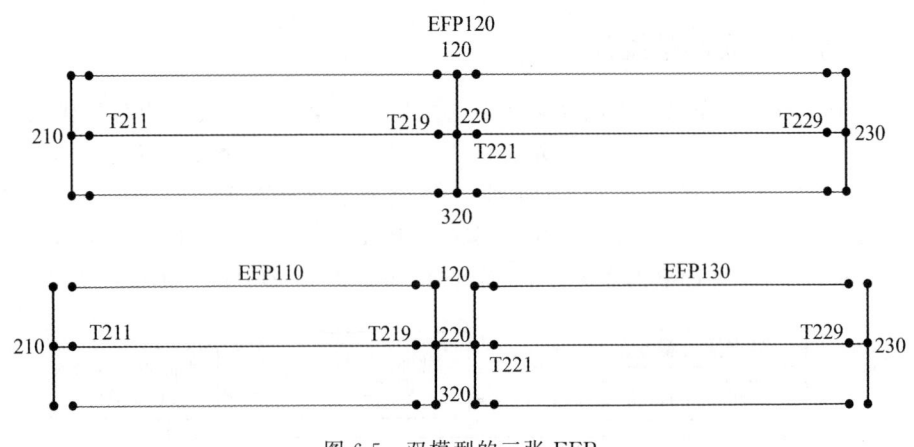

图 6.5 双模型的三张 EFP

## §6.3 LMCCD 相机推扫式摄影的数字影像模拟

LMCCD 相机推扫式摄影的数字影像模拟基本参数选取低空状态，目的是模拟的影像便于在书中显示，另一方面，为了便于读者了解利用低空下模拟的数据，其平差计算结果的性质与高空不完全一样。

### 6.3.1 数字模拟影像生成

生成数字模拟影像所使用的各种参数设置如下：$H = 8.4$ km，CCD 像元大小为 0.01 mm，宽高比为 $1:9.2$，$f = 24$ mm，地面分辨率为 3.5 m，基高比为 1.0，$\tan \alpha = 0.5$，像比例尺分母为 350 000，姿态变化率为 $10^{-3}$ (°)/s，并假设飞行平稳。

利用航片生成的 DEM 和正射影像，按推扫式摄影生成正视、前视和后视包含两条短基线的 CCD 影像，并生成 4 层金字塔影像。其中，正视影像生成时，按 $d\alpha$ 相应的取样周期为间隔采样 4 个小面阵影像，统一显示于图 6.6，正视影像边缘上的小白方块表示采集小面阵影像的定向时刻。同时，还利用以上参数并假设影像匹配误差为 0.3 个像元，生成数字模拟数据，然后按 EFP 法平差，所得的外方位元素用于自动采集 DEM 并生成等高线。

### 6.3.2 数字模拟数据光束法平差

根据 6.3.1 小节设定的参数，以像点坐标量测误差为 0.3 个像元生成模拟数据，分别按仅有三线阵 CCD 影像及 LMCCD 影像，并利用 4 个无误差的地面控制点作航线模型绝对定向，高程误差值如表 6.1 所示。

(a) 前视影像　(b) 正视影像　(c) 小面阵影像　(d) 后视影像　(e) 等高线

图 6.6　LMCCD 相机推扫摄影模拟影像

表 6.1　高程误差统计 1　　　　　　　　　　　　　　　　　　　单位:m

| 基线数 $B$ | 三线阵 CCD 影像 | LMCCD 影像 | 三线阵 CCD 影像 | LMCCD 影像 |
| --- | --- | --- | --- | --- |
| 2 | 2.4 | 2.4 | 2.5 | 2.5 |
| 3 | 3.7 | 3.7 | 3.0 | 3.0 |
| 4 | 2.7 | 2.7 | 2.6 | 2.6 |
| 10 | 6.4 | 6.4 | 5.3 | 5.3 |
| 宽高比 | 1∶9.2 | | 1∶1.2 | |

从表 6.1 的高程误差比较可以得出以下结论:

(1)三线阵 CCD 影像与 LMCCD 影像平差结果相同,即 LMCCD 小面阵影像坐标不起作用,小面阵的影像只有在高空的卫星摄影测量平差时才起作用,其原因笔者在第五章中已有论述。另外,宽高比为 1∶9.2 和 1∶1.2 相比较,两者在定向点有效范围内高程精度相当,说明宽高比极端小(1∶9.2)不会造成平差精度的大幅度下降。

(2)基线数 $n$ 为 2~4 时,高程误差约为 0.68~1.08 像元,即使基线数增大到 10,高程误差也小于 2 个像元。这种状况与 Hofmann(1986)的实验结论基本相似:单航线只要少量控制点绝对定向,附加的外方位元素观测值没有必要——这是德国学者 DSP 研究初期按低空摄影条件做模拟计算得出的,但后来按卫星摄影条件研究改变了这一结论。

## §6.4 具有框幅像片空中三角测量的特性

### 6.4.1 自由网加 4 个控制点平差精度与卫星姿态角变化关系

#### 6.4.1.1 模拟参数

卫星摄影测量参数采用类似于 MOMS-02/D2(Hofmann et al,1988;Ebner et al,1994):航高为 330 km,$B=154.1$ km,地面分辨率为 5 m,$f=660$ mm,宽高比为 $=1:9$,$\sigma_0=5~\mu m$,$\tan\alpha=0.467$,航线宽为 36.66 km,像元大小为 0.010 mm。

外方位元素采用按式(3.7)模拟。地面点高差 100~8000 m,生成 4 条模拟航线数据,每条航线起始 EFP 时刻角元素设定为 $\pm 0.5°$,摄站坐标变化率为 0.1 m/$u$,角元素变化率根据实验分别设为:$A=10^{-3}(°)/u$,$B=5\times 10^{-3}(°)/u$,$C=10^{-2}(°)/u$,$u=B/30$(若 $B=230$ km,$u$ 相当于卫星飞行 1 s 的距离)。

#### 6.4.1.2 平差实验结果

设 Ⅰ 为同类外方位元素二阶差分等于零制约条件,Ⅱ 为连接点真框幅坐标控制条件。

模拟生成的 4 条航线各按 4 个无误差控制点平差,综合统计中误差如表 6.2 所示。将张森林(1988)和 Ebner 等(1989)的实验结果摘列于表 6.3,供平差精度比较参考。按外方位元素无误差,仅像点坐标含观测误差计算中误差,作为平差精度极限值。

表 6.2 空中三角测量模拟实验结果      单位:m

| 基线数 | Ⅰ(N) | | | Ⅱ(N) | | Ⅰ(Y) | | | Ⅱ(Y) | | 角变化率 |
|---|---|---|---|---|---|---|---|---|---|---|---|
| | $m_X$ | $m_Y$ | $m_Z$ | $m_{Z_3}$ | $m_{Z_2}$ | $m_X$ | $m_Y$ | $m_Z$ | $m_{Z_3}$ | $m_{Z_2}$ | |
| 2 | 52 | 30 | 224 | 36 | 229 | 17 | 11 | 51 | 7 | 53 | 1 | 2 | 8 | 5 | 8 | |
| 3 | 24 | 16 | 107 | 53 | 127 | 13 | 8 | 38 | 17 | 19 | 2 | 7 | 2 | 7 | 8 | A |
| 4 | 14 | 22 | 68 | 48 | 84 | 9 | 10 | 15 | 15 | 15 | 3 | 2 | 10 | 10 | 10 | |

续表

| 基线数 | Ⅰ(N) | | | Ⅱ(N) | | Ⅰ(N) | | Ⅱ(N) | | Ⅰ(Y) | | Ⅱ(Y) | | 角变化率 |
|---|---|---|---|---|---|---|---|---|---|---|---|---|---|---|
| | $m_X$ | $m_Y$ | $m_Z$ | $m_{Z_3}$ | $m_{Z_2}$ | $m_X$ | $m_Y$ | $m_Z$ | $m_{Z_2}$ | $m_X$ | $m_Y$ | $m_Z$ | $m_{Z_3}$ | $m_{Z_2}$ | |
| 2 | 246 | 163 | 1111 | 70 | 1138 | 35 | 27 | 125 | 15 | 128 | 1 | 2 | 8 | 5 | 8 | |
| 3 | 129 | 81 | 566 | 234 | 683 | 16 | 16 | 26 | 26 | 26 | 2 | 2 | 7 | 6 | 8 | B |
| 4 | 63 | 108 | 331 | 208 | 424 | 21 | 16 | 35 | 36 | 33 | 3 | 2 | 10 | 10 | 10 | |
| 2 | 501 | 334 | 2276 | 148 | 2332 | 59 | 48 | 224 | 26 | 229 | 1 | 2 | 8 | 5 | 9 | |
| 3 | 268 | 161 | 1104 | 409 | 1340 | 21 | 24 | 31 | 33 | 31 | 2 | 2 | 10 | 6 | 10 | C |
| 4 | 128 | 212 | 678 | 447 | 855 | 31 | 37 | 53 | 55 | 51 | 3 | 2 | 11 | 11 | 11 | |

注:$m_X$、$m_Y$、$m_Z$ 为模型点坐标中误差(m),$m_{Z_3}$ 为三线交会区高程误差,$m_{Z_2}$ 为二线交会区高程误差,精度极限为 $m_X=0.9$ m,$m_Y=1.9$ m,$m_Z=5.1$ m,$m_{Z_3}=4.1$ m,$m_{Z_2}=5.6$ m。

表6.3 参考实验结果(MOMS-02/D2 模拟实验)

| 基线数 | $m_X$/m | $m_Y$/m | $m_Z$/m | 定向片法单航线四控点平差 |
|---|---|---|---|---|
| 3.3 | 17 | 5 | 69 | 全航线统计,张森林(1988) |
| 3.3 | 18 | 5 | 61 | 三线非平行排列,张森林(1988) |
| 4 | 22 | 8 | 64 | 三线交会区统计,Ebner 等(1989) |

从表 6.2 和表 6.3 的数据可以得出以下结论:

(1)条件Ⅰ、Ⅱ不参与情况下,三角锁平差精度很低,角变化率为 A 条件下,4 条基线的航线平差,高程中误差达±68 m,这与表 6.3 列出的用定向片法计算的结果相当(该方法没有应用同类外方位元素二阶差分等于零的条件,角变化率不详),也与三线非平行排列的平差精度相当。

(2)条件Ⅱ参与情况下,精度有明显提高,但与精度极限值相差甚远,尤其是基线数为 2 时误差特别大,这是仅用三线阵影像的空中三角测量可能达到的精度。

(3)LMCCD 影像可实现条件Ⅰ和Ⅱ均参与平差,满足 2 条基线以上的航线,平差精度均显著提高,但与精度极限还有一些差距。说明还有提高平差精度的空间。例如,飞行中外方位元素测定值参与联合平差、区域网平差等,都有可能进一步提高精度。

(4)三线阵 CCD 影像空中三角测量受姿态变化率影响比较明显,而 LMCCD 相机影像的空中三角测量精度受姿态变化影响甚微。

#### 6.4.1.3 平差实验结论

利用 LMCCD 影像,按 EFP 光束法平差,单航线 4 个控制点空中三角测量与相同参数的框幅像片空中三角测量的性能基本相当,因此,得出以下结论。

(1)卫星摄影测量可以降低对姿态稳定度的要求。

(2)相同精度的外方位元素量测值参与平差情况下,LMCCD 影像空中三角测量可以更有效地发挥这些观测值在绝对定向、剔除粗差以及改正空中三角测量偶然误差积累中的作用。

(3)空中三角测量航线长度的有效范围可以扩大到基线数大于等于 2,在外方位元素记录(GPS、星相机或星敏感器)失败情况下,只要少量地面控制点,也可以完成摄影测量处理,使得卫星影像得到有效的应用。

### 6.4.2 无地面控制点条件下外方位元素参与平差

卫星摄影参数设置方案一:$H=700$ km,CCD 像元大小为 0.006 5 mm,地面分辨率为 5 m,$f=780$ mm,$\tan\alpha=0.5$,航线宽为 60 km,影像匹配误差为 0.3 像元。

卫星摄影参数设置方案二:$H=600$ km,$f=910$ mm,其余与方案一相同。

按式(5.4)的系数,利用表 6.1 的误差对方案一和方案二参数的模拟数据平差精度加以预估:$SF=1.428$,并按此式预估高程误差为 $m_h=5$ m($m_{h_0}$ 按 3.5 m 计算),进而分别对三线阵 CCD 影像和 LMCCD 影像按 EFP 法平差,高程误差统计如表 6.4 所示。

表 6.4　高程误差统计 2

| 基线数 | 三线阵 CCD 影像 | | LMCCD 影像 | | 三线阵 CCD 影像 | | LMCCD 影像 | | 控制数据 |
|---|---|---|---|---|---|---|---|---|---|
| | $m_h/\text{m}$ | $m_\varphi/('')$ | $m_h/\text{m}$ | $m_\varphi/('')$ | $m_h/\text{m}$ | $m_\varphi/('')$ | $m_h/\text{m}$ | $m_\varphi/('')$ | |
| 2 | 205.4 | 11.1 | 4.4 | 5.5 | 261.2 | 12.1 | 4.3 | 5.3 | 4 个控制点 |
| 3 | 37.1 | 5.8 | 5.0 | 3.9 | 44.1 | 5.7 | 5.9 | 3.9 | 无误差 |
| 2 | 14.0 | 1.7 | 4.9 | 0.5 | 15.6 | 1.6 | 5.3 | 0.5 | $\sigma_p=2$ m |
| 3 | 5.9 | 1.3 | 3.6 | 0.5 | 6.9 | 1.3 | 3.7 | 0.5 | $\sigma_\varphi=3.3''$ |
| 2 | 8.9 | 1.1 | 4.1 | 0.4 | 11.7 | 1.2 | 4.4 | 0.4 | $\sigma_p=2$ m |
| 3 | 4.5 | 0.9 | 3.3 | 0.4 | 5.2 | 0.9 | 3.4 | 0.4 | $\sigma_\varphi=2''$ |
| $H$/km | 600 | | | | 700 | | | | - |

平差计算结果可得如下结论:

(1)LMCCD 影像利用外方位元素观测值平差,角元素 $\varphi$ 的误差从 $2''$ 消减为 $0.4''$,从 $3''$ 消减到 $0.5''$,明显地削弱了外方位元素观测值误差对定位精度的影响,并得到精度比较高的外方位元素。

(2)仅仅利用三线阵 CCD 影像平差,其精度明显低于 LMCCD 影像平差的结果,原因是空间摄影与低空摄影相机焦距长度差异较大,本书第五章已做了解释。这就是 CCD 影像与框幅像片空中三角测量相比一个很特殊的地方。

(3)从仅利用 4 个控制点参与绝对定向平差看,LMCCD 的高程误差与用式(5.4)预估的误差接近,说明 LMCCD 影像空中三角测量与框幅式像片空中三角测量性质相近,而仅三线阵 CCD 影像空中三角平差的高程误差与按式(5.4)预估的误差相差较远。

## 6.4.3 空中三角测量偶然误差系统累积

本书所谓的无扭曲模型指忽略观测值偶然误差对航线模型的影响,实际上与框幅像片空中三角测量一样,应该估计观测值偶然误差在空中三角构网时产生的系统累计误差。

偶然误差系统累积分为一次和累积与二次和累积,二次和累积与航线包含的基线数有关,基线数越多,累积误差越大。在卫星摄影测量中,基线很长,所以航线包含的基线数不会太多,因而偶然误差二次和累积与一次和累积都不大,但 LMCCD 影像航线光束法平差航线被离散为 10 个三角锁,由连接点将其连接起来时,将出现偶然误差的一次和累积,偶然误差系统累积产生的原因是像点坐标含有影像匹配误差。此外,还由于计算定向时刻所关联到的像点存在方程式系数转换误差(定向片法)或 EFP 像点转换误差(EFP 法),在长一些的航线将出现系统累积现象,与相当的框幅像片空中三角测量相比,这种系统累积更为显著。按短基线数为 12,地面分辨率为 5 m,影像匹配误差为 1.5 m,像比例尺为 1∶100 万,分别对 $f=600$ mm 和 $f=30$ mm 计算,如表 6.5 所示。

表 6.5 高程误差统计 3

| $f=600$ mm | | $f=30$ mm | | 姿态变化率 $/(°)s^{-1}$ | 像点误差/m |
|---|---|---|---|---|---|
| $\sigma_Z/m$ (4 个控制点) | $\sigma_Z/m$ ($\sigma_p=2$ m, $\sigma_\varphi=3.3''$, 无控制点) | $\sigma_Z/m$ (4 个控制点) | $\sigma_Z/m$ ($\sigma_p=2$ m, $\sigma_\varphi=3.3''$, 无控制点) | | |
| 1.3 | 2.3 | 0.5 | 0.8 | 0 | 0 |
| 3.7 | 3.8 | 3.5 | 2.6 | 0 | 1.5 |
| 4.2 | 2.3 | 5.1 | 1.1 | $10^{-4}$ | 0 |
| 3.8 | 3.9 | 6.4 | 2.7 | $10^{-4}$ | 1.5 |
| 13.1 | 2.1 | 5.3 | 1.0 | $10^{-3}$ | 0 |
| 13.7 | 3.8 | 6.5 | 2.7 | $10^{-3}$ | 1.5 |

从表 6.5 可以看出:像点量测值误差(影像匹配)较小,对系统累积贡献不大,姿态变化率增大,使得 EFP 像点转换误差增大,产生较大的累积误差,长航线、长主距时更为明显,但在外方位元素参与平差下可以消除。如果平差中没有外方位元素观测值,则应依航线的长度适当增加地面控制点。

## §6.5 卫星三线阵 CCD 摄影测量系统预期精度

LMCCD 影像解决了单航线 4 个控制点平差的精度问题,使得光束法平差建立的航线模型与框幅式像片平差性质相当,但传输型卫星的飞行高度比返回式卫星的飞行高度高得多,因而在满足制图精度方面困难更多。以下按:$H=600$ km, $f\tan\alpha=0.480$,宽高比为 1:9.6,基线长为 288 km,影像匹配误差为 0.3 像元,卫星平台姿态变化率为 $10^{-3}(°)/s$,分别以地面像元分辨率为 5 m 和 2.5 m 进行模拟计算,平差精度列于表 6.6 和表 6.7。

表 6.6　高程精度(分辨率 5 m)

| 基线数 | 三线阵 CCD 影像 | | | LMCCD 影像 | | | 控制条件 | | |
|---|---|---|---|---|---|---|---|---|---|
| | $m_Z$/m | $m_{Z_3}$/m | $m_{Z_2}$/m | $m_Z$/m | $m_{Z_3}$/m | $m_{Z_2}$/m | 控制点 | $m_P$/m | $m_a$/(″) |
| 2 | 108.9 | 8.9 | 111.5 | 5.6 | 3.4 | 5.7 | 4 | 无 | 无 |
| 3 | 29.5 | 31.5 | 28.3 | 5.3 | 4.8 | 5.5 | | | |
| 4 | 14.6 | 15.5 | 13.4 | 7.8 | 8.0 | 7.5 | | | |
| 2 | 9.2 | 6.6 | 9.3 | 5.2 | 5.1 | 5.2 | 无 | 2 | 3.3 |
| 3 | 6.0 | 3.7 | 6.9 | 3.9 | 2.6 | 4.4 | | | |
| 4 | 5.2 | 4.9 | 5.5 | 4.3 | 3.4 | 5.0 | | | |
| 3 | 极限误差 $m_Z=3.5$ m, $m_{Z_3}=3.2$ m, $m_{Z_2}=3.6$ m | | | | | | 4 | 0 | 0 |

表 6.7　高程精度(分辨率 2.5 m)

| 基线数 | 三线阵 CCD 影像 | | | LMCCD 影像 | | | 控制条件 | | |
|---|---|---|---|---|---|---|---|---|---|
| | $m_Z$/m | $m_{Z_3}$/m | $m_{Z_2}$/m | $m_Z$/m | $m_{Z_3}$/m | $m_{Z_2}$/m | 控制点 | $m_P$/m | $m_a$/(″) |
| 2 | 97.8 | 7.8 | 100.2 | 3.8 | 1.9 | 3.8 | 4 | 无 | 无 |
| 3 | 23.3 | 24.9 | 27.3 | 3.4 | 3.1 | 3.6 | | | |
| 4 | 7.1 | 12.3 | 13.0 | 4.9 | 4.9 | 4.9 | | | |
| 2 | 8.8 | 6.5 | 6.5 | 4.6 | 4.8 | 4.6 | 无 | 2 | 3.3 |
| 3 | 5.5 | 3.9 | 6.2 | 2.9 | 1.9 | 3.3 | | | |
| 4 | 4.2 | 4.0 | 4.4 | 3.0 | 1.3 | 3.6 | | | |
| 2 | 5.9 | 4.4 | 5.9 | 3.5 | 3.7 | 3.5 | 无 | 2 | 2.0 |
| 3 | 3.7 | 2.4 | 4.3 | 2.3 | 1.5 | 2.6 | | | |
| 4 | 3.5 | 3.3 | 3.8 | 2.5 | 2.0 | 2.5 | | | |
| 2 | 7.0 | 3.9 | 7.2 | 2.9 | 3.0 | 3.0 | 无 | 1 | 2.0 |
| 3 | 4.1 | 2.7 | 4.7 | 2.3 | 1.5 | 2.7 | | | |
| 4 | 3.5 | 3.4 | 3.6 | 2.5 | 2.0 | 2.9 | | | |
| 3 | 极限误差 $m_Z=1.9$ m, $m_{Z_3}=1.8$ m, $m_{Z_2}=1.9$ m | | | | | | 4 | 0 | 0 |

从表 6.6 和表 6.7 可以看出,由于 LMCCD 相机推扫影像可以求得连接点框幅坐标,EFP 光束法平差精度明显优于仅使用三线阵 CCD 影像,而且航线基线允许长度大于等于 2 条基线,当外方位线元素误差为±2 m,角元素误差为±3.3″,分辨率为 5 m 情况下,二线交会区和三线交会区均可满足 1:5 万比例尺,20 m 等高距的制图要求。

但分辨率为 2.5 m 时,要达到满足 1∶2.5 万比例尺,10 m 等高距的制图要求,对外方位元素的精度要求颇为苛刻,即线元素误差为 ±1 m、角元素误差为 ±2.0″,才能在二线和三线交会区均能满足制图要求。

在外方位元素误差相同的情况下,分辨率的提高对于平差的高程精度提高并不明显,但平差中若无外方位元素观测值参与,单靠 4 个控制点绝对定向,从表 6.6 和表 6.7 的基线数为 4 的 4 个控制点平差的高程误差,可以看出分辨率对航线偶然误差的累积影响比较明显。在卫星摄影测量中,如果星相机或星敏感器失效,LMCCD 影像可借助布设在航线首末端的控制点绝对定向,但基线超过三条时,应适当考虑在航线中央设控制点以消除抛物扭曲。

在上述的外方位元素精度条件下,二线阵相机推扫影像或前、后摆交会推扫摄影的影像,即使分辨率高达 1 m,高程精度也达不到测制 1∶5 万比例尺地形图的要求,只有日本 ALOS 系统,据称外方位元素后处理精度可达到 $m_P = 1\ \text{m}, m_\alpha <1''$,不用做光束法平差,直接前方交会可以满足测制 1∶2.5 万比例尺地形图要求。这方面在第八章有分析,ALOS 的后处理措施是值得研究的。

## §6.6 无地面控制点卫星摄影测量的思考

全球性的无地面控制点测制 1∶5 万比例尺地形图(等高距为 20 m、$\sigma_h = 6\ \text{m}$),无疑在技术上对摄影测量具有很大挑战性,LMCCD 相机只是解决了其中影像采集的一个关键性问题。由于摄影测量处理没有控制点,那么外方位元素观测值的系统误差、相机内方位元素精度的保持等都是不可回避的问题。前面讨论中用到的外方位元素观测值误差可看作是偶然误差分量,实际上它们可能都含有无法消除的系统误差。如果卫星摄影实现全面覆盖,采用区域平差可以改善(第四章的区域平差方案只能用作说明平差效能,不适于实际应用)。但实际上由于面积太大,且卫星摄影可能不断地多次通过,区域平差技术上将遇到很多困难。

一种可行的办法是建立控制点网,每次卫星通过摄影之后按单航线计算控制网的各点坐标,并且在控制网数据库中不断地对各次通过计算的坐标取权中数,使多次计算后地面点坐标的系统误差在一定程度上转变为偶然误差,通过多次取权中数,误差将不断被削弱。另一方面,卫星在轨飞行时间很长,受温度等条件影响,相机的内方位元素可能发生变化,应该采用内方位元素在轨动态检测,第七章和第十九章将讨论这方面的问题。

# 第七章 卫星三线阵 CCD 相机动态标定

传输型卫星由于卫星发射的振动,长时间在轨飞行中温度的变化等都将影响三线阵 CCD 相机的内方位元素。在有地面控制点的卫星摄影测量中,内方位元素影响的摄影测量误差大部分可以应用地面控制点处理予以消除。但无地面控制点的卫星摄影测量中内方位元素的变化须采用动态标定加以改正。实验室相机标定是将三个线阵相机的参数归算为以正视相机为基准的等效框幅相机,相机的动态标定是在实验室相机标定基础上进行的,是无地面控制点卫星摄影测量至关重要的一个环节。

本章将对 LMCCD 相机内方位元素在轨动态标定加以研究。LMCCD 相机是由三线阵 CCD 相机与 4 个小面阵 CCD 混合配置而成,详见第六章。小面阵固定在正视相机上,实验室标定中给出小面阵中心在正视相机坐标系的坐标,动态标定中不必重新测定。利用外方位元素观测值及地面点坐标反解内方位元素的 EFP 光束法空中三角测量与正解地面点的 EFP 法相似,由于 LMCCD 影像比三线阵 CCD 影像有更好的摄影测量性能,因而动态标定只要在两条短基线长(基线长为前视或后视相机与正视相机摄影中心的距离)的航线进行,这为动态标定需要大量地面控制点提供了方便。

## §7.1 动态标定内方位元素的基本问题

EFP 光束法空中三角测量利用外方位元素观测值就可以恢复立体模型与测定地面点坐标 $(X, Y, Z)$,其前提是内方位元素已知。很容易会联想到,如果外方位元素观测值和大量的地面点坐标已知,是否就可以将内方位元素当作待求未知数加以解算?答案是:如果相机内方位元素正确,那么空中三角测量的数学模型均适用,原则上可以解算;但如果相机内方位元素不正确,例如受在轨飞行期间卫星舱内温度等变化影响,导致相机内方位元素各项变化不定,那么此时的相机严格讲已不是符合摄影测量定义的相机,确切地说已属于非测量相机,因而空中三角测量的许多公式(包括 EFP 法所用到的公式)已不完全适用,解决的思路是将变化了的三个相机重组为等效框幅相机,采用框幅相片的数学模型,按反解空中三角测量原理进行。为此,本书对相机内方位元素规定加以研究。

## 7.1.1 摄影测量相机内方位元素的定义

框幅式相机定义:镜头中心至像平面的垂直距离为主距 $f$,其垂趾 $O$ 为框幅像片坐标的原点。框标连线交点作为原点的物理标志,加工中不可能做到框标连线交点与 $O$ 完全重合,实验室中给出其在以 $O$ 为原点的坐标系中的坐标($x_O$, $y_O$),因而($x_O$, $y_O$, $f$)即为框幅相机内方位元素(杨俊峰,1998)。三线阵 CCD 相机要复杂些,本章将介绍两种模式(王任享 等,2006)。

### 7.1.1.1 模式 I

即使将三个 CCD 相机中心合成一点考虑,由于加工中不可避免的公差,三个 CCD 线阵也不能共面(但装调中保持空间平行)。如图 7.1 所示,$d_l$、$d_v$、$d_r$ 分别为前视、正视和后视相机主距;$S$ 为镜头中心,$O$ 为自准直平行光管确定的主点;$\alpha_l$、$\alpha_v$、$\alpha_r$ 分别为前视、正视和后视光轴与平行光管 $SO$ 方向的夹角。相机的内方位元素规定为

$$\left.\begin{aligned}
f_l &= d_l \cos\alpha_l \\
x_l &= f_l \tan\alpha_l \\
f_v &= d_v \cos\alpha_v \\
x_v &= f_v \tan\alpha_v \\
f_r &= d_r \cos\alpha_r \\
x_r &= f_r \tan\alpha_r
\end{aligned}\right\} \tag{7.1}$$

式中,$f_l$ 为前视相机主距;$x_l$ 为前视相机框幅 $x$ 坐标;$f_v$ 为正视相机主距;$x_v$ 为正视相机框幅 $x$ 坐标;$f_r$ 为后视相机主距;$x_r$ 为后视相机框幅 $x$ 坐标。各相机主点 $y$ 坐标分别为 $y_{\text{CCD}_{Ol}}$、$y_{\text{CCD}_{Ov}}$、$y_{\text{CCD}_{Or}}$。

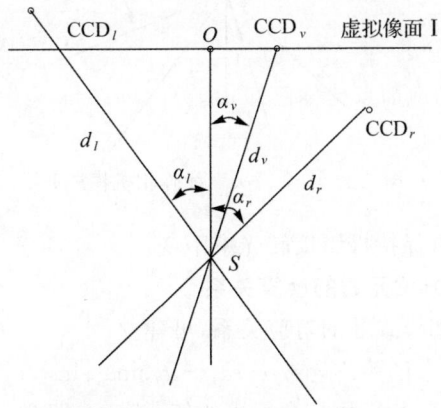

图 7.1 三个镜头三线阵相机模式 I

通常,标定时总是将平行光管光轴方向与正视相机光轴尽可能平行,因此 $\alpha_v$ 总是很小,但不一定为零。本章称以上定义的内方位元素为模式 I,与 SO 垂直的平面属于虚拟像平面,几何上存在,而物理上不存在。

#### 7.1.1.2 模式 II

应用上更为方便的是模式 II,如图 7.2 所示,做一个虚拟像面 II,与正视相机主光轴相交的点作为虚拟像面 II 的像主点 $O$,相机的内方位元素规定为

$$\left.\begin{array}{l} F_l = d_l \cos(\alpha_l + \alpha_v) \\ x_l = F_l \tan(\alpha_l + \alpha_v) \\ F_v = d_v \\ x_v = 0 \\ F_r = d_r \cos(\alpha_r - \alpha_v) \\ x_r = -F_r \tan(\alpha_r - \alpha_v) \end{array}\right\} \quad (7.2)$$

式中,$F_l$ 为前视相机主距;$x_l$ 为前视相机框幅 $x$ 坐标;$F_v$ 为正视相机主距;$x_v$ 为正视相机框幅 $x$ 坐标;$F_r$ 为后视相机主距;$x_r$ 为后视相机框幅 $x$ 坐标。各相机主点 $y$ 坐标与模式 I 相同。

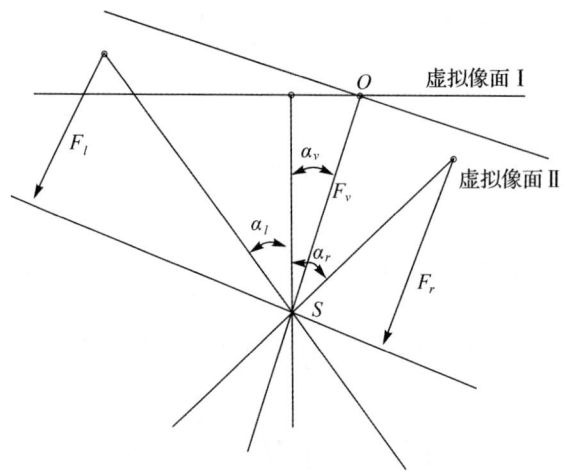

图 7.2 三个镜头三线阵相机模式 II

以上两种模式均可保持摄影反转光束不变。

#### 7.1.1.3 两种模式内方位元素的换算关系

通过分析模式 I 和模式 II 的对应关系,可建立

$$F_l = d_l \cos\alpha_l \cos\alpha_v - d_l \sin\alpha_l \sin\alpha_v$$

因 $\alpha_v$ 很小,故 $\cos\alpha_v \approx 1$,用一个很小的值 $\varepsilon$ 表示,即令 $\sin\alpha_v = \varepsilon$,则

$$\left.\begin{array}{l}F_l = f_l + \delta f_l \\ \delta f_l = -d_l \sin\alpha_l\, \varepsilon \\ F_r = f_r + \delta f_r \\ \delta f_r = -d_r \sin\alpha_r\, \varepsilon \\ F_v = f_v + \delta f_v \\ \delta f_v \approx 0.5\varepsilon^2 d_v \\ x_l = f_l \tan\alpha_l + \delta x_l \\ \delta x_l = f_l \tan^2\alpha_l\, \varepsilon + \delta f_l \tan\alpha_l \\ x = 0 \\ x_r = -f_r \tan\alpha_r + \delta x_r \\ \delta x_r = f_r \tan^2\alpha_r\, \varepsilon - \delta f_r \tan\alpha_r \end{array}\right\} \quad (7.3)$$

根据两种模式内方位元素换算关系,式(7.2)可用于实际换算,而式(7.3)只作为理论分析。从式(7.3)可知,在 $\alpha_v$ 很小时,模式Ⅱ的内方位元素可由模式Ⅰ的内方位元素加数值不大的改正数来表达,这一点对研究相机内方位元素动态标定十分重要。

### 7.1.2 相机内方位元素发生变化后的规定

相机的内方位元素发生变化后,摄取的影像资料很难应用严格的摄影测量相机定义的数学公式进行计算,因而也难以用 EFP 法空中三角测量解算变化的内方位元素值。为了能够利用摄影测量已有的数学模型及 EFP 空中三角测量算法,需要对变化了的内方位元素重新规定。不管相机变化如何,三个镜头的三个相机只有三个主距长度和前、后视相机与正视相机的夹角 $\alpha_l$ 与 $\alpha_r$ 是独立量,因而本书按模式Ⅱ规定:令 $\alpha_v = 0$,即 $x_v = 0$,而 $F_l$、$F_v$、$F_r$、$x_l$、$x_r$ 都当作含有待解算改正数的内方位元素,待解算的改正数包含内方位元素变化值及式(7.3)中的改正数项。重新定义后,就可以用 EFP 法计算内方位元素的改正数,这里一个重要的特点是重新规定后相机的内方位元素中已知 $\alpha_v = 0$,$x_v = 0$。

### 7.1.3 相机内方位元素检定项目

根据 Kornus 等(1996),每一个相机应检定项目为:主距、主点 $x$ 坐标、主点 $y$ 坐标及线阵在像平面内的旋转角,三个相机共 12 项检定值。按 7.1.2 小节的讨论,内方位元素标定项目为:

(1)在原已知主距值上求 $F_l$,$F_v$,$F_r$ 的改正数,分别为 $\delta f_l$,$\delta f_v$,$\delta f_r$。

(2)在原已知值 $f_l \tan\alpha_l$,$f_v \tan\alpha_v$,$-f_r \tan\alpha_r$ 的基础上,求 $x_l$,$x_v$,$x_r$ 的改正数 $\delta x_l$,$\delta x_v$,$\delta x_r$;在 7.1.2 小节对相机内方位元素重新规定之后,$\alpha_v = 0$,$x_v = 0$ 为

已知值,故 $\delta x_v = 0$,这将作为计算方程式中增加为带权的虚拟方程参与共同平差。

(3) 主点 $y$ 坐标改正数 $\delta y_{lCCD}, \delta y_{vCCD}, \delta y_{rCCD}$,是 $y_{CCDol}, y_{CCDov}, y_{CCDor}$ 的变化值。

(4) 前、正和后视线阵在像平面内的旋角分别为 $\beta_l, \beta_v, \beta_r$,实验室装置中已调整为零,检定只标定其变化量 $\delta\beta_l, \delta\beta_v, \delta\beta_r$。在实验室标定过程中,以正视线阵为基准,所以 $\delta\beta_v = 0$,但在平差中以带权的虚拟方程参与计算。

## §7.2 EFP 法反求内方位元素改正数

利用 EFP 光束法反求内方位元素的流程如图 7.3 所示,解算采用后方交会与前方交会交替迭代的方案。尽管反解的数学模型与正解有许多相同之处,为了数学模型完整和系统起见,仍详细列出所有相关公式。

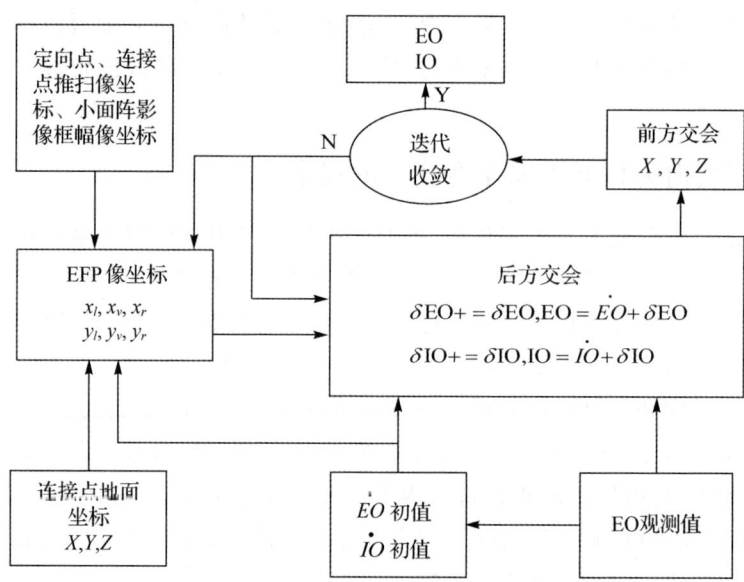

图 7.3 EFP 法反解内方位元素流程

### 7.2.1 前方交会误差方程

第 $i$ 片、地面点 $j$ 前方交会的误差方程为

$$\begin{bmatrix} v_{x_{ij}} \\ v_{y_{ij}} \end{bmatrix} = \boldsymbol{B}_{ij} \boldsymbol{\delta}_j - \begin{bmatrix} l_{x_{ij}} \\ l_{y_{ij}} \end{bmatrix} \quad (7.4)$$

式中,$i = 0, 1, \cdots, n; n$ 为航线像片数;$j$ 为地面点;$v_{x_{ij}}, v_{y_{ij}}$ 为像点坐标余差;$\boldsymbol{B}_{ij}$ 为系数矩阵,即

$$\boldsymbol{B}_{ij} = \begin{bmatrix} -a_{111} & -a_{112} & -a_{113} \\ -a_{221} & -a_{222} & -a_{223} \end{bmatrix}_{ij}$$

$\boldsymbol{\delta}_j = [\delta X_j \ \delta Y_j \ \delta Z_j]^T$，为地面点 $j$ 的坐标改正数；$l_{x_{ij}} = x_{ij} - \dot{x}_{ij}$，$l_{y_{ij}} = y_{ij} - \dot{y}_{ij}$；$\dot{x}_{ij}, \dot{y}_{ij}$ 为利用 $\dot{\boldsymbol{P}}_i$ 代入共线方程的计算值；$\dot{\boldsymbol{P}}_i = [\dot{X}_{S_i} \ \dot{Y}_{S_i} \ \dot{Z}_{S_i} \ \dot{\varphi}_i \ \dot{\omega}_i \ \dot{\kappa}_i]$，为外方位元素初值或迭代逼近值。

## 7.2.2 后方交会数学模型

像点坐标误差是各类误差的集中体现，三线阵 CCD 影像的像点框幅坐标中体现了相机内方位元素误差。前、正及后视相机各自内方位元素误差分别体现在其框幅坐标$(x_l, y_l)$、$(x_v, y_v)$、$(x_r, y_r)$上。在 EFP 框幅像坐标计算时，按像点推扫坐标确定外方位元素，并将框幅坐标做投影和逆投影，变换到 EFP 像平面上，如图 5.4 所示。由于投影和逆投影均基于三维空间变换，因而在数学上是严格的，于是图 5.4 的中央三排点像坐标包含了正视相机的内方位元素误差，左边三排点像坐标包含了后视相机的内方位元素误差，右边三排点像坐标包含了前视相机的内方位元素误差。因此像点坐标误差方程系数要根据 EFP 上的左、中、右各排点，列出相应相机内方位元素的误差方程系数。

### 7.2.2.1 像点坐标误差方程

由于增加内方位待解参数，误差方程式的系数编号按以下规定。

后方交会第 $i$ 片，像点 $j$ 的误差方程为

$$\begin{bmatrix} v_{x_{ij}} \\ v_{y_{ij}} \end{bmatrix} = \boldsymbol{A}_{ij} \boldsymbol{\delta}_i - \begin{bmatrix} l_{x_{ij}} \\ l_{y_{ij}} \end{bmatrix}, \quad (i = 0, 1, \cdots, n) \tag{7.5}$$

式中，$\boldsymbol{A}_{ij} = \begin{bmatrix} \boldsymbol{A}_{11} & \boldsymbol{A}_{12} & \boldsymbol{A}_{13} & \boldsymbol{A}_{14} & \boldsymbol{A}_{15} \\ \boldsymbol{A}_{21} & \boldsymbol{A}_{22} & \boldsymbol{A}_{23} & \boldsymbol{A}_{24} & \boldsymbol{A}_{25} \end{bmatrix}_{ij}$；$n = $基线数$\times 10 + 1$，为航线像片数；$\boldsymbol{A}_{11} = [a_{111} \ a_{112} \ a_{113} \ a_{114} \ a_{115} \ a_{116}]$，$\boldsymbol{A}_{12} = [a_{117} \ a_{118} \ a_{119}]$，$\boldsymbol{A}_{13} = [a_{120} \ a_{121} \ a_{122}]$，$\boldsymbol{A}_{14} = [a_{123} \ a_{124} \ a_{125}]$，$\boldsymbol{A}_{15} = [a_{126} \ a_{127} \ a_{128}]$，$\boldsymbol{A}_{21} = [a_{221} \ a_{222} \ a_{223} \ a_{224} \ a_{225} \ a_{226}]$，$\boldsymbol{A}_{22} = [a_{227} \ a_{228} \ a_{229}]$，$\boldsymbol{A}_{23} = [a_{230} \ a_{231} \ a_{232}]$，$\boldsymbol{A}_{24} = [a_{233} \ a_{234} \ a_{235}]$，$\boldsymbol{A}_{25} = [a_{236} \ a_{237} \ a_{238}]$；$\boldsymbol{\delta}_j = [\delta X_{S_i} \ \delta Y_{S_i} \ \delta Z_{S_i} \ \delta \varphi_i \ \delta \omega_i \ \delta \kappa_i \ \delta f_l \ \delta f_v \ \delta f_r \ \delta x_l \ \delta x_v \ \delta x_r \ \delta y_l \ \delta y_v \ \delta y_r \ \delta \beta_l \ \delta \beta_v \ \delta \beta_r]^T$，为外方位元素及内方位元素改正数；$l_{x_{ij}}$、$l_{y_{ij}}$ 为常数项。

令：$f = f_v$，$M = \dfrac{1}{a_3(X - X_S) + b_3(Y - Y_S) + c_3(Z - Z_S)}$

对上式进行线性化后，系数为

$a_{111} = M(a_1 f + a_3 x)$

$a_{112} = M(b_1 f + b_3 x)$

$$a_{113} = M(c_1 f + c_3 x)$$

$$a_{114} = y\sin\omega - \left[\frac{x}{f}(x\cos\kappa - y\sin\kappa) + f\cos\kappa\right]\cos\omega$$

$$a_{115} = -f\sin\kappa - \frac{x}{f}(x\sin\kappa + y\cos\kappa)$$

$$a_{116} = y$$

$$a_{221} = M(a_2 f + a_3 y)$$

$$a_{222} = M(b_2 f + b_3 y)$$

$$a_{223} = M(c_2 f + c_3 y)$$

$$a_{224} = -x\sin\omega - \left[\frac{y}{f}(x\cos\kappa - y\sin\kappa) - f\sin\kappa\right]\cos\omega$$

$$a_{225} = -f\cos\kappa - \frac{y}{f}(x\sin\kappa + y\cos\kappa)$$

$$a_{226} = -x$$

$$a_{117} = \frac{x}{f}, a_{120} = -1, a_{123} = 0, a_{126} = y$$

$$a_{118} = \frac{x}{f}, a_{121} = -1, a_{124} = 0, a_{127} = y$$

$$a_{119} = \frac{x}{f}, a_{122} = -1, a_{125} = 0, a_{128} = y$$

$$a_{227} = \frac{y}{f}, a_{230} = 0, a_{233} = -1, a_{236} = 0$$

$$a_{228} = \frac{y}{f}, a_{231} = 0, a_{234} = -1, a_{237} = 0$$

$$a_{229} = \frac{y}{f}, a_{232} = 0, a_{235} = -1, a_{238} = 0$$

在上述式子中，$a_1, a_2, a_3, b_1, b_2, b_3, c_1, c_2, c_3$ 为角元素 $\varphi, \omega, \kappa$ 生成的方向余弦。

#### 7.2.2.2 外方位元素平滑（连续）制约条件

卫星飞行平稳，姿态变化率较小，对于一定区间内外方位元素变化不高于二次线性，可以设定二阶差分等零的条件

$$v_k = \boldsymbol{\delta}_{k+1} - 2\boldsymbol{\delta}_k + \boldsymbol{\delta}_{k-1} - \boldsymbol{l}_k \tag{7.6}$$

式中，$k = 1, 2, \cdots, n-1$；$v_k = \begin{bmatrix} v_{X_{S_k}} & v_{Y_{S_k}} & v_{Z_{S_k}} & v_{\varphi_k} & v_{\omega_k} & v_{\kappa_k} \end{bmatrix}^T$；$\boldsymbol{l}_k = \dot{\boldsymbol{p}}_{k+1} - 2\dot{\boldsymbol{p}}_k + \dot{\boldsymbol{p}}_{k-1}$。

#### 7.2.2.3 外方位元素量测值误差方程

外方位元素作为观测值参与平差时，其测量误差方程为

$$v_i = \boldsymbol{\delta}_i - \boldsymbol{l}_i \tag{7.7}$$

式中, $i=0,1,\cdots,n$; $v_i = \begin{bmatrix} v_{X_{S_i}} & v_{Y_{S_i}} & v_{Z_{S_i}} & v_{\varphi_i} & v_{\omega_i} & v_{\kappa_i} \end{bmatrix}^T$; $\delta_i = [\delta X_{S_i}\ \delta Y_{S_i}\ \delta Z_{S_i}\ \delta\varphi_i\ \delta\omega_i\ \delta k_i]^T$; $l_i = p_i - \dot{p}_i$, $\dot{p}_i = [X_{S_i}\ Y_{S_i}\ Z_{S_i}\ \varphi_i\ \omega_i\ \kappa_i]^T$ 为外方位元素观测值; $p_i$ 为外方位元素平差迭代的当前值。

#### 7.2.2.4 两个内方位元素虚拟误差方程

在 7.1.3 小节中已提到 $\delta x_v$ 和 $\delta\beta_v$ 应增加等零的虚拟误差方程,法化时赋适当大的权值,虚拟方程为

$$v_{x_v} = \delta x_v$$
$$v_{\beta_v} = \delta\beta_v$$

#### 7.2.2.5 后方交会法方程式

当内方位元素改正数为 12 时,航线后方交会的像点坐标误差法方程式系数为带状加边矩阵,带宽为 6,边宽为 12,即

$$\text{后方交会中待解参数} = 6 \times (\text{基线数} \times 10 + 1) + 12$$

一个三条基线的航线的法方程式主对角非零元素如图 7.4 和图 7.5 所示,两图均由实际计算中生成的法方程式数组将主对角非零元素用点表示形成。图 7.4 为没有外方位元素连续条件,图 7.5 为带有外方位元素连续条件,可以看出,带有外方位元素连续条件后方程式强度有明显改善。

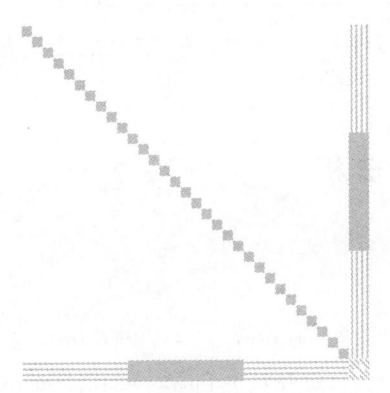

图 7.4 含三条基线的航线法方程主对角非零元显示(不含外方位元素连续条件)

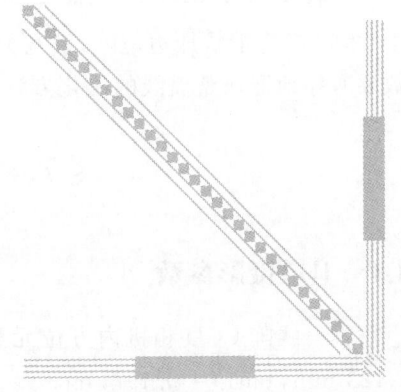

图 7.5 含三条基线的航线法方程主对角非零元显示(含外方位元素连续条件)

## §7.3 星地相机夹角变化值的标定

§7.2 讨论了三线阵 CCD 相机内方位元素因环境变化的动态标定,自然联想到环境变化对星地相机夹角也造成影响。星地相机夹角计算过程属于非线性计

算,但本章是在已有相机夹角的基础上标定其变化值,因变化值不大,称作星地相机三个角元素转换参数的附加改正值(本书简称星地相机夹角改正数),所以可看作外方位元素观测值含有量值不大的常差来处理。§4.6 中讨论了外方位元素常差的计算,本章将内方位元素及外方位元素观测常差统一标定计算,并设立统一标定项目为 $\delta f_l, \delta f_v, \delta f_r, \delta x_l, \delta x_v, \delta x_r, \delta y_l, \delta y_v, \delta y_r, \delta \varphi_C, \delta \omega_C, \delta \kappa_C$,共 12 项,其中,$\delta \varphi_C, \delta \omega_C, \delta \kappa_C$ 为外方位元素常差改正数,而舍去对 $\beta$ 角的标定。外方位元素误差方程用矩阵表示如下

$$v_i = A\delta_i - l_i$$

式中,

$$v_i = [vX_{S_i} \ vY_{S_i} \ vZ_{S_i} \ v\varphi_i \ v\omega_i \ v\kappa_i]^T$$

$$\delta_i = [\delta X_{S_i} \ \delta Y_{S_i} \ \delta Z_{S_i} \ \delta \varphi_i \ \delta \omega_i \ \delta \kappa_i \ 0\ 0\ 0\ 0\ 0\ 0\ 0\ 0\ 0\ \delta \varphi_C \ \delta \omega_C \ \delta \kappa_C]^T$$

$$A = \begin{bmatrix} 1 & 0 & 0 & 0 & 0 & 0 & 0 & 0 & 0 & 0 & 0 & 0 & 0 & 0 & 0 & 0 & 0 & 0 \\ 0 & 1 & 0 & 0 & 0 & 0 & 0 & 0 & 0 & 0 & 0 & 0 & 0 & 0 & 0 & 0 & 0 & 0 \\ 0 & 0 & 1 & 0 & 0 & 0 & 0 & 0 & 0 & 0 & 0 & 0 & 0 & 0 & 0 & 0 & 0 & 0 \\ 0 & 0 & 0 & 1 & 0 & 0 & 0 & 0 & 0 & 0 & 0 & 0 & 0 & 0 & 0 & 1 & 0 & 0 \\ 0 & 0 & 0 & 0 & 1 & 0 & 0 & 0 & 0 & 0 & 0 & 0 & 0 & 0 & 0 & 0 & 1 & 0 \\ 0 & 0 & 0 & 0 & 0 & 1 & 0 & 0 & 0 & 0 & 0 & 0 & 0 & 0 & 0 & 0 & 0 & 1 \end{bmatrix}$$

带宽为6　　　　边宽为12

其中,矩阵 $A$ 为带状加边矩阵,带宽为 6,边宽为 12。计算中每张 EFP 的法化方程系数要有序地嵌入整航线的法化方程式中。

## §7.4　实验分析

### 7.4.1　卫星摄影参数

假设三线阵 CCD 相机内方位元素为:$f_l = 782.00$ mm,$f_v = 780.0$ mm,$f_r = 777.123$ mm,$\tan\alpha_l = 0.497$,$\tan\alpha_v = 0$,$\tan\alpha_r = -0.487$,$f_l\tan\alpha_l = 318.396$ mm,$f_v\tan\alpha_v = 0$,$f_r\tan\alpha_r = -379.029$ mm。

经过飞行变化后的相机参数为:$f_l = 782.077$ mm,$f_v = 780.049$ mm,$f_r = 777.073$ mm,$f_l\tan\alpha_l = 381.346$ mm,$f_v\tan\alpha_v = 0$,$f_r\tan\alpha_r = -378.919$ mm,CCD 像元大小为 0.006 5 mm,地面像元分辨率为 5 m,飞行高度为 600 km,姿态稳定度为 $10^{-3}(°)/s$,摄站坐标变化率为 0.1 m/s。

### 7.4.2　控制数据精度

外方位元素误差为:线元素 $m_P = \pm 2$ m,角元素 $m_\varphi = 3''$。

在计算中仅连接点作为地面控制点参与平差,平面坐标误差 $m_X = m_Y = \pm 4$ m,高程误差 $m_h = \pm 3$ m。

### 7.4.3 平差计算

#### 7.4.3.1 内方位元素改正数的模拟计算

对变化了的内方位元素重新定义时,对于三个 CCD 相机,只有 $\alpha_l$、$\alpha_r$ 是独立的量,$\alpha_v$ 可以设为 0,因而 $x$ 坐标只取 $\delta x_l$ 和 $\delta x_r$ 作为待求参数,此次实验计算不做 $\beta$ 角的改正数计算,这样待求参数只有 $\delta f_l, \delta f_v, \delta f_r, \delta x_l, \delta x_r, \delta y_l, \delta y_v, \delta y_r$ 这 8 个参数。生成模拟数据时,对外方位元素观测值,地面点坐标及推扫像点坐标的中误差,均作 4 次独立生成,内方位元素改正数的统计如表 7.1 所示。

表 7.1 内方位元素改正数

| 测回 | $m_h$/m | $\delta f_l$/μm | $\delta f_v$/μm | $\delta f_r$/μm | $\delta x_l$/μm | $\delta x_r$/μm | $\delta y_l$/μm | $\delta y_v$/μm | $\delta y_r$/μm |
|---|---|---|---|---|---|---|---|---|---|
| 1 | 5.0 | 2 | 4 | 17 | 2 | −9 | 2 | −5 | −6 |
| 2 | 5.3 | 18 | 24 | 24 | 7 | −10 | 4 | 3 | 2 |
| 3 | 5.1 | −17 | −22 | −35 | −5 | 16 | −2 | 0 | 11 |
| 4 | 4.8 | −6 | −5 | −17 | −2 | 8 | 4 | 2 | 7 |
| 平均 | | −1 | 0 | −3 | 0 | 1 | 2 | 0 | 3 |

按各次计算的内方位元素改正数计算内方位元素并按 EFP 法正算地面点坐标,精度如表 7.2 所示。

表 7.2 EFP 正算地面点精度  单位:m

| 测回 | 4 个控制点绝对定向 | | | 外方位元素观测值误差 $m_P = 2$ m, $m_\varphi = 3''$ | | |
|---|---|---|---|---|---|---|
| | $m_X$ | $m_Y$ | $m_Z$ | $m_X$ | $m_Y$ | $m_Z$ |
| 1 | 2.1 | 1.1 | 4.3 | 2.7 | 3.6 | 5.5 |
| 2 | 1.2 | 1.2 | 7.8 | 1.3 | 1.4 | 4.9 |
| 3 | 0.8 | 3.2 | 3.7 | 3.3 | 2.6 | 8.6 |
| 4 | 2.8 | 2.6 | 4.8 | 2.1 | 4.3 | 3.9 |
| 平均 | 0.7 | 1.1 | 3.6 | 2.7 | 3.6 | 5.2 |
| 真内方位元素 | 0.5 | 1.1 | 3.6 | 2.2 | 4.2 | 4.8 |

计算结果分析可得:

(1) 各测回计算的内方位元素改正数差别颇大,这主要由外方位元素观测值和地面控制点误差决定。多次测定取平均值后,有明显改善。在控制数据精度不可能提高的情况下,应进行多次标定。

(2) 第 2、3 测回改正数值较大,但用于计算的内方位元素值做 EFP 正算,地面点精度并不显著降低,原因是主距与框幅 $x$ 坐标改正数间在计算时有相关性,对误差的贡献有互补性。

#### 7.4.3.2 星地相机夹角改正数的模拟实验计算

按 7.4.3.1 小节的模拟数据,并设定星地相机夹角的微变化值为 $\mathrm{d}\varphi_C=0.001$(弧度),$\mathrm{d}\omega_C=0.001$(弧度),$\mathrm{d}\kappa_C=0.001$(弧度)。为避免 $\delta\varphi_C$,$\delta\omega_C$,$\delta\kappa_C$ 及 $\delta x_v$ 计算值的过渡改正,给它们设立虚拟误差方程并赋相对大一些的权参与计算,结果如表 7.3 所示。

表 7.3 星地相机夹角及内方位元素改正数

| 测回 | $m_h$ /m | $\delta f_l$ /μm | $\delta f_v$ /μm | $\delta f_r$ /μm | $\delta x_l$ /μm | $\delta x_v$ /μm | $\delta x_r$ /μm | $\delta y_l$ /μm | $\delta y_v$ /μm | $\delta y_r$ /μm | $\delta\varphi_C$ /(″) | $\delta\omega_C$ /(″) | $\delta\kappa_C$ /(″) |
|---|---|---|---|---|---|---|---|---|---|---|---|---|---|
| 1 | 6.0 | 2 | 8 | 16 | 2 | 0 | −8 | −4 | −23 | −6 | −0.1 | −1.7 | 0.1 |
| 2 | 5.6 | 19 | 23 | 23 | 7 | 0 | −9 | 4 | 7 | 8 | 0 | 1.6 | 0.1 |
| 3 | 11.1 | −16 | −32 | −38 | −6 | 0 | 17 | 15 | 44 | 12 | 0 | 4.6 | −0.7 |
| 4 | 11.8 | −6 | −18 | −19 | −2 | 0 | 9 | 32 | 61 | 42 | −1.2 | 4.7 | 5.2 |
| 平均 |  | 0 | −5 | −4 | 0 | 0 | 2 | 12 | 22 | 19 | −0.4 | 2.3 | 1.2 |

星地相机夹角改正数计算精度比较高,以此改正数改正外方位元素后,代回计算地面点坐标数的结果令人满意。但从 $\delta y$ 数值上看,可以发现 $\delta\omega_C$ 与 $\delta y$ 呈相关性。

7.4.3.1 小节的内方位元素改正数计算只有学术作用,实际上外方位角元素由星敏测定值经星地相机相互关系换算得来。所以卫星工程中,根本不存在单独计算内方位元素的过程,必须用内方位元素参数以及星地相机三个夹角改正数联合解算。

真实卫星工程中将相机动态标定称作在轨地面标定,笔者将在轨地面标定当作对相机内方位元素的重组。内方位元素有 8 个独立待求参数,以及星地相机有 3 个夹角改正数,共有 11 个独立待求参数。在轨地面标定是利用外方位元素观测值和地面控制点坐标,利用 LMCCD 影像进行反解空中三角测量,航线模型没有卫星姿态变化率造成系统变形,绝对定向只有 7 个未知数,所以在轨地面标定的光束法平差共有 18 个独立待解参数。从数学原理上讲,有 6 个适当分布的地面控制点便有解,但从标定结果的可靠性考虑,适当增加控制点是必要的。LMCCD 影像 EFP 平差有小面阵影像参与,航线模型没有卫星姿态变化率造成系统变形,又有比较严格的框幅式相片性能,因而在对控制点的数量要求上和解的精度上都具有优势,最适宜于地面标定应用。如无小面阵影像,即只有三线阵 CCD 影像,由于航线模型有系统变形,应根据卫星姿态变化率、航线模型变形情况,增加很多控制点。此外,从工程应用着想,标定计算还应对主距与框幅 $x$ 坐标改正数间在计算中的相关性等问题采取必要措施,使得多次标定结果之间具有一致性和可比性。

# 第八章 卫星光学立体影像测图高程误差估算

地形图的主要内容是地物和等高线表示的地貌,其中等高线依地图比例尺大小选择相应的等高距。美国国家地形图标准规定地形图的等高距为

$$CI = 3.3\sigma_h \tag{8.1}$$

式中,$CI$ 为等高距;$\sigma_h$ 为高程点误差;系数 3.3 指 90% 以上高程点误差不超过一个等高距。

摄影测量高程误差是摄影测量资料可测地形图等高距及其相应的比例尺关键因素之一(Katz,1952)。国际摄影测量界都是以式(8.1)作为讨论摄影测量系统制图效能的依据。因而,卫星摄影测量高程误差估算是建立卫星摄影测量系统的关键内容。

美国学者 Light(1990)根据其研究得出成图比例尺分母 $MS$、等高距 $CI$ 的选择与卫星影像分辨率 $GSD$、高程相对精度关系,如表 8.1 所示。

表 8.1 摄影测量基础要求

| $MS$ | $GSD$/m | $CI$/m | $\sigma_h$/m | $\sigma_P$/m |
|---|---|---|---|---|
| 5 万 | 5 | 20 | 6 | 15 |
| 2.5 万 | 2.5 | 10 | 3 | 7.5 |

注:$\sigma_P$ 为平面位置误差。

光学卫星摄影测量主要有框幅式相机静态摄影和线阵 CCD 推扫式动态摄影两种。为了解决无地面控制摄影测量的处理问题,卫星系统常配有 GPS 测定摄站坐标 $(X_S,Y_S,Z_S)$ 和星敏感器测定姿态角 $(\varphi,\omega,\kappa)$,即外方位元素。不管哪一种摄影测量,其高程误差除了共同关系到影像分辨率、影像匹配精度、外方位元素量测精度以及相机几何配置等因素外,还与立体模型建立的模式有重要关系(王任享,2008b)。

定位精度误差估算是摄影测量基础理论之一,框幅式像片测量误差估算的理论研究已经很成熟。但是卫星摄影测量,特别是无地面控制点条件下,误差估计遇到许多新的问题。由于无地面控制点,星上测定的外方位元素是绝对定向的唯一依靠数据。为了讨论方便,将星上测定的外方位元素称作星测外方位元素,相应地由摄影测量生成的外方位元素称作摄测外方位元素。以目前的技术水平,摄影测量影像匹配精度一般为 0.3 像元,若像元分辨率为 5 m,基高比为 1,则立体高程误差为 1.5 m。由于 GPS 不断进步,星测外方位元素中线元素精度比较高,可满足无地面控制点摄影测量要求。星测外方位元素角元素由星敏感器测定,尽管精度也

有很大提高,但研究表明,其中 $\varphi$ 角误差尚构成测图高程精度的威胁。例如,高精度的星敏感器,测角误差 $\sigma_\varphi,\sigma_\omega,\sigma_\kappa$ 可达到 $2''(1\sigma)$,但对于轨道高度为 600 km 而言,仅 $\sigma_\varphi$ 引起的高程误差已超过 6 m,再考虑其他误差综合,已无法满足 $CI = 20\ m$ 测图对误差的要求。因而在各种立体模型方式高程误差估算中,应将 d$\varphi$ 影响当作关键因素考虑。此外,还应当指出,通常星敏感器精度是与其视场角大小、主距、可判星等、数量及分布等因素估算的,而实际摄影时,可判星等的数值,尤其分布未必达到视场角均匀分布,因而实际精度与仪器标称精度尚有距离。本书重点就框幅式影像高程误差和推扫式影像高程误差进行讨论。

## §8.1 框幅式影像立体模型高程误差

### 8.1.1 框幅影像对前方交会高程误差推导

前方交会是利用立体像对中两张像片的内外方位元素和像点坐标,计算同名像点对应的地面坐标,其原理如图 8.1 所示。

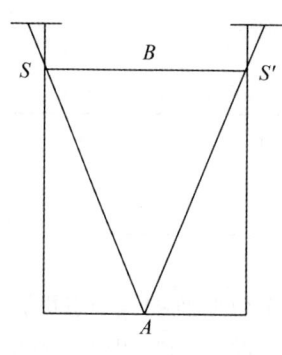

图 8.1 前方交会

引用相关研究(张绪茂,1999)推导公式,地面点 $A$ 前方交会高程误差为

$$dZ_A = dZ_S + N dZ + Z dN \quad (8.2)$$

式中,$dZ_S$ 为左摄站 $Z$ 坐标误差;左投影光线缩放系数 $N = \dfrac{B_X}{b_x}$;$b_x$ 为像基线 $x$ 分量;左投影光线缩放系数误差 dN 为

$$dN = \frac{M}{Zb_x}\left(\frac{Z}{M}dB_X - \frac{X'}{M}dB_Z - Z dX + X'dZ + Z dX' - X'dZ'\right)$$

其中,$dB_X$、$dB_Z$ 为摄影基线分量误差;$Z$ 为地面点在左像空间坐标系坐标;$X'$ 为地面点在右像空间坐标系坐标;$dX,dZ$ 和 $dX',dZ'$ 分别为点 $A$ 在左、右像空间坐标系的坐标误差。

在近似垂直摄影条件下,$\varphi = \omega = \kappa = 0$,$\varphi' = \omega' = \kappa' = 0$,且 $f = f'$,则有

$$\begin{cases} dX = f d\varphi - y d\kappa + dx \\ dY = f d\omega + x d\kappa + dy \\ dZ = x d\varphi + y d\omega + df \end{cases}$$

$$\begin{cases} dX' = f' d\varphi' - y' d\kappa' + dx' \\ dY' = f' d\omega' + x' d\kappa' + dy' \\ dZ' = x' d\varphi' + y' d\omega' + df' \end{cases}$$

$$\begin{bmatrix} X \\ Y \\ Z \end{bmatrix} = \begin{bmatrix} x \\ y \\ -f \end{bmatrix}$$

$$\begin{bmatrix} X' \\ Y' \\ Z' \end{bmatrix} = \begin{bmatrix} x' \\ y' \\ -f \end{bmatrix}$$

为了便于整合高程误差公式的系数,将式(8.1)中 $dZ_A$ 的 $ZdN$ 分解为两项,即

$$dZ_A = dZ_S + NdZ + ZdN = dZ_S + NdZ_{I} + NdZ_{II} + ZdN$$

式中,

$$ZdN_{I} = \frac{ZM}{Zb}\left(\frac{Z}{M}dB_x - \frac{X'}{M}dB_z\right) = \frac{f}{b}M\left(-db - \frac{x'}{f}db_z\right)$$

$$ZdN_{II} = \frac{ZM}{Zb}[Z(dX' - dX) + X'(dZ - dZ')]$$

$$= \frac{f}{b}M(dX - dX') + \frac{f}{b}M\left[\frac{x-b}{f}(dZ - dZ')\right]$$

$$= \frac{f}{b}M(dX - dX') + \frac{f}{b}M\left[\frac{x}{f}(dZ - dZ') - \frac{b}{f}dZ + \frac{b}{f}dZ'\right]$$

再将 $NdZ$ 项加以变换

$$NdZ = MdZ = \frac{f}{b}MdZ\frac{b}{f}$$

令

$$W = ZdN_{II} + NdZ = \frac{f}{b}M\left[(dX - dX') + \frac{x}{f}dZ - \frac{x'}{f}dZ'\right]$$

将以上相关公式代入式(8.1)加以整理,并将其分为角元素、线元素及内方位元素引起的误差,以及令 $y = y'$,得

$$dZ_A = dZ_{A角元} + dZ_{A线元}$$

式中

$$dZ_{A角元} = \frac{f}{b}M\left[\left(f + \frac{x^2}{f}\right)d\varphi - \left(f + \frac{x'^2}{f}\right)d\varphi' + \frac{xy}{f}d\omega - \frac{x'y}{f}d\omega' - yd\kappa + yd\kappa'\right] \quad (8.3)$$

$$dZ_{A线元} = -\frac{f}{b}Mdb - \frac{x'}{b}Mdb_z + dZ_S - Mdf \quad (8.4)$$

$dZ_{A角元}$ 是本书研究的重点,还可化为

$$dZ_{A角元} = \frac{f}{b}M\left[f(d\varphi - d\varphi') + \frac{x^2}{f}d\varphi - \frac{x'^2}{f}d\varphi' + \frac{xy}{f}d\omega - \frac{x'y}{f}d\omega' - y(d\kappa - d\kappa')\right]$$

$$= \frac{f}{b}M\left[\frac{f(d\varphi - d\varphi')}{\cos^2\alpha} + \frac{2xb - b^2}{f}d\varphi' + \frac{xy}{f}d\omega - \frac{x'y}{f}d\omega' - y(d\kappa - d\kappa')\right] \quad (8.5)$$

式中,$\alpha = \arctan \dfrac{x}{f}$。进而令 $\alpha' = \arctan \dfrac{x'}{f'}$,代入式(8.3),可得

$$dZ_{A\text{角元}} = \dfrac{f}{b}M\left[\dfrac{f}{\cos^2\alpha}d\varphi - \dfrac{f}{\cos^2\alpha'}d\varphi' + \dfrac{xy}{f}d\omega - \dfrac{x'y}{f}d\omega' + y(d\kappa - d\kappa')\right] \quad (8.4)$$

对式(8.3)取中误差,令 $\sigma_\varphi = \sigma'_\varphi$, $\sigma_\omega = \sigma'_\omega$, $\sigma_\kappa = \sigma'_\kappa$ 可得

$$m_{Z_{A\text{角元}}} = \dfrac{f}{b}M\sqrt{\left[\left(f+\dfrac{x^2}{f}\right)^2 + \left(f+\dfrac{x'^2}{f}\right)^2\right](\sigma_\varphi)^2 + \left[\left(\dfrac{xy}{f}\right)^2 + \left(\dfrac{x'y}{f}\right)^2\right](\sigma_\omega)^2 + 2y^2(\sigma_\kappa)^2} \quad (8.7)$$

综上可知:式(8.3)用于计算外方位元素误差产生的高程误差;式(8.5)用于讨论误差性质;式(8.7)用于估算高程中误差。

### 8.1.2 有控制点参与定向的高程误差

8.1.1 小节是在基于卫星在轨测定的外方位元素观测值误差上,推导出地面点高程误差,本小节是根据内业测定像点坐标,按相对定向(或空中三角测量)建立的模型,并按无误差的三个地面控制点绝对定向后推导估算高程误差。高程误差模型改化到地面模型比例尺后,其形式为

$$m_{Z_{CP}} = \dfrac{f}{b}Mm_q\sqrt{\dfrac{1}{2bd}\int_{x=0}^{x=b}\int_{y=-d}^{y=+d}\left[\dfrac{x^2(x-b)^2}{b^2d^2} + \dfrac{3x^2y^2}{4d^4} + \dfrac{3x^2}{2b^2} + \dfrac{y^2}{2d^2} - \dfrac{x}{b} + \dfrac{3}{2}\right]dy dx}$$

$$= Mm_q\sqrt{\dfrac{7}{60}\dfrac{f^2}{d^2} + \dfrac{5}{3}\dfrac{f^2}{b^2}} \quad (8.8)$$

进一步化为

$$m_{Z_{CP}} = \dfrac{f}{b}m_q M\sqrt{\dfrac{7}{60}\left(\dfrac{b}{d}\right)^2 + \dfrac{5}{3}} \quad (8.9)$$

式中,$m_q$ 为像点量测的上下视差(按影像匹配误差为 0.3 像元);$M$ 为摄影比例尺分母;$b$ 为像基线;$d$ 为定向点 $y$ 坐标;$m_{Z_{CP}}$ 为模型内高程中误差平均值,代表该项摄影测量高程能达到的最好精度,可用于衡量利用外方位元素观测值进行摄影测量能达到精度的程度。

本书讨论中设定大框幅相片卫星摄影参数为:$f = 300$ mm,航向重叠 55% 相幅,像基线 $b = 207$ mm,基高比 $\dfrac{b}{f} = 0.69$,航高 $H = 210$ km,摄影比例尺分母 $M = 700\,000$,定向点 $y = 105$ mm,地面像元分辨率 $pixel = 5$ m,代入式(8.8)(以下高程误差采用 $\sigma_h$ 表示)得

$$\sigma_h = \dfrac{f}{b}0.44\, pixel = 3.2 \text{ m}$$

可见大框幅像片满足测制 20 m 等高距地形图的要求,对控制点的高程误差尚有足够的空间。

### 8.1.3 无地面控制点时高程误差

#### 8.1.3.1 外方位元素误差产生的地面控制点高程误差

设外方位角元素误差 $\sigma_\varphi = \sigma_\omega = \sigma_\kappa = 2''$(这是现代星相机或星敏感器能达到的最高精度),按式(8.7)计算模型内均匀分布的 9 个点的中误差,结果如图 8.2 所示。图中的数据分子为点号,分母为 $m_{Z_A}$,单位为 m。

9 个点的高程中误差平均值为

$$m_{Z_A 角元(平均值)} = 5.2 \text{ m}$$

当利用外方位元素观测值直接恢复立体模型时,量测的模型点高程还应顾及影像匹配误差。按匹配误差为 0.3 像元计算,高程误差约 2.2 m,则高程综合中误差为

$$\sigma_h = \sqrt{m_{Z_A 角元(平均值)}^2 + 2.2^2} = 5.6 \text{ (m)}$$

这样直接利用外方位元素观测值建立模型的方法,有文献称为直接地理定位(DG)法,其缺点是高程精度 $\sigma_h = 5.6$ m 已接近 6 m 的限差,同时模型上还可能残留上下视差。

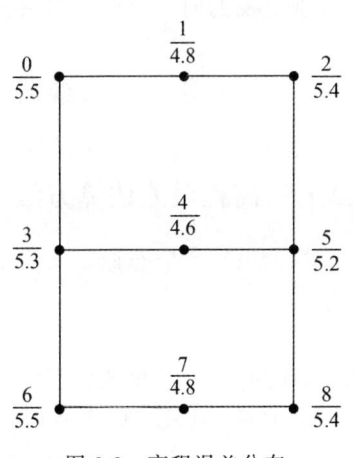

图 8.2 高程误差分布

#### 8.1.3.2 外方位元素观测值参与空中三角测量综合平差的高程误差

大框幅像片在沿航线方向相当于宽角相机,其像片构成的立体模型有较好的基高比,但垂直于 $y$ 方向只相当于常角相机,所以只能称作准宽角相机,对卫星摄影测量而言,具有良好的几何条件。综合平差时,外方位元素值作为带权的观测值参与,影像观测值与外方位元素观测值可以取相同的权,综合平差的结果表明,可以有效地削弱外方位元素观测值的误差。通常估计综合平差可以使外方位元素观测值精度提高 30% 以上。

按式(8.7)并顾及匹配误差,高程中误差 $\sigma_h = 4.7$ m,由此估算可知,经过空中三角测量综合平差,大框幅像片可以满足高程中误差小于等于 6 m 的要求。至于受云影响的影像覆盖不全,特别是主点被云覆盖或影像的 $y$ 坐标很短,那么相对定向质量很差,无法与外方位元素观测值综合平差,只能依靠外方位元素观测值恢复模型,其高程误差约为 5.6 m,能勉强满足测制 20 m 等高距地形图的要求。

#### 8.1.3.3 $dZ_{A线元}$ 项讨论

将式(8.4)加以改变可得

$$dZ_{A线元} = -M\left(\frac{f}{b}db + db_Z + df\right) + dZ_S$$

式中，$dZ_S$ 为摄站 $Z$ 坐标误差，属于模型点绝对误差，讨论相对高程精度时可不予考虑；其他三项在模型内为常差，其中 $db$ 和 $db_Z$ 误差值较小，主距误差 $df$ 受卫星发射等外界条件影响，可能存在较大的误差。另外，还应注意到，如果不经过空中三角测量平差，那么式(8.5)中的 $\dfrac{f}{b}Mf(d\varphi-d\varphi')$ 项在模型内将含有不容忽视的高程常差。这些系统性的误差在一个模型内，可由一个地面控制点或激光测定的高程值参与平差予以消除，那些不具备进行空中三角测量平差条件的卫星摄影测量，应特别重视如何处理好这些系统误差。

## §8.2 二线阵 CCD 影像空间交会高程误差

### 8.2.1 高程误差估算方法一

当卫星平台姿态稳定度为 $10^{-6}(°)/s$ 时，从前视到后视，姿态变化值为

$$d\alpha = 10^{-6}\dfrac{B}{V}$$

式中，$B$ 为基线，卫星速度 $V=7.6\ \text{km/s}$。

令 $B=600\ \text{km}$，则 $d\alpha=0.28''$，$d\alpha$ 对高程的影响，如图 8.3 所示。

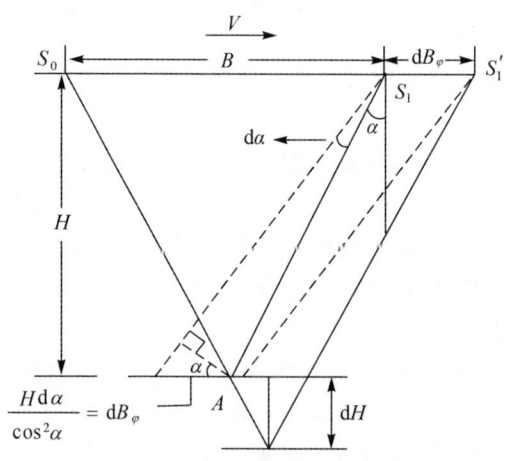

图 8.3 $d\varphi$ 引起的高程误差

在图 8.3 中，后视光线本应在 $S_1$ 时刻摄取点 $A$，由于光线偏转 $d\alpha$ 致使必须延后至 $S_1'$，即后视光线摄影时刻为 $S_1'$，多经历了 $dB_\alpha$ 才摄取点 $A$，此时交会高程误差为

$$dh_\alpha = \dfrac{H}{B}\dfrac{Hd\alpha}{\cos^2\alpha} \tag{8.10}$$

若 $B=H,\alpha=26°$，则

$dh_a=1$ m。因 $d\alpha$ 值不大,故可按姿态角不变方式建立立体模型。但应注意到在卫星起始指向角非零情况下,不能按标准式摄影建立。如图 8.4 所示,由于 $\Phi_0$ 存在,立体交会不是标准式。

立体模型光束法平差程序(尽管因 $10^{-6}(°)/s$ 要求太高,至今尚无这样的实际模型程序)可以安置 $\Phi_0=0$,生成无上下视差模型后,必然出现模型连同基线均倾斜 $\Phi_0$ 的值。(同样还有 $\Omega_0$、$K$ 影响)。在有地面控制点的情况下,可以利用控制点绝对定向,没有控制点的情况下,必须依靠星测外方位元素做绝对定向。绝对定向后高程误差为

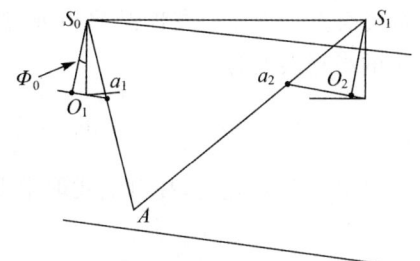

图 8.4 指向起始值为 $\Phi_0$ 的前方交会

$$dh=\frac{H}{B}(dh_a+dTV+Ydk+dM)+Bd\Phi_0+Yd\Omega_0+dZ_{S_0} \qquad (8.11)$$

设 $dT=10^{-4}$ s, $VdT=0.7$ m, $dM=0.36\,pixel$;绝对定向时 $\Phi$、$\Omega$ 各取左右摄站的 $\varphi$、$\omega$ 的中值,则 $d\Phi=d\Omega=0.7d\varphi$,代入式(8.11)并化为中误差,即

$$\sigma_h=\sqrt{\left(\frac{H}{B}\right)^2[(\sigma_{h_a})^2+0.7^2+(0.36\,pixel)^2]+0.5(B^2+Y^2)(\sigma_\varphi)^2+(\sigma_{Z_{S_0}})^2} \qquad (8.12)$$

可见,高程误差与框幅式误差公式有相同的特性。

【算例 8.1】 设 $H=600$ km,$B=600$ km,$\alpha=26°$,$\cos^2\alpha=0.8$,$pixel=5$ m,$Y=30$ km,$\sigma_\varphi=\sigma_\omega=\sigma_\kappa=2''$,则有

$$\sigma_h=\begin{cases} 4.6 \text{ m}, & \sigma_{Z_{S_0}}=0 \\ 5.1 \text{ m}, & \sigma_{Z_{S_0}}=2 \text{ m} \end{cases}$$

## 8.2.2 高程误差估算方法二

当卫星姿态稳定度低于 $10^{-6}(°)/s$ 时,角元素累积值已超过星测外方位角元素的观测误差,因此立体模型的建立只能应用星测外方位元素观测值按前方交会确定地面点坐标。

由于卫星摄影航高很大,可看作基线水平。左右交会光线与正视方向夹角为 $\alpha$,按投影在主垂面上的前方交会如图 8.5 所示。

图 8.5 中,$A$ 为交会点正确位置;$A_1$ 为受 $d\varphi_2-d\varphi_1$ 影响的交会点;$A_2$ 为受 $d\varphi_1$、$d\varphi_2$ 影

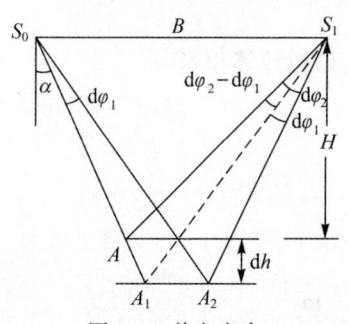

图 8.5 前方交会

响的交会点。$A_1$、$A_2$ 高程误差相近，故可从点 $A_1$ 推算（不影响估算精度），由 $d\varphi$ 产生的高程误差为

$$dh_\varphi = \frac{H}{B} \frac{H(d\varphi_2 - d\varphi_1)}{\cos^2\alpha}$$

因 $d\varphi_1$、$d\varphi_2$ 相互独立，故对上式取中误差，得

$$\sigma_{h_\varphi} = \sqrt{2} \frac{H}{B} \frac{H\sigma_\varphi}{\cos^2\alpha}$$

高程误差还关系到计时误差、影像匹配误差及 $d\kappa$ 引起的误差。但 $d\omega$ 的影响较小，可忽略不计，则高程综合误差为

$$dh = \frac{H}{B}\left[H\frac{(d\varphi_2 - d\varphi_1)}{\cos^2\alpha} + VdT + y(d\kappa_2 - d\kappa_1) + dm\right] + dZ_{S_0} \quad (8.13)$$

将式(8.13)化为中误差，即

$$\sigma_h = \sqrt{\frac{H^2}{B^2}\left[2\left(\frac{H\sigma_\varphi}{\cos^2\alpha}\right)^2 + 2Y^2(\sigma_\kappa)^2 + (0.36\,pixel)^2 + 0.7^2\right] + (\sigma_{Z_{S_0}})^2} \quad (8.14)$$

与式(8.11)、式(8.12)相比较，式(8.14)中 $\sigma_\varphi$、$\sigma_\kappa$ 所涉及的项均与基高比有关，当基高比不好时，对高程精度影响较大，此外星测外方位角元素为独立观测值，所以交会高程误差均为 $\sqrt{2}$ 倍，这对高程误差更不利。

**【算例 8.2】** 采用与【算例 8.1】相同的参数，利用式(8.14)计算高程误差得

$$\sigma_h = \begin{cases} 10.5\ \text{m}, & \sigma_{Z_{S_0}} = 0 \\ 10.6\ \text{m}, & \sigma_{Z_{S_0}} = 2\ \text{m} \end{cases}$$

**【算例 8.3】** 采用 IKONOS 参数，即 $H = 680\ \text{km}$，$\sigma_\varphi = \sigma_\kappa = 2''$，$pixel = 1\ \text{m}$，$Y = 6\ \text{km}$，$\alpha = 26°$，$H/B = 1$，计算得

$$\sigma_h = \begin{cases} 11.6\ \text{m}, & \sigma_{Z_{S_0}} = 0 \\ 12.0\ \text{m}, & \sigma_{Z_{S_0}} = 3\ \text{m} \end{cases}$$

这一结果与其他研究(Zhou et al, 2000)的数字模拟计算相当。

**【算例 8.4】** 采用 ALOS 参数，即 $H = 691\ \text{km}$，$\sigma_\varphi = \sigma_\kappa = 0.7''$，$pixel = 2.5\ \text{m}$，$Y = 17.5\ \text{km}$，$\alpha = 24°$，$H/B = 1$，计算得

$$\sigma_h = \begin{cases} 4.3\ \text{m}, & \sigma_{Z_{S_0}} = 0 \\ 4.4\ \text{m}, & \sigma_{Z_{S_0}} = 1\ \text{m} \\ 5.0\ \text{m}, & \sigma_{Z_{S_0}} = 2.5\ \text{m} \end{cases}$$

## §8.3 LMCCD 相机推扫式摄影测量高程误差估算

三线阵 CCD 相机推扫式摄影影像可以将星测外方位元素观测值参与航线光束法平差,建立模型的高程精度比直接前方交会要高,但精度提高的幅度有限,达不到无地面控制测图的要求。而且航线光束法平差过程数学计算很复杂,难以用数学分析方法推导高程误差公式,通常是用数字模拟的方法。

第六章实验研究表明,LMCCD 影像采用自由网加 4 个控制点光束法平差,可得到变形很小的航线模型。若将星测外方位元素参与平差,无地面控制点也能得到比较好的结果。但其平差的数学过程很复杂,也难以用数学分析方法推导高程误差公式。如果将仅有两条基线,实质就是双模型航线的自由网平差当作相对定向,然后再用星测外方位元素观测值进行绝对定向,那么数学分析方法推导高程误差还是可行的。

### 8.3.1 双模型自由网高程误差

为了讨论方便,假定自由网模型已经过比例尺归一化。高程误差主要项是 EFP 法的模型连接累计误差。图 8.6 中,EFP 双模型是由中心的 220 片和两端的 210 片、230 片构成。EFP 平差中以一个短基线的 1/10 作为间距,排列一个单模型,共有 10 个单模型,模型之间依靠连接点构成整体模型,并通过多次迭代闭合于双模型的首、末及中央。因而单模型连接产生的偶然误差和累积最大误差将出现在双模型左右的单模型中央,累积的高程误差为

$$\sigma_{h累} = \frac{\sqrt{10}}{2}\sigma_{h连} \tag{8.15}$$

式中,$\sigma_{h累}$ 为高程累积误差;$\sigma_{h连}$ 为模型连接高程传递误差。

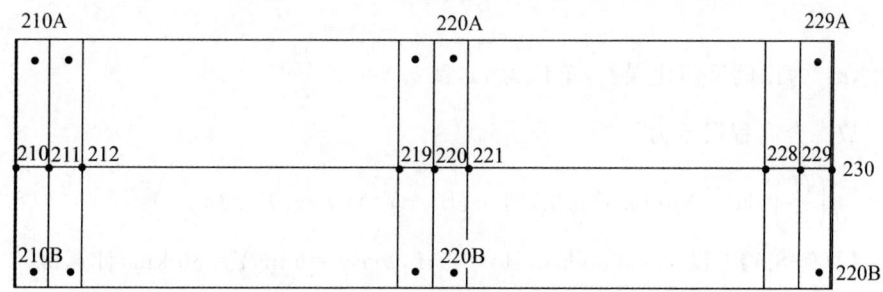

图 8.6 双模型构成

注:中心点为 EFP 片号,数字后带 A 或 B 者为连接点号。

每一个单模型左、右片分别向其相邻片连接,共有 4 个连接点,每一个连接点

有 4 个 $x$ 坐标观测值,即 2 个 CCD 影像和 2 个小面阵影像。每一个连接点高程误差为 $0.3\dfrac{H}{B}pixel$,那么每一个单模型连接传递高程误差 $\sigma_{h连}$ 为

$$\sigma_{h连}=\dfrac{0.3}{\sqrt{4}}\dfrac{H}{B}pixel=0.15\dfrac{H}{B}pixel \tag{8.16}$$

则

$$\sigma_{h累}=0.24\dfrac{H}{B}pixel \tag{8.17}$$

任意模型点高程量测误差为 $0.36\dfrac{H}{B}pixel$,则自由网高程综合误差为

$$\sigma_{h自}=0.43\dfrac{H}{B}pixel \tag{8.18}$$

## 8.3.2 利用外方位元素绝对定向高程误差

利用星测外方位元素观测值或摄影测量处理得到的外方位元素,可计算 7 个绝对定向元素,绝对定向按双模型的左、右单模型分别进行,因而每一个模型有 10 组外方位元素观测值。最小二乘法平差计算的绝对定向元素可使星测外方位元素观测值的误差缩小 $\dfrac{1}{\sqrt{10}}$ 因子,因此可取 $\sigma_\Phi\approx\sigma_\Omega\approx\sigma_\kappa\approx 0.3\sigma_\varphi$,则绝对定向高程误差为

$$\sigma_{h_A}=\sqrt{(\sigma_{h_C})^2+(\sigma_{h_S})^2} \tag{8.19}$$

式中,

$$\sigma_{h_C}=0.3\sigma_\varphi\sqrt{B^2+Y^2}$$

$$\sigma_{h_S}=\dfrac{H}{B}V\mathrm{d}T$$

其中,$\sigma_{h_S}$ 为比例尺归化误差,单位为 m,且 $\sigma_{h_S}=0.7\dfrac{H}{B}$。

故综合高程误差为

$$\sigma_h=\sqrt{\left(\dfrac{H}{B}\right)^2[(0.43pixel)^2+0.7^2]+(B^2+Y^2)(0.3\sigma_\varphi)^2+(\sigma_{Z_{S_0}})^2} \tag{8.20}$$

【算例 8.5】 设 $H=600\ \mathrm{km}, B=0.5H, pixel=5\ \mathrm{m}, Y=30\ \mathrm{km}$,计算得

$$\sigma_h=\begin{cases}4.8\ \mathrm{m}, & \sigma_\varphi=2'', \sigma_{Z_{S_0}}=0\\ 5.2\ \mathrm{m}, & \sigma_\varphi=3'', \sigma_{Z_{S_0}}=0\end{cases}$$

而按数字模拟 EFP 光束法平差计算得

$$\sigma_h = \begin{cases} 3.1 \text{ m}, & \sigma_{Z_{S_0}} = 0, \sigma_\varphi = 2'', \overline{\sigma_\varphi} = 0.3'' \\ 4.1 \text{ m}, & \sigma_{Z_{S_0}} = 0, \sigma_\varphi = 3'', \overline{\sigma_\varphi} = 0.4'' \end{cases}$$

其中，$\overline{\sigma_\varphi}$ 为平差后 $\varphi$ 角的误差。

【算例 8.6】 设 $H = 691$ km, $B = 0.5H$, $\sigma_\varphi = 2''$, $pixel = 2.5$ m, $Y = 18$ km, 计算得

$$\sigma_h = \begin{cases} 3.2 \text{ m}, & \sigma_{Z_{S_0}} = 0 \\ 3.4 \text{ m}, & \sigma_{Z_{S_0}} = 1 \text{ m} \end{cases}$$

而按数字模拟 EFP 光束法平差计算得

$$\sigma_h = \begin{cases} 2.9 \text{ m}, & \sigma_{Z_{S_0}} = 0, \overline{\sigma_\varphi} = 0.4'' \\ 3.2 \text{ m}, & \sigma_{Z_{S_0}} = 1 \text{ m}, \overline{\sigma_\varphi} = 0.4'' \end{cases}$$

综上可得，数学分析估算与数字模拟计算结果相当。

以上计算均为 LMCCD 影像的正视与前视或后视的二线交会区高程精度，若在三线交会区，高程精度将进一步提高。

## §8.4 小 结

框幅式像片、姿态稳定度为 $10^{-6}(°)/s$ 的二线阵 CCD 影像和姿态稳定度低于 $10^{-6}(°)/s$ 的 LMCCD 影像构建的立体模型，均可采用相当于相对定向和绝对定向的过程讨论高程误差。星测外方位线元素误差对高程影响较小，但星测外方位角元素误差对姿态稳定度低于 $10^{-6}(°)/s$ 的二线阵 CCD 影像的高程误差特别敏感。

本章推导的高程误差估算公式主要用于卫星摄影测量工程规划、制定系统参数，在此基础上再采用数字模拟和数字影像模拟的方法，将星测外方位元素作为带权观测值参与尽可能严密的光束法平差，计算摄影测量系统预期精度，必要时可进一步调整卫星摄影测量参数。

# 第九章　三线阵 CCD 影像 FEO 光束法平差

在一些科学实验中，可能不仅没有外方位元素，甚至没有地面控制点，在某些情况下，会遇到根本没有外方位元素观测值（如星敏感器失效时）的短航线，甚至只有两个 CCD 线阵影像可用。可以应用三线阵 CCD 影像自由外方位元素光束法平差(free exterior orientation，FEO)，研究处理此类摄影资料，以做出可能的测绘产品供科学实验应用，在三线阵 CCD 相机对地摄影测量初期实验，或是对外星球的摄影测量中都可能有重要的应用价值。

框幅立体像对摄影测量处理可分为相对定向和绝对定向两个过程，相对定向中不需要任何外方位元素观测值和地面控制点，只依靠一定数量的同名像点，便可建立"无 $y$ 视差"立体模型。这里"无 $y$ 视差"指经定向计算后，模型不存在上下视差（迭代收敛于上下视差的残差在允许值之内）。由于框幅影像的特点，相对定向的模型还可认为没有扭曲。即使没有绝对定向，仅相对定向模型也能做出必要的测绘产品，如 DEM 的采集、正射影像的生成等，可供实验研究之用。本章将短航线影像摄影测量处理相似地也分为相对定向和绝对定向。相对定向旨在建立"无 $y$ 视差"立体模型，由于不可能像框幅影像那样得到无扭曲的模型，为区别起见，其相对定向计算过程叫作自由外方位元素光束法平差，相应的方位元素称作自由外方位元素。如有条件绝对定向，则可利用适当数量的控制点对模型进行改正，如有外方位元素观测值可利用，则可在相对定向计算中增加外方位元素观测值，以带权观测值参与平差计算。

自由外方位元素光束法平差在相关项目中都得到了成功的应用。

## §9.1　三线阵 CCD 影像无 $y$ 视差立体模型的建立

### 9.1.1　自由外方位元素计算

#### 9.1.1.1　自由外方位元素的数学模型

计算外方位元素的数学模型仍然是线性化共线条件方程，即

$$v = AX - l \tag{9.1}$$

式中，

$$A = \begin{bmatrix} a_{11} & a_{12} & a_{13} & a_{14} & a_{15} & a_{16} & -a_{11} & -a_{12} & -a_{13} \\ a_{21} & a_{22} & a_{23} & a_{24} & a_{25} & a_{26} & -a_{21} & -a_{22} & -a_{23} \end{bmatrix}$$

## 第九章 三线阵 CCD 影像 FEO 光束法平差

$$\boldsymbol{v} = \begin{bmatrix} v_x \\ v_y \end{bmatrix}$$

$$\boldsymbol{l} = \begin{bmatrix} l_x \\ l_y \end{bmatrix}$$

自由外方位元素计算仍是采用后方交会和前方交会交替迭代法,交会误差方程如下。

后方交会误差方程为

$$\begin{bmatrix} v_x \\ v_y \end{bmatrix} = \begin{bmatrix} a_{11} & a_{12} & a_{13} & a_{14} & a_{15} & a_{16} \\ a_{21} & a_{22} & a_{23} & a_{24} & a_{25} & a_{26} \end{bmatrix} \begin{bmatrix} \Delta X_S \\ \Delta Y_S \\ \Delta Z_S \\ \Delta \varphi \\ \Delta \omega \\ \Delta \kappa \end{bmatrix} - \begin{bmatrix} l_x \\ l_y \end{bmatrix} \quad (9.2)$$

前方交会误差方程为

$$\begin{bmatrix} v_x \\ v_y \end{bmatrix} = \begin{bmatrix} -a_{11} & -a_{12} & -a_{13} \\ -a_{21} & -a_{22} & -a_{23} \end{bmatrix} \begin{bmatrix} \Delta X \\ \Delta Y \\ \Delta Z \end{bmatrix} - \begin{bmatrix} l_x \\ l_y \end{bmatrix} \quad (9.3)$$

式(9.1)至式(9.3)中,$a_{ij}$ 为线性化系数,见式(2.9)和式(2.10);$l_x$ 和 $l_y$ 为

$$\left. \begin{array}{l} l_x = x - \dot{x} \\ l_y = y - \dot{y} \end{array} \right\} \quad (9.4)$$

式中,$(x,y)$ 为 CCD 像坐标,$x$ 值视相机线阵的代号而异,$\dot{x}$、$\dot{y}$ 由各未知数当前值代入原始共线方程计算而得。

从式(9.1)可知,一个像点通过共线方程,只可以建立两个方程,但依靠同一个取样周期的影像无法解算该周期的 6 个外方位元素,因为每一个像点本身还含有 3 个待确定的地面坐标,也不可能像框幅像片那样,依靠 6 个适当分布的像点可以解算左、右片各自的 6 个外方位元素,另外,从理论上讲,每一个 CCD 影像点所在的取样周期均有其独立的 6 个外方位元素。

为了创造解算外方位元素的条件,对于卫星摄影测量而言,可假定在一个小的区间内,三线阵 CCD 相机各取样周期的外方位元素各自可以用一个低阶多项式拟合,那么本来要计算此区间内诸多周期的各 6 个外方位元素转化为只要计算 6 个外方位元素所相应的多项式系数,这样大大减少了待求未知数,使得外方位元素的解成为可能。实际摄影测量处理中并不一定需要直接提供每一个取样周期的外方位元素,可以简化为仅计算适当周期间隔(本章称作"基点")的外方位元素,任意周期的外方位元素可由基点数据内插生成,本章所谓基点即类似于本书中的 EFP 时

刻或定向片的定向时刻,基点间距的选取也与姿态变化率有关。按笔者实验研究经验,在一个短基线范围内取 30 个基点可满足精度要求,此数据将作为基本数据应用于以下的讨论中。

#### 9.1.1.2 外方位元素拟合

为了计算基点外方位元素,要求提供计算的像点在飞行方向的间距应小于基点间距 3~4 倍,参与计算某一基点外方位元素的像点应包括该基点两侧的各两个基点内的观测值,即利用 5 个基点区间内的像点观测值计算中央基点的外方位元素。为适应实验研究及实际问题中可能遇到的各种情况,对选用的多项式做了两种假设,分别为等权三阶多项式和非等权多项式拟合。

**1. 等权三阶多项式**

假定在上述 5 个基点的区间内,外方位元素变化可分别用三阶多项式拟合,即

$$\begin{bmatrix} X_S \\ Y_S \\ Z_S \\ \varphi \\ \omega \\ \kappa \end{bmatrix} = \begin{bmatrix} CX_0 & CX_1 & CX_2 & CX_3 \\ CY_0 & CY_1 & CY_2 & CY_3 \\ CZ_0 & CZ_1 & CZ_2 & CZ_3 \\ C\varphi_0 & C\varphi_1 & C\varphi_2 & C\varphi_3 \\ C\omega_0 & C\omega_1 & C\omega_2 & C\omega_3 \\ C\kappa_0 & C\kappa_1 & C\kappa_2 & C\kappa_3 \end{bmatrix} \begin{bmatrix} 1 \\ t \\ t^2 \\ t^3 \end{bmatrix} \quad (9.5)$$

式中,$t = t_i - t_C$,$t_i$ 为像点的取样周期,$t_C$ 为中央基点的取样周期。

将式(9.5)代入式(9.2)可得适用于计算的前方交会公式

$$\begin{bmatrix} v_x \\ v_y \end{bmatrix} = \begin{bmatrix} A_1^T & A_2^T & A_3^T & A_4^T \\ B_1^T & B_2^T & B_3^T & B_4^T \end{bmatrix} \begin{bmatrix} C_0 \\ C_1 \\ C_2 \\ C_3 \end{bmatrix} - \begin{bmatrix} l_x \\ l_y \end{bmatrix} \quad (9.6)$$

式中,$A_1^T = [a_{11} \quad a_{12} \quad a_{13} \quad a_{14} \quad a_{15} \quad a_{16}]$,$B_1^T = [a_{21} \quad a_{22} \quad a_{23} \quad a_{24} \quad a_{25} \quad a_{26}]$,$A_2^T = A_1^T t$,$A_3^T = A_1^T t^2$,$A_4^T A_1^T t^3$,$B_2^T = B_1^T t$,$B_3^T = B_1^T t^2$,$B_4^T B_1^T t^3$,$C_0^T = [CX_0 \quad CY_0 \quad CZ_0 \quad C\varphi_0 \quad C\omega_0 \quad C\kappa_0]$,$C_1^T = [CX_1 \quad CY_1 \quad CZ_1 \quad C\varphi_1 \quad C\omega_1 \quad C\kappa_1]$,$C_2^T = [CX_2 \quad CY_2 \quad CZ_2 \quad C\varphi_2 \quad C\omega_2 \quad C\kappa_2]$,$C_3^T = [CX_3 \quad CY_3 \quad CZ_3 \quad C\varphi_3 \quad C\omega_3 \quad C\kappa_3]$。

将适当分布的定向点坐标按等权组成法方程式,法方程式病态可引入虚拟方程或按零估计解决,但考虑到由式(9.6)构成的法方程式主对角元素之间量值相差很大,宜采用将主元乘上一个大于 1 的系数。经本章的实验得其值为 1.000 2 较佳。利用 $C_i^T$,$i=1,2,3$ 的数值按 $t=0$ 计算基点外方位元素。

**2. 非等权多项式拟合**

既然在相邻的 5 个基点范围内解决的目标只是中央基点的外方位元素,那么可以设想,任何一个外方位元素拟合多项式曲线的走向应尽可能地通过中央基点,

而对其他基点靠近的程度可以相对放松一些。按此思想，最简单的办法是在组成法方程式时，给观测值赋定适当的权，权函数为

$$W = \begin{cases} \dfrac{1}{t^2}, & t > 1 \\ 1, & t \leqslant 1 \end{cases} \tag{9.7}$$

上述计算的外方位元素，完全只用像点坐标，无地面点坐标参与，因而得到的是不属于地面坐标系的外方位元素，称作自由外方位元素。利用自由外方位元素可以建立"无 $y$ 视差"的立体模型，此处无 $y$ 视差指最小二乘平差意义上的无上下视差，类似于框幅像片的相对定向，但这里的无 $y$ 视差模型带有因外方位元素解不严格而产生的非线性变形。

### 9.1.2 模型 DEM 的采集

利用自由外方位元素，建立无 $y$ 视差立体模型，是创造一维影像匹配采集 DEM 的重要条件。DEM 的采集见第十二章。

## §9.2 模型绝对定向

### 9.2.1 地面-模型坐标变换参数计算

从已生成模型的 DEM 数据中生成地面坐标系 DEM，可以利用适当分布的地面控制点，建立起地面-模型的坐标变换参数，然后从模型 DEM 为地面 DEM 赋高程值，地面控制点的数量与模型 DEM 变形的状态有关，在一个单基线范围内，按 $2 \times 4$ 分布的控制点为例进行讨论。

#### 9.2.1.1 比例尺变换及三维坐标线性旋转参数计算

利用相距最远的两个控制点 $A$、$B$ 的地面坐标及模型坐标，计算比例尺参数的概略值

$$\lambda_0 = \sqrt{\frac{\Delta X_M^2 + \Delta Y_M^2 + \Delta Z_M^2}{\Delta X_{控}^2 + \Delta Y_{控}^2 + \Delta Z_{控}^2}} \tag{9.8}$$

式中，坐标均采用中心化坐标。得到 $\lambda_0$ 后，代入下式

$$\begin{bmatrix} \overline{X}_g \\ \overline{Y}_g \\ \overline{Z}_g \end{bmatrix} = \lambda_0 \begin{bmatrix} X_{控} - X_{控_0} \\ Y_{控} - Y_{控_0} \\ Z_{控} - Z_{控_0} \end{bmatrix} \tag{9.9}$$

式中，$X_{控_0}$、$Y_{控_0}$、$Z_{控_0}$ 为地面控制点中心化坐标。

根据式(9.8)和式(9.9)进行坐标变换后可得

$$\begin{bmatrix} X_M \\ Y_M \\ Z_M \end{bmatrix} = \begin{bmatrix} X_{M_0} \\ Y_{M_0} \\ Z_{M_0} \end{bmatrix} + \lambda \boldsymbol{R} \begin{bmatrix} \overline{X}_g \\ \overline{Y}_g \\ \overline{Z}_g \end{bmatrix} \qquad (9.10)$$

式中,$X_M$、$Y_M$、$Z_M$ 为模型点坐标,$X_{M_0}$、$Y_{M_0}$、$Z_{M_0}$ 为模型点中心化坐标,$\boldsymbol{R}$ 为 $\Phi$、$\Omega$、$K$ 三个参数的旋转矩阵。以 $\Phi$、$\Omega$、$K$、$\lambda$ 为变量将式(9.10)线性化,得

$$\begin{bmatrix} -v_{X_M} \\ -v_{Y_M} \\ -v_{Z_M} \end{bmatrix} = \begin{bmatrix} \overline{X}_g & -\overline{Z}_g & 0 & -\overline{Y}_g \\ -\overline{Y}_g & 0 & -\overline{Z}_g & \overline{X}_g \\ \overline{Z}_g & \overline{X}_g & \overline{Y}_g & 0 \end{bmatrix} \begin{bmatrix} \Delta\lambda \\ \Delta\Phi \\ \Delta\Omega \\ \Delta K \end{bmatrix} - \begin{bmatrix} l_X \\ l_Y \\ l_Z \end{bmatrix} \qquad (9.11)$$

式中,$l_X = X_M - X_{M_0} - \overline{X}_g$,$l_Y = Y_M - Y_{M_0} - \overline{Y}_g$,$l_Z = Z_M - Z_{M_0} - \overline{Z}_g$。

按 $\lambda = 1$,$\Phi = \Omega = K = 0$ 为原始近似值进行迭代,解求出 $\Phi$、$\Omega$、$K$ 及 $\lambda$,并取 $\lambda = (1 + \Delta\lambda)\lambda_0$ 为比例尺系数。

经过模型比例尺变换和线性旋转后的地面坐标为

$$\begin{bmatrix} X_g \\ Y_g \\ Z_g \end{bmatrix} = \lambda \begin{bmatrix} a_1 & a_2 & a_3 \\ b_1 & b_2 & b_3 \\ c_1 & c_2 & c_3 \end{bmatrix} \begin{bmatrix} \overline{X}_g \\ \overline{Y}_g \\ \overline{Z}_g \end{bmatrix} (1 + \Delta\lambda) \qquad (9.12)$$

式中,$X_g$、$Y_g$、$Z_g$ 为地面点坐标,$a_i$、$b_i$、$c_i$ ($i = 1, 2, 3$) 为 $\Phi$、$\Omega$、$K$ 参数的旋转矩阵元素。

#### 9.2.1.2 非线性变换参数计算

在建立地面点关系中,非线性变换表示为

$$\begin{bmatrix} \Delta X_M \\ \Delta Y_M \\ \Delta Z_M \end{bmatrix} = \begin{bmatrix} \boldsymbol{E}_1^T \\ \boldsymbol{E}_2^T \\ \boldsymbol{E}_3^T \end{bmatrix} \boldsymbol{D} \qquad (9.13)$$

式中,$\boldsymbol{D}^T = [1 \quad X_g \quad Y_g \quad X_g Y_g \quad X_g^2 \quad X_g^3]$。

相应改正数方程为

$$\begin{bmatrix} v_{\Delta X_M} \\ v_{\Delta Y_M} \\ v_{\Delta Z_M} \end{bmatrix} = \begin{bmatrix} \boldsymbol{D}^T & \boldsymbol{O}^T & \boldsymbol{O}^T \\ \boldsymbol{O}^T & \boldsymbol{D}^T & \boldsymbol{O}^T \\ \boldsymbol{O}^T & \boldsymbol{O}^T & \boldsymbol{D}^T \end{bmatrix} \begin{bmatrix} \boldsymbol{E}_1 \\ \boldsymbol{E}_2 \\ \boldsymbol{E}_3 \end{bmatrix} - \begin{bmatrix} L_{X_M} \\ L_{Y_M} \\ L_{Z_M} \end{bmatrix} \qquad (9.14)$$

式中,$\boldsymbol{E}_1^T = [C_0 \quad C_1 \quad C_2 \quad C_3 \quad C_4 \quad C_5]$,$\boldsymbol{E}_2^T = [C_6 \quad C_7 \quad C_8 \quad C_9 \quad C_{10} \quad C_{11}]$,$\boldsymbol{E}_3^T = [C_{12} \quad C_{13} \quad C_{14} \quad C_{15} \quad C_{16} \quad C_{17}]$,$\boldsymbol{O}^T = [0 \quad 0 \quad 0 \quad 0 \quad 0 \quad 0]$,以及

$$\begin{bmatrix} L_{X_M} \\ L_{Y_M} \\ L_{Z_M} \end{bmatrix} = \begin{bmatrix} X_M - X_g - X_{M_0} \\ Y_M - Y_g - Y_{M_0} \\ Z_M - Z_g - Z_{M_0} \end{bmatrix}$$

利用 $4\times 2$ 分布的控制点,可以解算系数 $E_1$、$E_2$、$E_3$。
变换后的坐标关系为

$$\begin{bmatrix} X_M \\ Y_M \\ Z_M \end{bmatrix} = \begin{bmatrix} X_{M_0} \\ Y_{M_0} \\ Z_{M_0} \end{bmatrix} + \begin{bmatrix} X_g \\ Y_g \\ Z_g \end{bmatrix} + \begin{bmatrix} \Delta X_M \\ \Delta Y_M \\ \Delta Z_M \end{bmatrix} \tag{9.15}$$

从地面点坐标到模型点坐标的计算式为

$$\begin{bmatrix} X_g \\ Y_g \\ Z_g \end{bmatrix} = \lambda \begin{bmatrix} a_1 & a_2 & a_3 \\ b_1 & b_2 & b_3 \\ c_1 & c_2 & c_3 \end{bmatrix} \begin{bmatrix} X_G - X_{控_0} \\ Y_G - Y_{控_0} \\ Z_G - Z_{控_0} \end{bmatrix} \tag{9.16}$$

式(9.16)的逆变换为

$$\begin{bmatrix} X_G - X_{控_0} \\ Y_G - Y_{控_0} \\ Z_G - Z_{控_0} \end{bmatrix} = \lambda^{-1} \begin{bmatrix} a_1 & b_1 & c_1 \\ a_2 & b_2 & c_2 \\ a_3 & b_3 & c_3 \end{bmatrix} \begin{bmatrix} X_g \\ Y_g \\ Z_g \end{bmatrix} \tag{9.17}$$

由式(9.15)和式(9.16)可得

$$\left.\begin{aligned} X_M &= X_{M_0} + X_g + C_0 + C_1 X_g + C_2 Y_g + C_3 X_g Y_g + C_4 X_g^2 + C_5 X_g^3 \\ Y_M &= Y_{M_0} + Y_g + C_6 + C_7 X_g + C_8 Y_g + C_9 X_g Y_g + C_{10} X_g^2 + C_{11} X_g^3 \\ Z_M &= Z_{M_0} + Z_g + C_{12} + C_{13} X_g + C_{14} Y_g + C_{15} X_g Y_g + C_{16} X_g^2 + C_{17} X_g^3 \end{aligned}\right\} \tag{9.18}$$

## 9.2.2 生成地面坐标系的 DEM 及正射影像

利用变换参数从模型 DEM 中重采样产生地面坐标系的 DEM,并为地面坐标系的正射影像赋高程及灰度值。

### 9.2.2.1 为地面坐标系 DEM 高程赋值

(1)地面坐标格网的坐标 $X_G$、$Y_G$、$Z_G$ 按式(9.16)计算 $X_g$、$Y_g$,第一次迭代时,$Z_G$ 可取邻近点高程作为近似值。

(2)按式(9.18)计算 $X_M$、$Y_M$,并从自由外方位 DEM 中内插 $Z_M$。

(3)地面坐标系 DEM 格网高程计算式为

$$Z_g = Z_M - Z_{M_0} - (C_{12} + C_{13} X_g + C_{14} Y_g + C_{15} X_g Y_g + C_{16} X_g^2 + C_{17} X_g^3)$$

按式(9.17)逆变换计算 $Z_G$,即

$$Z_G = (a_3 X_g + b_3 Y_g + c_3 Z_g)/\lambda + Z_{控_0}$$

(4)迭代计算至两次计算的 $Z_g$ 差值在规定限差内,并给 DEM 格网赋高程值。否则回到步骤(1)再继续计算。

### 9.2.2.2 为地面坐标系正射影像像元赋灰度值

(1)利用算得的地面坐标系 DEM 按式(9.18)计算模型点坐标 $X_M$、$Y_M$,并以

$X_M$、$Y_M$ 从模型 DEM 中内插 $Z_M$。

(2)以 $X_M$、$Y_M$、$Z_M$ 和自由外方位元素计算像素点的瞬时自由外方位元素，进而以共线方程计算 CCD 影像坐标，并按双线性内插给地面正射影像像元赋灰度值。

### 9.2.3  外方位元素观测值参与定向元素的计算

如果三线阵 CCD 相机推扫摄影的同时，记录有外方位元素观测值，那么在自由外方位元素计算时，应用这些观测值参与共同平差，便可得到绝对定向的外方位元素。于是在后方交会时，应增加外方位元素观测值构成的误差方程式

$$v_P = DC^T - l \tag{9.19}$$

式中，

$$v_P = [v_{X_S} \quad v_{Y_S} \quad v_{Z_S} \quad v_\varphi \quad v_\omega \quad v_\kappa]^T$$

$$D = [d_0 \quad d_1 \quad d_2 \quad d_3 \quad d_4 \quad d_5]^T$$

$$C = [C_0 \quad C_1 \quad C_2 \quad C_3]^T$$

$$d_0 = [1 \ 0 \ 0 \ 0 \ 0 \ t \ 0 \ 0 \ 0 \ 0 \ t^2 \ 0 \ 0 \ 0 \ 0 \ t^3 \ 0 \ 0 \ 0 \ 0]$$

$$d_1 = [0 \ 1 \ 0 \ 0 \ 0 \ 0 \ t \ 0 \ 0 \ 0 \ 0 \ t^2 \ 0 \ 0 \ 0 \ 0 \ t^3 \ 0 \ 0 \ 0]$$

$$d_2 = [0 \ 0 \ 1 \ 0 \ 0 \ 0 \ 0 \ t \ 0 \ 0 \ 0 \ 0 \ t^2 \ 0 \ 0 \ 0 \ 0 \ t^3 \ 0 \ 0]$$

$$d_3 = [0 \ 0 \ 0 \ 1 \ 0 \ 0 \ 0 \ 0 \ t \ 0 \ 0 \ 0 \ 0 \ t^2 \ 0 \ 0 \ 0 \ 0 \ t^3 \ 0]$$

$$d_4 = [0 \ 0 \ 0 \ 0 \ 1 \ 0 \ 0 \ 0 \ 0 \ t \ 0 \ 0 \ 0 \ 0 \ t^2 \ 0 \ 0 \ 0 \ 0 \ t^3]$$

$$l = [X_S - \dot{X}_S \quad Y_S - \dot{Y}_S \quad Z_S - \dot{Z}_S \quad \varphi - \dot{\varphi} \quad \omega - \dot{\omega} \quad \kappa - \dot{\kappa}]^T$$

式(9.1)与式(9.2)一起组成法方程式时要考虑到权的关系，依然可以采用式(3.6)的权函数。

【算例 9.1】 按 $H = 600\text{ km}, B = 300\text{ km}, \tan\alpha = 0.5$,宽：高 $= 1:10$,地面分辨率为 5 m，影像匹配误差为 0.3 像素。生成一条基线长度的模拟航线数据，按外方位元素观测误差的不同，计算结果如表 9.1 所示。

表 9.1  平差结果统计

| 平差前误差/m | | | 平差后误差/m | | | 外方位元素误差 | | 上下视差/像素 | |
|---|---|---|---|---|---|---|---|---|---|
| $m_X$ | $m_Y$ | $m_Z$ | $m_X$ | $m_Y$ | $m_Z$ | $m_P$/m | $m_a$/(″) | 平差前 | 平差后 |
| 6.1 | 3.5 | 8.5 | 5.0 | 3.5 | 8.1 | 2 | 2 | 1.61 | 0.24 |
| 9.2 | 5.1 | 12.8 | 7.6 | 4.9 | 12.2 | 2 | 3.3 | 2.35 | 0.25 |

从表 9.1 可以看出，外方位元素观测值参与平差对地面点坐标精度提高很有限，但航线模型内像点的上下视差经过平差可缩小一个数量级，这对采用一维影像匹配采集 DEM 提供了重要条件。

## §9.3 实验研究

以上的三线阵CCD短航线模型定向的数学模型要经过两类实验研究：一是应用数字模拟CCD像点坐标,研究以上数学模型的正确性及解算的精度；二是应用数学模拟三线阵CCD推扫影像,并在其上量测像坐标,进行本节全过程的实验计算。模拟计算流程如图9.1所示。

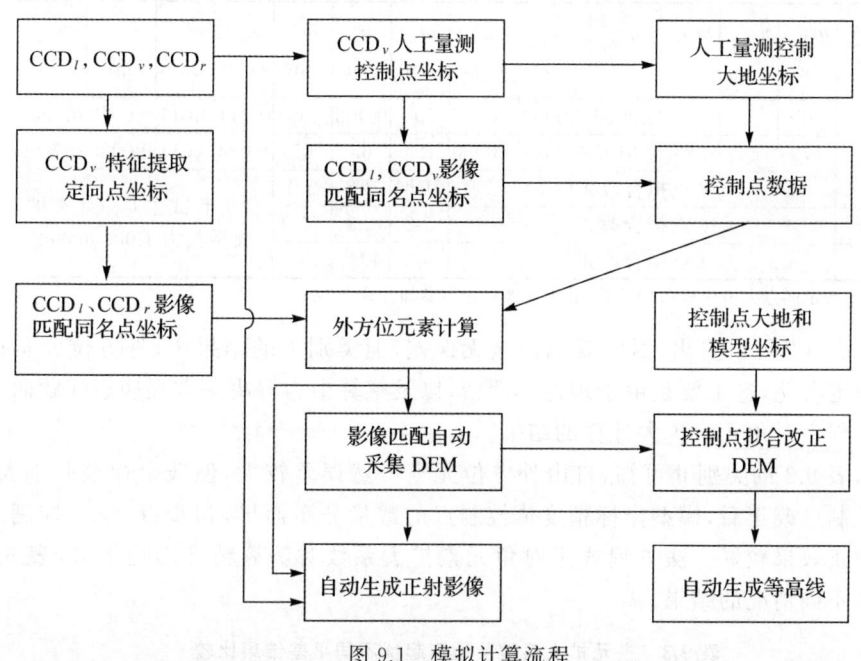

图 9.1 模拟计算流程

实验的基础数据为：采用数字模拟的方法生成实验用的数据,外方位元素的设置采用式(3.7)的数据,姿态稳定度为 $1.4 \times 10^{-2}$ (°)/s,此处 $u=f\tan\alpha/30$, $f=300$ mm,为CCD相机主距,$\tan\alpha=0.5$,航高为 10 000 m,模拟的CCD数字影像比例尺为 1：36 000,CCD线阵像元数为 600,像元尺寸为 100 $\mu$m,地面分辨率为 3.5 m,用于生成数据的地形资料是 14 m×14 m 的栅格数据、高差为 400 m 的DEM及其相应地区的正射影像。

### 9.3.1 应用数字模拟三线阵CCD影像坐标实验

按以上的基础数据,按三线阵CCD推扫式摄影原理,生成 3×17 个定向点的前视、正视和后视CCD像坐标,并作为不含误差的观测值。

数字模拟计算的研究目的在于验证本书提出的方案及数学模型的正确性,所有用于计算的观测值如像点坐标、地面点大地坐标、外方位元素真值等均不含误差,以便从计算结果中了解理论误差情况。实验分两个内容:一是迭代中所有定向点均带有大地坐标,期望计算结果能得到比较正确的外方位元素;二是定向点的大地坐标不参与计算,仅在利用航线首末端控制点作为计算外方位元素初值时确定比例尺,迭代得到的是自由坐标系的外方位元素,即自由外方位元素。数字模拟计算及统计如表 9.2 所示。

表 9.2　数字模拟计算误差统计

| 平差类别 | $m_{X_S}$ /m | $m_{Y_S}$ /m | $m_{Z_S}$ /m | $m_\varphi$ /rad | $m_\omega$ /rad | $m_\kappa$ /rad | $m_X$ /m | $m_Y$ /m | $m_Z$ /m | $m_{l_x}$ /mm | $m_{l_y}$ /mm | $m_{P_{vr}}$ /mm | $m_{P_{vl}}$ /mm |
|---|---|---|---|---|---|---|---|---|---|---|---|---|---|
| Ⅰ | 6 | 4 | 2 | 0.0006 | 0.0003 | 0.0002 | 0 | 0.003 | 0.001 | 0.011 | 0.011 | 0.0012 | 0.0005 |
| Ⅱ | 179 | 46 | 293 | 0.0105 | 0.0034 | 0.0080 | 194 | 63 | 67 | 0.024 | 0.011 | 0.0023 | 0.0009 |
| Ⅱ | 8 点拟合改正 | | | | | | 1.6 | 2.2 | 5.0 | 法方程式主对角元素扩大系数为 1.000 000 02 | | | |
| Ⅱ | 6 点拟合改正 | | | | | | 5.2 | 2.8 | 14.0 | | | | |
| Ⅱ | 4 点拟合改正 | | | | | | 9.8 | 13.5 | 46.0 | | | | |

注:Ⅰ为定向点大地坐标参加计算,Ⅱ为大地坐标不参加计算。

从表 9.2 可以看出,尽管观测值全无误差,但类别Ⅰ的结果中,外方位元素仍然有一定误差,这主要是由于理论不严密,以及解算中为解决法方程病态问题而采用法方程主对角元素扩大计算的结果。

从表 9.2 的类别Ⅱ可知,自由外方位元素虽然误差较大,但残余视差并不大,利用控制点改正后,模型坐标精度依控制点的数量分布而异,初步看 2×4 控制点拟合改正效果较好。法方程式主对角元素扩大系数对解算精度影响很大,表 9.3 列出了不同情况的结果。

表 9.3　主元扩大系数及地形起伏不同平差结果比较

| 系数 | 地形高度/m | $m_{X_g}$ /m | $m_{Y_g}$ /m | $m_{Z_g}$ /m | $m_\varphi$ /rad | $m_\omega$ /rad | $m_\kappa$ /rad | $m_X$ /m | $m_Y$ /m | $m_Z$ /m | $m_{P_{vl}}$ /mm | $m_{P_{vr}}$ /mm | 平差类别 |
|---|---|---|---|---|---|---|---|---|---|---|---|---|---|
| 1.00000002 | 400 | 6 | 4 | 2 | 0.0003 | 0.0003 | 0.0002 | 0 | 0.001 | 0.001 | 0.001 | 0.00 | Ⅰ |
| 1.0002 | 400 | 54 | 23 | 26 | 0.0052 | 0.0018 | 0.0010 | 0.0029 | 0.001 | 0.001 | 0.002 | 0.001 | |
| 1.00000002 | 0 | 3080 | 363 | 2552 | 0.3084 | 0.0308 | 0.0146 | 0.30 | 0.15 | 0.15 | 4.73 | 0.13 | |
| 1.0002 | 0 | 1119 | 30 | 55 | 0.0116 | 0.0023 | 0.0012 | 0.02 | 0.01 | 0.01 | 0.02 | 0.01 | |
| 1.00000002 | 400 | 175 | 46 | 275 | 0.0105 | 0.0034 | 0.0080 | 194 | 63 | 67 | 0.00 | 0.00 | Ⅱ |
| 1.0002 | 400 | 218 | 40 | 284 | 0.0056 | 0.0027 | 0.0069 | 194 | 64 | 67 | 0.02 | 0.01 | |
| 1.00000002 | 0 | 285 | 32 | 42 | 0.0072 | 0.0019 | 0.0075 | 257 | 62 | 70 | 0.06 | 0.01 | |
| 1.0002 | 0 | 250 | 32 | 21 | 0.039 | 0.0033 | 0.0063 | 257 | 62 | 70 | 0.06 | 0.01 | |

注:Ⅰ为全部控制点参与计算,Ⅱ为无控制点参与计算。

从表 9.3 可以看出，平坦地区扩大系数要大一些，但系数越大，解的参数误差也增大。无控制点参与平差时，以上几种主元扩大系数均能解答，在平坦地区用较大的系数，解算结果略好，起伏地区略差一些，通常计算可采用 1.000 2 为法方程式主对角元扩大系数。

本项实验计算的重要结论是：无控制点参加计算，可以得到"无视差"立体模型的自由外方位元素，计算表明残余视差为 0.001～0.002 mm，通过控制点拟合改正能得到较好的结果。

### 9.3.2 数字模拟三线阵 CCD 影像的实验研究

以上设置的数据按三线阵 CCD 相机推扫式摄影原理生成前视、正视和后视影像，在正视影像上选定 3×17 个均匀分布的定向点，并以影像匹配方法，求出在前视和后视影像上的同名坐标，按图 9.1 的流程计算，误差统计如表 9.4 所示。

表 9.4  误差统计

| 平差类别 | $m_{X_S}$/m | $m_{Y_S}$/m | $m_{Z_S}$/m | $m_\varphi$/rad | $m_\omega$/rad | $m_\kappa$/rad | $m_X$/m | $m_Y$/m | $m_Z$/m | $m_{l_x}$/mm | $m_{l_y}$/mm | $m_{P_{vr}}$/mm | $m_{P_{vl}}$/mm |
|---|---|---|---|---|---|---|---|---|---|---|---|---|---|
| Ⅰ | 65 | 67 | 30 | 0.0061 | 0.0028 | 0.0028 | 0 | 0.0007 | 0.0004 | 0.036 | 0.036 | 0.040 | 0.040 |
| Ⅱ | 177 | 76 | 226 | 0.0074 | 0.0059 | 0.0074 | 110 | 46 | 66 | 0.008 | 0.026 | 0.039 | 0.039 |
| Ⅱ | 8 点拟合改正 | | | | | | 0.9 | 2.2 | 3.1 | | | | |

注：Ⅰ为无误差全部控制点参与计算，Ⅱ为无控制点参与计算。

从表 9.4 可知，在观测值含误差情况下，法方程主元扩大系数要比不含误差的大一些。此外，还利用不同权值、不同阶数多项式计算自由外方位元素统计表明，残余 $y$ 视差与像点坐标量测误差相当，如表 9.5 所示。

表 9.5  残余 $y$ 视差实验数据统计

| 外方位拟合多项式 | 3 阶 | 带权 3 阶 | 带权 1 阶 |
|---|---|---|---|
| $y$ 视差/像素 | 0.40 | 0.32 | 0.31 |

航线模型 DEM 按 14 m×14 m 间隔，共采集 44 032 个点，按 2×8 控制点变换后地面 DEM 为 38 400 点。与用于生成三线阵 CCD 影像的 DEM 的相应地区比较，高程中误差为 ±3 m，相当于 0.85 像素。

从图 9.2、图 9.3 和图 9.4 的等高线可以看出，经控制点变换后，地面 DEM 与用于生成 CCD 影像的 DEM 分别生成的等高线相似性很好。此外分别按前视、正视、后视 CCD 影像生成的正射影像，立体观察也令人满意。

图 9.2 自由外方位元素采集的 DEM 生成的等高线

图 9.3 经过控制点改正后生成的等高线

图 9.4 原始 DEM 生成的等高线

### 9.3.3 利用真实三线阵 CCD 影像实验应用

#### 9.3.3.1 "试验一号"卫星三线阵 CCD 影像处理

卫星摄影基础参数：$H=600$ km，$f_v=325.00$ mm，$\alpha=21°$，CCD 像元大小为 $0.006\,5$ mm，$GSD=12$ m，截取一个航线段长为 26 km、宽为 20 km。

航线段的前、后视三线阵 CCD 影像如图 9.5 和图 9.6 所示。在此航线段的影像上共采集 13×3 个均匀分布的定向点像坐标，计算自由外方位元素，并按 40 m× 40 m 间距采集 DEM，按等高距 20 m 生成等高线图，如图 9.7 所示。

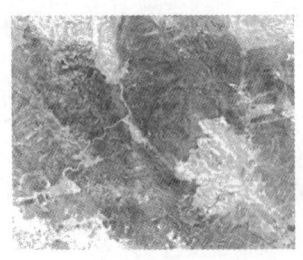
图 9.5 前视影像

图 9.6 后视影像

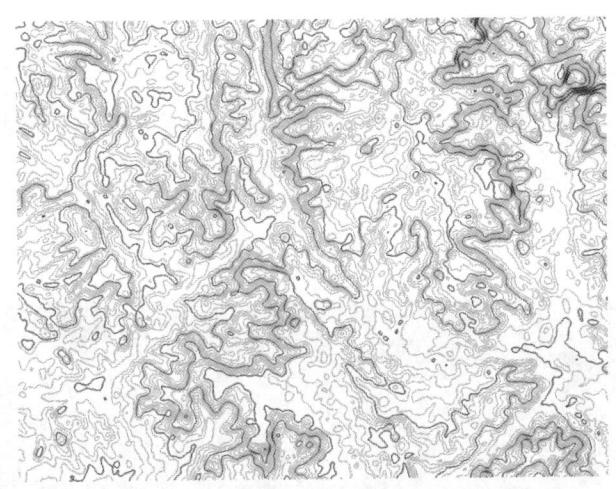

图 9.7 等高距 20 m 的等高线

### 9.3.3.2 航空校飞三线阵 CCD 影像处理

将三线阵 CCD 相机搭载在航空飞机上进行校飞试验,其参数如下。

CCD 相机参数:$f_l = f_r = 400/\cos(24°) = 437.855$ mm,$f_v = 400.0$ mm,$\alpha = 24°$。

飞行参数:$H = 2000$ m,航线宽为 300 m。

航摄的前视 CCD 影像如图 9.8 所示,正视 CCD 影像如图 9.9 所示,自动采集 DEM 并生成等高线等的影像如图 9.10 和图 9.11 所示。

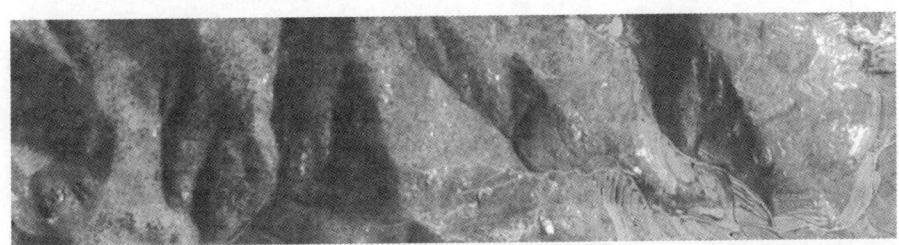

图 9.8 航空摄影前视 CCD 影像

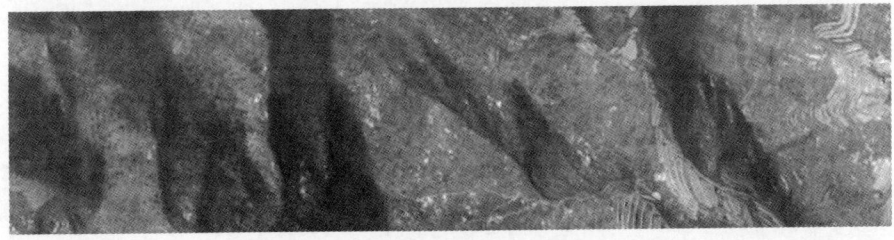

图 9.9 航空摄影正视 CCD 影像

图 9.10　等高距 2 m 的等高线

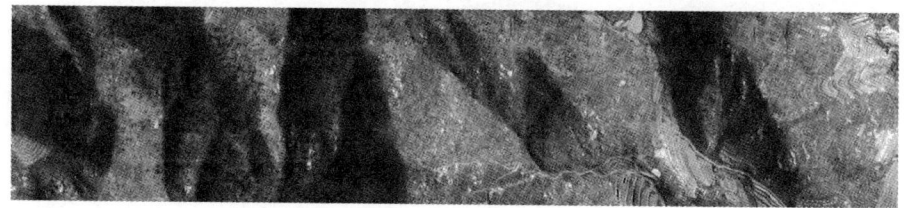

图 9.11　正射影像

自由外方位元素计算时统计的 $y$ 视差如表 9.6 所示。

表 9.6　残余 $y$ 视差实验数据统计

| 外方位元素拟合多项式 | 3 阶 | 带权 3 阶 | 带权 1 阶 |
|---|---|---|---|
| $y$ 视差/像元 | 1.76 | 1.21 | 1.15 |

以上是自由外方位元素相对定向成功应用于三线阵 CCD 相机实验研究的例子。在实验资料缺乏外方位元素观测值，又无地面控制点的情况下，不失为有效的应用方法。

# 第十章　EFP全三线交会光束法平差

在"嫦娥一号"卫星影像处理中,本书第三章的 EFP 光束法平差得到成功应用,曾顺利完成 12 条短基线(约 720 km)的空中三角测量航线平差。但在地球卫星摄影测量时发现,不管是 EFP 法和定向片法都共同存在一个严重的缺点:平差计算只能计算图 10.1 中地面覆盖区 1~3 段内的外方位元素,如果地面段只有两条基线(基线=前视或后视与正视相机摄影中心的距离),则地面点中只有点 $B$ 有三线交会,其余均为两线交会,两线交会高程精度是三线交会的二分之一。实际上点 $A$ 和点 $C$ 也有三线可交会,如果也列入三线交会,则需要计算 0~4 的外方位元素,其中 0~1 和 3~4 段参数要从远离摄影地面段 1 个基线几百千米以外起算,这两段参数平差计算的几何条件极差,应有新的平差思路(王任享 等,2014c)。

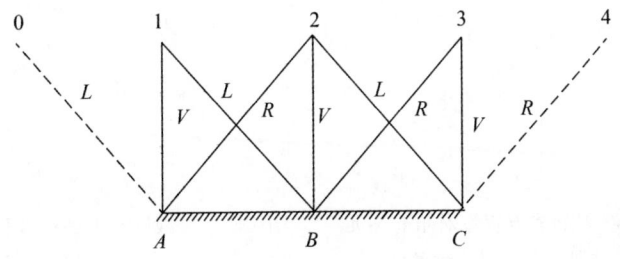

图 10.1　两条基线影像地面交会

## §10.1　全三线交会光束法平差

实际卫星对地球摄影时,由于受云的影响,存在大量很短的航线,如图 10.2 所示,需要 0~1、2~3、4~5 段的外方位元素,无地面控制点摄影测量中要求构成的短航线立体模型应没有大的系统误差。笔者利用等效框幅影像概念,研发了另一种光束法平差方案,为避免与第三章的 EFP 光束法平差混淆,特称作 EFP 全三线交会光束法平差,确切的含义应是 EFP 全航线全三线交会光束法平差。这一平差方法,在理论上没有 EFP 严格,但也可以实现平差结果的上下视差很小,并能有效削弱外方位角元素高频误差对平差结果的影响。EFP 全三线交会光束法平差既适用于二线阵又可用于三线阵 CCD 影像平差的处理。

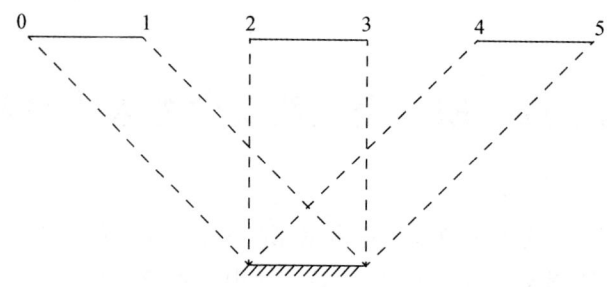

图 10.2　任意段三线阵影像地面交会

在三线阵影像平差中，0～1、2～3、4～5 段都有影像观测值，$Q_{XX}$ 矩阵主对角正值分布如图 10.3 和图 10.4 所示。

 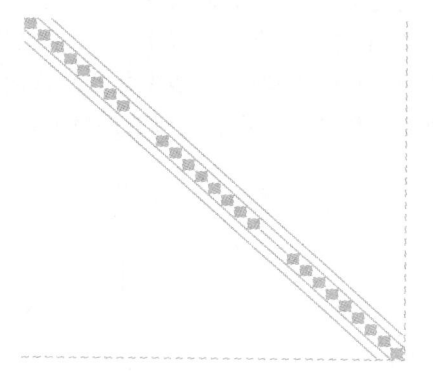

图 10.3　三线阵平差的法方程主对角非零元显示（不含外方位元素连续条件）　　图 10.4　三线阵平差的法方程主对角非零元显示（含外方位元素连续条件）

在二线阵平差中，外方位元素参数仅 0～1 段和 2～3 段有影像观测值，而 1～2 段无影像观测值，如图 10.5 所示，$Q_{XX}$ 矩阵主对角正值分布如图 10.6 和图 10.7 所示。

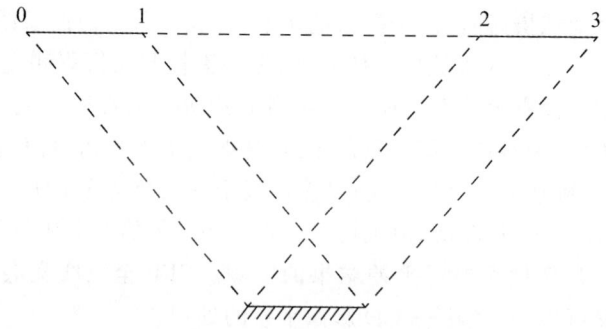

图 10.5　任意段二线阵影像地面交会

图 10.6　二线阵平差的法方程主对角非零元显示(不含外方位元素连续条件)

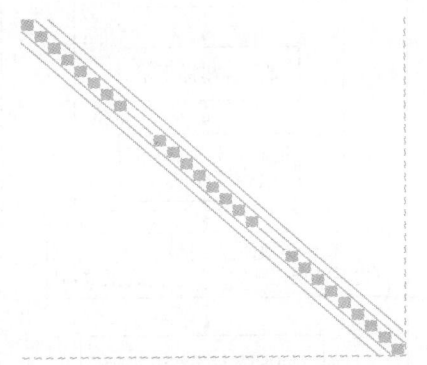

图 10.7　二线阵平差的法方程主对角非零元显示(含外方位元素连续条件)

不难看出平差的几何条件非常差,无地面控制点目标定位卫星摄影测量工程,要求光束法平差得到的短航线立体模型应没有大的系统误差并且上下视差很小,该命题的学术难度很大。

## §10.2　EFP 全三线交会光束法平差流程

EFP 全三线交会光束法平差既可用于单独的二线阵交会光束法平差又可用于全三线交会光束法平差。光束法平差最关键的数学过程是像点纠正。EFP 全三线交会光束法平差只是对小窗口的 EFP 像点纠正,主要作用是消除上下视差。笔者为这个平差方案设计了一个流程,这一流程设计思路的特殊之处在于将平差分为两大步骤:首先是采取各种条件使三线交会光束法平差有解,达到建立"无上下视差"(在像点观测误差量级)立体模型,而对模型变形只做适当约束,本书将这一步骤称作"变形空三";然后找出系统变形改正的计算数学模型,并对含有系统误差的地面点坐标改正。流程如图 10.8 所示。

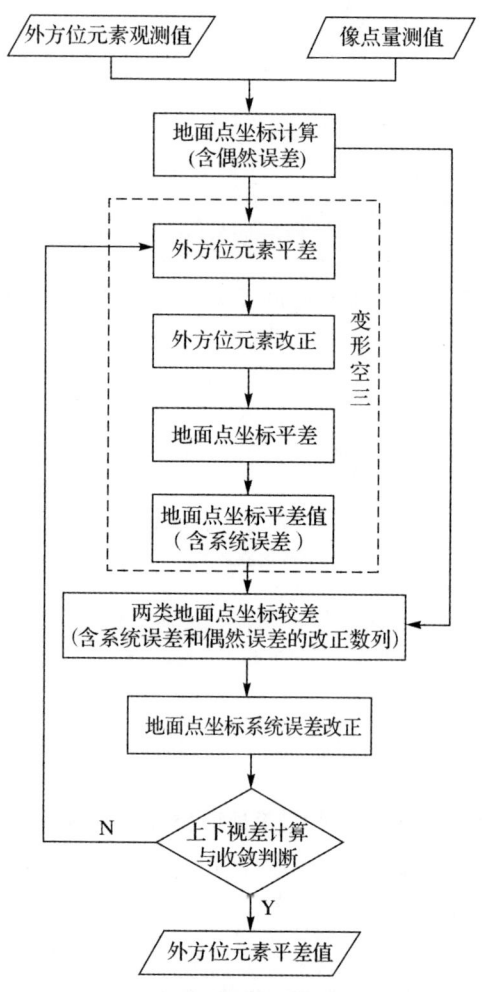

图 10.8　EFP 全三线交会光束法平差流程

## §10.3　EFP 全三线交会光束法平差数学模型

EFP 全三线交会光束法平差采用后方交会与前方交会交替迭代的计算模型,其中后方交会用于解算外方位元素参数,前方交会用于计算地面点坐标。后方交会的实质是对前、后视时刻的 CCD 线阵像点的纠正。平差的有效区域为:前视影像从 $S_0$ 至 $S_1$,后视影像从 $S_2$ 至 $S_3$,如图 10.9 所示。

第十章 EFP全三线交会光束法平差

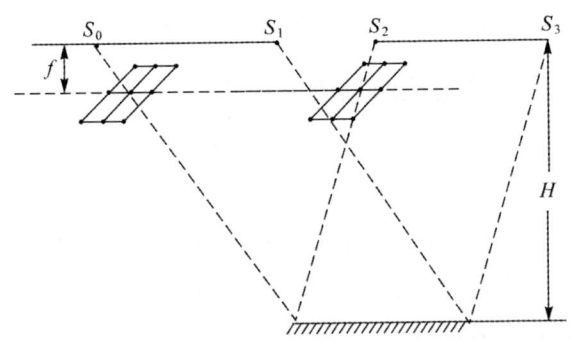

图 10.9 窄窗口像点纠正(二线阵交会)

从图10.9可看出,一方面这种窄窗口影像纠正的几何条件很差,为了增强解的条件,将单线窗口扩大为3×3点的纠正窗口。与EFP法相似,要将纠正窗口内至少9个CCD像点坐标按EFP像点生成方法归化为该时刻的中心投影坐标(即EFP坐标),组成后方交会误差方程式时,可按像点离该窗口中心时刻的距离差赋予适当的权。另一方面,待求参数时刻可按定向片法或EFP法只选定在定向时刻上。每一个定向时刻组成一个6×6的子矩阵,利用卫星飞行平稳状况,为外方位元素设定平滑的数学条件,并组成带状矩阵统一解答。在解算中外方位元素平滑条件和外方位元素观测值条件既互相补充又相互矛盾。在这种几何条件很差的平差系统中,外方位元素平滑条件非常重要,要赋予比较大的权,在一定程度上抑制了外方位元素观测值的权,这样方程式可以解答并构建了上下视差很小但带有较大的系统变形的航线模型。

## §10.4 航线模型系统变形的改正

在10.3.2小节平差过程中,外方位元素平滑条件赋很大的权,外方位元素观测值赋相对小的权,使得外方位元素观测值的偶然误差被很大地削弱,由于影像的几何条件很差,平差得到的地面点坐标含有明显的系统误差,但残余上下视差并不大,相当于影像匹配误差,这一误差特征明显区别于用外方位元素观测值直接进行前方交会的地面点坐标初值,后者是偶然误差较大,无系统误差,这样创造了利用这两类误差特性的不同,进一步平差的条件。

### 10.4.1 直接前方交会地面点坐标误差

直接前方交会地面点坐标是平差的初值,其坐标误差主要由外方位元素观测值误差(假定无系统误差)生成,可规范地表示为

$$\dot{M}_i = M_i + \dot{r}_i \tag{10.1}$$

式中,$\dot{M}_i$ 为地面点 $i$ 坐标近似值($X,Y$或$Z$);$M_i$ 为地面点 $i$ 坐标真值;$\dot{r}$ 为由外方

位元素参与前方交会产生的地面点坐标偶然误差;$i=0,1,\cdots,n$($n$ 为模型点数)。

### 10.4.2 变形空三计算的地面点坐标误差

在变形空三过程中,计算的地面点坐标误差为

$$\overline{M}_i = M_i + S_i + \overline{r}_i \tag{10.2}$$

式中,$\overline{M}_i$ 为变形空三计算的地面点坐标平差值;$S_i$ 为地面点坐标的系统误差;$\overline{r}_i$ 为地面点坐标的偶然误差。

### 10.4.3 地面点坐标系统差改正数计算

对变形空三和直接前方交会分别计算的两类地面点坐标取较差,得

$$\Delta_i = \overline{M}_i - \dot{M}_i = S_i + \overline{r}_i - \dot{r}_i \tag{10.3}$$

式中,$S_i$ 是主要量,$\overline{r}_i$ 是偶然误差,与迭代终止时的上下视差量值相当,比地面点坐标初值的偶然误差 $\dot{r}_i$ 小得多,如果能在 $\Delta_i$ 中消去 $\dot{r}_i$ 便可将 $\Delta_i$ 当作改正数,对 $\overline{M}_i$ 加以改正,即改正了航线模型的变形。消去 $\dot{r}_i$ 的问题类似对观测值滤波,可以采用多次权中数法(王任享,1964)取一次等权计算,计算得改正数 $\overline{\Delta}_i$ 为

$$\overline{\Delta}_i = \frac{\Delta_{i-1}+\Delta_i+\Delta_{i+1}}{3} = \frac{S_{i-1}+S_i+S_{i+1}}{3} + \frac{\overline{r}_{i-1}+\overline{r}_i+\overline{r}_{i+1}}{3} - \frac{\dot{r}_{i-1}+\dot{r}_i+\dot{r}_{i+1}}{3} \tag{10.4}$$

假定在 $(i-1,i+1)$ 区间内,系统变量 $S$ 近似线性,则

$$\overline{\Delta}_i = S_i + \frac{\overline{r}_{i-1}+\overline{r}_i+\overline{r}_{i+1}}{3} - \frac{\dot{r}_{i-1}+\dot{r}_i+\dot{r}_{i+1}}{3}$$

$$\overline{\Delta}_i = S_i + \overline{r}_i + \frac{\overline{r}_{i-1}+\overline{r}_{i+1}-2\overline{r}_i}{3} - \frac{\dot{r}_{i-1}+\dot{r}_i+\dot{r}_{i+1}}{3}$$

$$d\Delta_i = \frac{\overline{r}_{i-1}-2\overline{r}_i+\overline{r}_{i+1}}{3} - \frac{\dot{r}_{i-1}+\dot{r}_i+\dot{r}_{i+1}}{3}$$

以高程误差统计,令 $m_{\overline{r}}=1.5$ m(像元分辨率为 5 m,匹配误差为 0.3 像元),$m_{\dot{r}}=8$ m(按 $\sigma_\varphi=2''$ 计算),可得 $m_\Delta=4.8$ m,高程误差缩小系数 $\dfrac{m_\Delta}{m_{\dot{r}}}=0.6$。

目前商用市场星敏测姿精度提高缓慢,这一缩小系数有很大的实用价值。

### 10.4.4 上下视差计算与迭代收敛

在这个光束法平差中,上下视差并不作为参与平差的项目,只用于检测平差收敛状况。在地面点系统误差消除后,按前方交会计算上下视差,从中可以发现平差初期系统误差改正后的地面点与原外方位元素平差值不相匹配,为此应以系统误差改正后的地面点再回代到变形空三的外方位元素平差,直至上下视差不再减少,才停止迭代,并输出结果。

## §10.5 实验分析

### 10.5.1 模拟数据平差计算

#### 10.5.1.1 变形改正原理示例

外方位线元素误差 $m_P = 3$ m，角元素误差 $\sigma_\varphi = 2''$，姿态变化率为 $10^{-3}(°)/s$，正视相机与前、后视相机夹角为 $26°$；卫星飞行高度为 $600$ km，地面像元分辨率为 $5$ m。平差过程如表 10.1 所示，变形空三过程中高程变形改正如图 10.10 至图 10.14 所示。

表 10.1 变形改正误差统计

| $m_X/m$ | $m_Y/m$ | $m_Z/m$ | $m_{P_Y}$/像素 | 平差项目 |
|---|---|---|---|---|
| 5.1 | 2.8 | 8.9 | 1.37 | 地面点初值误差 |
| 5.3 | 5.3 | 10.7 | 0.36 | 变形空三后地面点误差 |
| 4.4 | 2.4 | 5.4 |  | 变形改正后地面点误差 |
| 4.0 | 2.0 | 5.3 | 0.4 | 迭代 4 次后地面点误差 |

注：$Z_初/Z_终 = 0.61$。

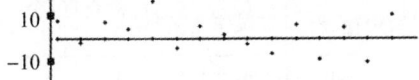

图 10.10 地面点高程初值误差

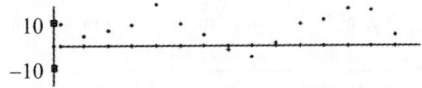

图 10.11 变形空三后的高程误差

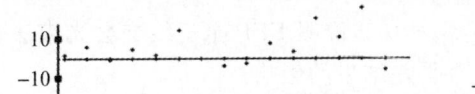

图 10.12 初值和变形空三后的高程误差较差

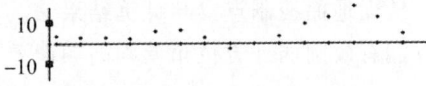

图 10.13 剥离得高程的系统误差

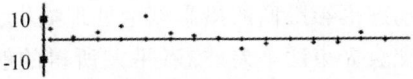

图 10.14 系统误差改正并迭代后的高程误差

#### 10.5.1.2 无地面控制点参与的模拟数据计算

无地面控制点参与的模拟数据计算参见表 10.2。

表 10.2 不同精度外方位元素参与平差后定位精度统计

| 外方位元素误差 线元素/m | 角元素/(") | 像元分辨率/m | $m_X$/m | $m_Y$/m | $m_Z$/m | $m_{P_Y}$/像素 | 说明 | $Z_初/Z_终$ |
|---|---|---|---|---|---|---|---|---|
| 3 | 2 | 5 | 5.1 | 2.8 | 8.7 | 1.37 | 初值 | 0.61 |
|   |   |   | 4.0 | 2.0 | 5.3 | 0.41 | 终值 |   |
| 1 | 1 | 2 | 2.3 | 1.2 | 3.9 | 1.53 | 初值 | 0.64 |
|   |   |   | 1.8 | 0.9 | 2.5 | 0.43 | 终值 |   |
| 1 | 1 | 1 | 2.3 | 1.2 | 3.8 | 2.95 | 初值 | 0.60 |
|   |   |   | 1.8 | 0.9 | 2.3 | 0.48 | 终值 |   |
| 1 | 0.6 | 0.6 | 1.5 | 0.8 | 2.5 | 3.28 | 初值 | 0.60 |
|   |   |   | 1.1 | 0.5 | 1.5 | 0.61 | 终值 |   |

注:外方位元素变化率为 $10^{-3}(°)/s$,航线长度为 184 km。

### 10.5.2 实际卫星数据处理

试验数据采用"天绘一号"01 星 2010 年 10 月 14 日获取的影像数据进行 EFP 全三线交会光束法平差,其结果如表 10.3 所示。

表 10.3 EFP 全三线交会光束法平差前后精度统计

| 平差前后 | $m_X$/m | $m_Y$/m | $m_Z$/m | $m_{P_Y}$/像素 | 外方位角元素误差 $\delta$/(") | 检查点/个 |
|---|---|---|---|---|---|---|
| 初值(平差前) | 15.1 | 12.1 | 10.0 | 3.99 | $\sigma_\varphi=1.8$ $\sigma_\omega=2.2$ $\sigma_\kappa=2.5$ | 9 |
| 终值(平差后) | 9.6 | 10.6 | 4.8 | 0.55 |   |   |

注:航线长度为 250 km,$Z_初/Z_终=0.48$。

从无地面控制点参与计算结果 $Z_初/Z_终≈0.5$,说明 EFP 全三线交会光束法平差也能有效削弱外方位角元素高频误差对平差结果的影响。

## §10.6 小 结

本书为卫星推扫式动态摄影影像的摄影测量处理提供了多个型号的光束法平差:EFP 和 EFP 全三线交会光束法平差,二者平差所得的航线模型系统误差都很小,实际应用中可忽略不计,所以笔者在本书中称其为"没有系统误差"。两个型号平差均引用了等效框幅影像的概念,但平差机理大不相同。前者平差过程数学模型严格,结合 LMCCD 影像,可以直接得到没有卫星姿态变化率导致的光束法平差航线系统变形的航线模型,但要求航线长度至少两个短基线;后者涉及的平差几条件很差，理论上解算的数学模型不严格，笔者平差解算的策略是首先让模型有变形，但要消除上下视差，然后再用适当的数学模型，消除航线模型的变形，并且一次性解决了第五章要点C的技术要求。

两者在无控制点定位中相辅相成，EFP法特别适宜于对数学模型有严格要求的相机参数在轨标定，EFP全三线交会光束法对航线长度无严格限定，适用于长、短航线的摄影测量平差作业。二者在我国"天绘一号"卫星无地面控制点摄影测量中起到了关键作用。

# 第十一章　星载二线阵CCD影像激光数据联合平差

三线阵CCD相机最适合中分辨率(2~5 m)光学卫星对全球的影像覆盖,用于测制1∶2.5万和1∶5万比例尺地形图。随着大比例尺地形图卫星摄影测量的发展,影像分辨率迅速提高,光学相机的主距增大,相机的物理尺寸、重量和影像数据量都相应增加,卫星难以负担高分辨率三线阵CCD相机,可采用正视和前视或后视构成两线阵CCD相机,但因为高分辨率相机光学系统带有离轴角,只能构成非对称的二线阵相机。由于二线阵相机与三线阵相机有差异,因此,前面有关三线阵相机的在轨地面标定原理已不适用,需另构建。本章的联合平差是考虑到二线阵相机与三线阵相机光束法平差的系统性,而特别增加的,以下讨论的是在二线阵相机地面标定已完成基础上的光束法联合平差(王任享 等,2014a)。

## §11.1　卫星推扫摄影及激光测距仪工作

将前视和后视CCD相机进行推扫摄影,同时三束激光测距仪对地表进行探测,其中心光束垂直对地,左、右两束激光张角为2°,垂直飞行方向激光点间地面距离为17 km,如图11.1所示。三束激光器同时配有足印记录器,记录激光点一定范围内的地面影像,其影像与前、后视影像可进行激光点的同名像点量测。从几何意义上讲,足印相机影像等同于三线阵CCD相机中正视相机推扫的影像,可当作准正视影像。

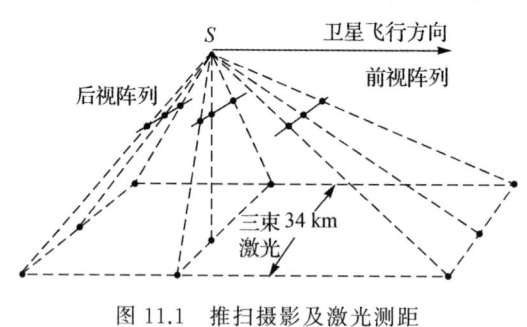

图11.1　推扫摄影及激光测距

## §11.2　激光测距数据辅助高程计算

激光测距数据参与摄影测量处理可以按照相对简单的方式进行,即利用激光测距数据改正高程误差。激光测距数据的作用如图11.2所示。

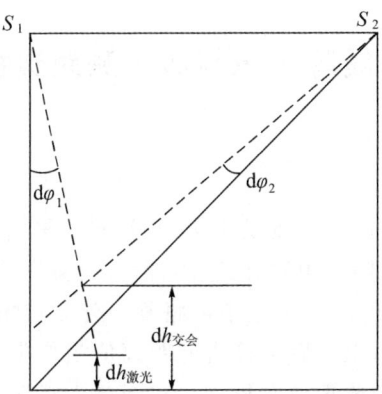

图 11.2 激光测距误差与测角误差对高程的影响

卫星摄影通常姿态变化比较平稳,星敏感器解算的外方位角元素平滑处理使随机误差被削弱,但尚有一些随时间变化的系统差,在一个不大的区间(如测图范围)内可看作大约相等的系统值,导致前方交会的高程含有 $dh_{交会}$ 误差(王任享,2003)。利用激光测距点可以求 $dh_{交会}$ 的最或然值。

任意激光点的前方交会高程误差为

$$dh_k = dh_{k匹配} + dh_{k交会} \tag{11.1}$$

其中,$dh_{k交会}$ 值可视为常值;$k=1,2,\cdots,m$,$m$ 为激光点个数。

利用激光测距的高程和前方交会的高程比较可得较差值为

$$\Delta_k = dh_k - dh_{k激光} = dh_{k匹配} - dh_{k激光} + dh_{k交会} \tag{11.2}$$

将 $m$ 个激光点数据做适当平差,现以取简单的平均值可得

$$\bar{\Delta} = \bar{dh}_{k匹配} - \bar{dh}_{k激光} + \bar{dh}_{k交会} \tag{11.3}$$

式中,$\bar{\Delta} = \dfrac{\sum\limits_{1}^{m}\Delta_k}{m}$;$\bar{dh}_{交会} = \dfrac{\sum\limits_{1}^{m}dh_{k交会}}{m}$;$\bar{dh}_{匹配} = \dfrac{\sum\limits_{1}^{m}dh_{k匹配}}{m}$;$\bar{dh}_{激光} = \dfrac{\sum\limits_{1}^{m}dh_{k激光}}{m}$;$k=1,2,\cdots,m$。

当有一定数量激光点参与时,$\bar{dh}_{匹配}$ 的误差比 $dh_{匹配}$ 小得多,此处讨论中可以忽略不计,那么 $\bar{\Delta} \approx \bar{dh}_{k交会}$。

以 $\bar{\Delta}$ 改正测区内的任意点高程,任意点的高程误差为

$$dh_i \approx dh_{i匹配} + \bar{dh}_{i激光} \tag{11.4}$$

从式(11.4)知,通过多个激光点数据,可以消除测区任意点高程系统误差,能有效提高地面点高程精度。假如在一个不大的区间内有不等的系统值,以上应改用三维变量处理。本节示例仅对高程误差进行处理,未进行同名像点上下视差的处理,也未做模拟数据计算。

## §11.3 二线阵影像与激光测距数据联合平差

### 11.3.1 数学模型

二线阵CCD影像也可以按照光束法平差方式进行。平差像点分布可参考EFP法平差,数学模型同样采用后方交会与前方交会交替迭代。激光测距仪测定的距离是从摄站点到地面点,在平差中可将其与外方位角元素一起换算成地面点坐标,作为平差制约条件,也可以直接将此距离值当作平差的约束条件,本节将仅对后者推算其在平差中的改正数方程式。对于激光点对应的足印影像,其分辨率低于前视及后视影像,因此激光点平面坐标精度也远低于GPS确定的外方位线元素,所以在推算平差的改正数方程时,只保留对地面点坐标的改正。

二线阵影像与激光测距数据联合平差的条件方程式为

$$\left. \begin{array}{l} F = L - \sqrt{P} = 0 \\ P = (X_S - X)^2 + (Y_S - Y)^2 + (Z_S - Z)^2 \end{array} \right\} \quad (11.5)$$

其中,$X_S, Y_S, Z_S$ 为发射激光点的摄站坐标;$X, Y, Z$ 为激光点的地面坐标;$L$ 为摄站与反射点之间的距离。

对 $F$ 求一阶导数,系数为

$$\frac{\partial F}{\partial L} = \Delta L$$

$$\frac{\partial F}{\partial X} = \frac{(X_S - X)\Delta X}{\sqrt{P}}$$

$$\frac{\partial F}{\partial Y} = \frac{(Y_S - Y)\Delta Y}{\sqrt{P}}$$

$$\frac{\partial F}{\partial Z} = \frac{(Z_S - Z)\Delta Z}{\sqrt{P}}$$

线性化后的误差方程式为

$$v = \begin{bmatrix} \dfrac{X_S - X}{\sqrt{P}} & \dfrac{Y_S - Y}{\sqrt{P}} & \dfrac{Z_S - Z}{\sqrt{P}} \end{bmatrix} \begin{bmatrix} \Delta X \\ \Delta Y \\ \Delta Z \end{bmatrix} - F^0 \quad (11.6)$$

式中,$F^0 = L - \sqrt{(X_S - \dot{X})^2 + (Y_S - \dot{Y})^2 + (Z_S - \dot{Z})^2}$;$\dot{X}, \dot{Y}, \dot{Z}$ 为激光反射点的地面坐标近似值。

### 11.3.2 联合平差

激光点足印影像理论上可看作正视影像,可以与前、后视影像匹配求出同名像点,则平差系统可视作三线阵 CCD 影像进行光束法平差。但足印影像分辨率较低,不宜作为观测值参与平差,只能在二线阵平差中将激光点前、后视影像当作连接点应用,激光测距数据利用式(11.6)与二线阵影像一起对激光点地面坐标进行平差。为了程序运行方便,将二线阵定向点、连接点平差与激光点平差分开处理,平差流程如图 11.3 所示。

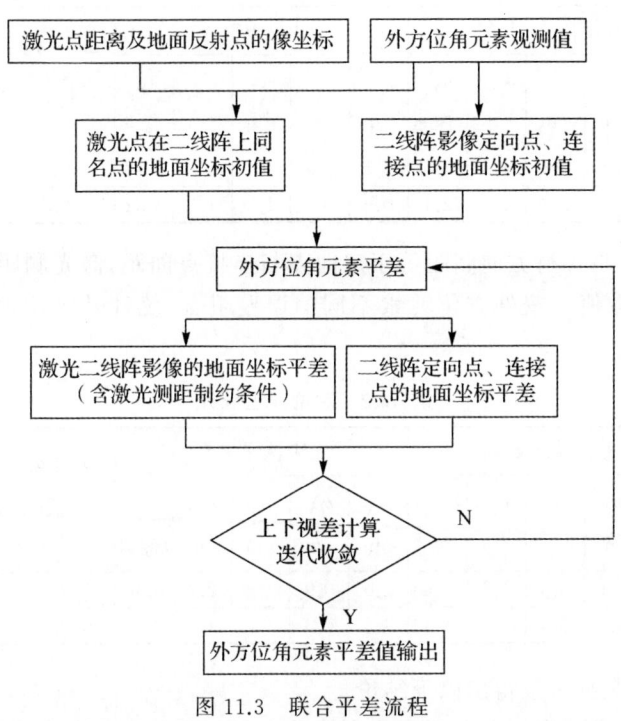

图 11.3　联合平差流程

## §11.4　实验分析

实验中,模拟数据基本参数设置如下:在生成模拟数据时,卫星摄影测量的基本参数为,前视相机与"正视"相机夹角为 26°;后视相机与"正视"相机夹角为 −5°;中心激光束垂直对地,其他两个激光器与中心夹角为 2°;卫星飞行高度为 500 km;基高比为 0.6;地面像元分辨率为 0.6 m;摄影航线宽为 42 km;影像匹配误差为 0.3 像元;激光测距误差为 1 m(坡度小于 15°)或 2 m(坡度小于 60°);卫星平台稳定度为 $5×10^{-4}(°)/s$。

按定向点、连接点间距为 12 km,激光点间距为 6 km 和 12 km,模拟生成前视、后视以及激光足印影像坐标。按外方位线元素测量误差为 1 m;角元素测量误差取不同的值,分别进行光束法平差计算,利用模拟的地面点坐标进行定位精度统

计,其结果分别如下:

(1)激光点沿飞行方向间距为定向点与连接点间距的一半,激光测距误差按 1.0 m 和 1.5 m 相间取值。按外方位元素不同的误差组合共 10 测回,统计其定位误差,其结果如表 11.1 所示。

表 11.1 定位误差统计

| 序号 | 直接前方交会 | | | | | 光束法平差后 | | | | | $\sigma_\varphi=\sigma_\omega$ $=\sigma_\kappa$ /(″) | $\sigma_{X_S}=\sigma_{Y_S}$ $=\sigma_{Z_S}$ /m |
|---|---|---|---|---|---|---|---|---|---|---|---|---|
| | $m_X$ /m | $m_Y$ /m | $m_Z$ /m | $m_{XY}$ /m | $m_{P_Y}$ /像素 | $m_X$ /m | $m_Y$ /m | $m_Z$ /m | $m_{XY}$ /m | $m_{P_Y}$ /像素 | | |
| 1 | 1.4 | 1.1 | 3.8 | 1.8 | 3.6 | 1.1 | 0.9 | 1.2 | 1.4 | 0.48 | 0.6 | 1.0 |
| 2 | 1.0 | 0.7 | 2.4 | 1.2 | 2.4 | 0.9 | 0.7 | 1.2 | 1.1 | 0.52 | 0.3 | 1.0 |

(2)激光点沿飞行方向间距等于定向点与连接点间距,激光测距误差按 1.0 m 和 1.5 m 相间取值。按外方位元素不同的误差组合,统计其定位误差,其结果如表 11.2 所示。

表 11.2 定位误差统计

| 序号 | 直接前方交会 | | | | | 光束法平差后 | | | | | $\sigma_\varphi=\sigma_\omega$ $=\sigma_\kappa$ /(″) | $\sigma_{X_S}=\sigma_{Y_S}$ $=\sigma_{Z_S}$ /m |
|---|---|---|---|---|---|---|---|---|---|---|---|---|
| | $m_X$ /m | $m_Y$ /m | $m_Z$ /m | $m_{XYZ}$ /m | $m_{P_Y}$ /像素 | $m_X$ /m | $m_Y$ /m | $m_Z$ /m | $m_{XY}$ /m | $m_{P_Y}$ /像素 | | |
| 1 | 1.4 | 1.1 | 3.8 | 1.8 | 3.6 | 2.0 | 0.9 | 1.2 | 2.2 | 0.48 | 0.6 | 1.0 |
| 2 | 1.0 | 0.7 | 2.4 | 1.2 | 2.4 | 1.3 | 0.6 | 1.2 | 1.4 | 0.49 | 0.3 | 1.0 |

分析实验数据可以得出以下结论:

(1)外方位角元素误差显著影响直接前方交会的上下视差,即使角元素测量误差高达 0.3″,直接前方交会依然有 2.4 像元的上下视差和 2.4 m 的高程误差。

(2)采用激光测距数据参与光束法平差是必要的,光束法平差能有效缩小上下视差至约 0.5 像元,高程误差均在 1.2 m(激光测距误差按 1.0 m 和 1.5 m 相间取值),由本次实验可知,平差精度与采用激光点分布稀疏程度并不敏感。

# 第十二章 三线阵 CCD 影像立体测图

三线阵 CCD 相机,特别是三镜头三线阵 CCD 相机,在结构上容易实现前、后视相机间有比较大的基高比,通常取值为 1 或更大,其优点是提高了高程精度。这对于为满足制图等高距对高程精度要求较为苛刻的航天摄影测量而言十分重要,但也带来了副作用。由于前、后视相机倾斜角增大,地形起伏造成的摄影死角的概率相应增加,导致 DEM 采集中影像匹配失败点的增多。但三线阵结构的相机相比于框幅相机,因有正视相机存在,可以避免绝对的摄影死角,对正视相机影像而言,一般地形无摄影死角(极陡地形或建筑物阴影除外),前、后视中必有一个不是摄影死角。因而理论上,正、前视或正、后视影像匹配中必有一个成功。本章将基于三线阵 CCD 影像的几何特点,研究影像匹配及建立 DEM,生成正射影像等摄影测量问题。

## §12.1 三线阵 CCD 影像及其正射影像模拟

### 12.1.1 三线阵 CCD 相机推扫摄影

数学模拟生成三线阵 CCD 相机推扫影像是研究三线阵 CCD 影像摄影测量的最基本步骤。其主要数据是待摄地区的 DEM 正射影像,分别代表该地区的地面点坐标和地面点的灰度。数学过程参见 2.4.2.1 小节,如图 12.1 所示,前视阵列上一个点 $a_l$ 已知其推扫坐标 $(t_{a_l}, y_{a_l})$,计算其地面点 $A$ 的地面坐标,点 $A$ 的平面位置为 $\overline{A}$,利用 $\overline{A}$ 在正射影像上的灰度,给前视 CCD 阵列上点 $a_l$ 赋予灰度值。计算中,点 $\overline{a}$ 的高程需迭代求得。

### 12.1.2 正射影像生成

由三线阵 CCD 影像生成正射影像是 12.1.1 小节的逆过程。如图 12.1 所示,已知点 $A$ 的坐标 $(X_A, Y_A, Z_A)$,求 $a_l$ 的推扫坐标及其灰度。数学计算参见 2.4.2.2 小节。其中推扫摄取点 $A$ 的时刻 $t_a$ 要迭代计算,这是与框幅影像生成正射影像重要的不同点,将 $a_l$ 的灰度赋给点 $\overline{a}$,即得到正射影像。

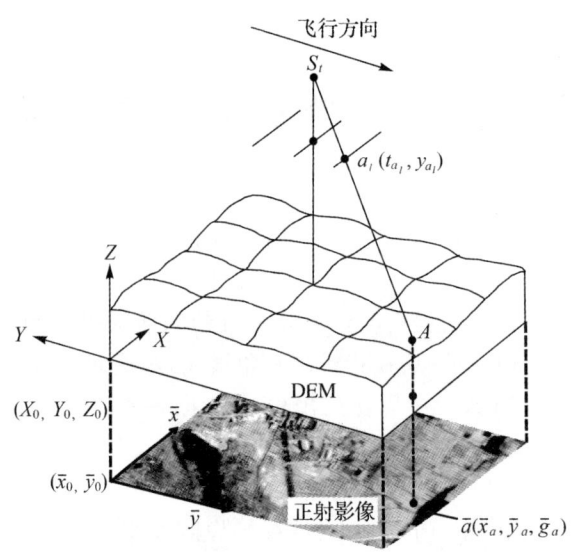

图 12.1 影像正射纠正

注:$(X_0,Y_0,Z_0)$ 为 DEM 起始点坐标,$(X_A,Y_A,Z_A)$ 为点 $A$ 的地面坐标,$(\bar{x}_o,\bar{y}_o)$ 为正射影像起始点坐标,$\bar{a}(\bar{x}_a,\bar{y}_a,g_a)$ 为点 $A$ 的正射影像坐标及灰度,$a_l(t_{a_l},y_{a_l})$ 为点 $A$ 在前视影像的像点坐标。

## §12.2 纠正为正射影像进行影像匹配

物方匹配带有对影像的"纠正",隐含了准一维搜索条件,而且由于正射纠正对影像做了"整形",削弱了地形起伏引起的影像透视变形对匹配的影响。Schenk 等(1990)提出将影像作正射纠正进行匹配,在多频道分层匹配中,只有最后一层的纠正影像称作正射影像,其他层称作扭卷(warped)影像,但本书均称作正射影像。以下简要叙述 Schenk 的迭代正射纠正影像匹配原理及存在问题的处理。

如图 12.2 所示,$L_1$、$L_2$ 为左、右正直摄影像片,$A$、$B_1$、$B_0$ 为在真地形表面上的点,$\bar{A}$、$\bar{B}_1$、$\bar{B}_0$ 为在含有高程误差的 DEM 表面上的点,$A$ 为待求精确高程的一个栅格点,其中点 $\bar{A}$ 与 $A$ 在同一垂线上,其高程 $Z_{\bar{A}}$ 可视作 $A$ 的高程近似值。

当生成正射影像时,在 $\bar{A}$ 位置上的正射影像取的灰度是 $B_0$ 的左正直摄影像的灰度,而不是 $A$ 的灰度,利用 $\bar{A}$ 的左正射影像坐标及其 DEM 的高程,不难得出 $B_0$ 在左正直影像上的坐标 $b_0$。再利用 $\bar{A}$ 的左正射影像为中心取目标窗口,右正射影像中心取搜索窗口,进行影像匹配,便可得到 $B_0$ 在右正射影像上的位置 $\bar{B}_0$。利用 $\bar{B}_0$ 坐标在 DEM 中内插得高程,再计算得 $B_0$ 的右正直像片坐标 $b'_0$,由于正直像对的内外方位元素均为已知,按前方交会就可以计算得 $B_0$ 的空间坐标

($X_{B_0}, Y_{B_0}, Z_{B_0}$)。点 $B_0$ 在真地形表面上,它不含原 DEM 的误差(但含正射影像匹配误差)。正射纠正影像较好地消除了地形起伏引起的透视变形,影像匹配精度较高,这就是 Schenk 的基本思想。但这里存在一个问题,即在 DEM 有误差情况下,$B_0$ 只能是位于规定栅格附近,不可能刚好是栅格点 $A$。如何从计算的真地形表面点 $B_0$,推算栅格点 $A$ 的高程呢?提出以下方法与建议。

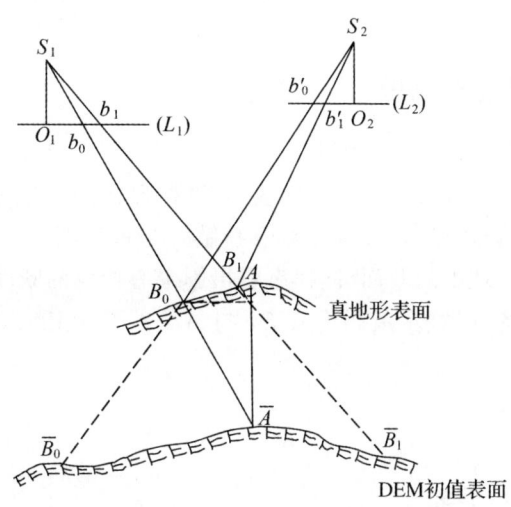

图 12.2 利用正射影像匹配计算地面点坐标

Norvelle(1992)将这一思想用于对已生成的 DEM 进行正射影像匹配,以改正 DEM。他利用 $\overline{A}$ 匹配得到的左、右正射影像坐标计算 $\overline{A}$ 的高程近似改正数,因此要用近似改正后的 DEM 进行迭代生成正射影像,做进一步匹配计算,称为迭代精化正射影像改正 DEM 法(IOR)。Schenk 等(1990),对多频道分层匹配均采用正射纠正影像,并明确了利用匹配的正射影像坐标差向量严格计算 $B_0$ 空间坐标的数学计算过程,但如何将其转换为栅格点的高程没有明确意见。在实验程序中,则将正射影像坐标差向量当作 $X$ 视差,直接计算 DEM 栅格点的高程近似改正数,大概与 Norvelle 的 IOR 法类似。Baltsavias(1993)建议,栅格真地形表面点高程可以采用从栅格四周任意分布的已计算的真地形表面点中内插得到,他认为这样正射影像就不必迭代生成,比 IOR 法计算量要小,精度也高。笔者认为采用断面引导逼近原理(profile guided approach,PGA)(王任享,1995),计算量更少,又不必通过迭代生成正射影像来实现,以下详细说明。

## §12.3 断面引导逼近影像匹配法采集 DEM

不少学者通过迭代计算,直接采集栅格位置的高程:铅垂跌落法(vertical line

locus,VLL)是将高程的搜索限制在铅垂线方向,但在 $Z$ 空间搜索逼近时要顾及高程近似值的上、下两个方向。Gruer 在最小二乘法中加上栅格点$(X,Y)$坐标的约束条件,使得最小二乘匹配迭代到规定的栅格位置。沈邦乐(1995)和其他学者均独立地采用在最小二乘匹配中加入像底点控制条件,以实现迭代逼近于栅格位置。将本章提出的 PGA 原理与影像匹配结合,是直接测定栅格位置高程的一种新的途径。

### 12.3.1 断面引导逼近原理

图 12.3 中,点 $A(X,Y,Z_A)$ 为待确定高程的点,$Z_A$ 为待求值。与 $A$ 在同一垂直线上的点 $\overline{A}(X,Y,Z_{\overline{A}})$,其高程 $Z_{\overline{A}}$ 作为 $A$ 的高程 $Z_A$ 的近似值。首先,引入一个专门定义的断面:通过点 $A$ 与左摄影中心做一个垂直面,此面与地表面的截口即为断面引导逼近原理中的断面(同样有右摄影中心构成的断面,本书中仅指左断面),该断面的重要特点是,左摄影中心 $S_1$ 与 $A\overline{A}$ 线段上任意点的连线与地表面的交点均在此断面上。

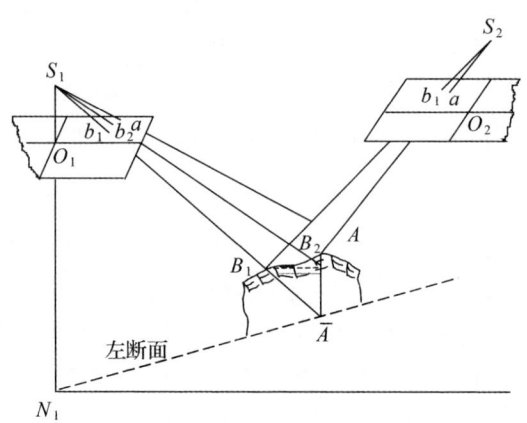

图 12.3　断面引导逼近原理

利用点 $\overline{A}$ 的 $(X,Y,Z_{\overline{A}})$ 坐标,按共线方程计算得点 $\overline{A}$ 在左、右像片上的坐标。其中,左像坐标与断面上的点 $B_1$ 的左像坐标重合,再以此左像坐标为中心取目标窗口,右像坐标为中心区搜索窗口,经影像匹配可得到 $B_1$ 的右像坐标。再按前方交会,便可计算得 $B_1$ 的空间坐标$(X_{B_1},Y_{B_1},Z_{B_1})$。以下按过点 $A$ 处断面的两种坡度情况分别加以讨论。

图 12.4 和图 12.5 中,地面坡度 $\theta$ 的符号定义为,从水平线起算,顺时针到地面的,符号为负,逆时针时为正。

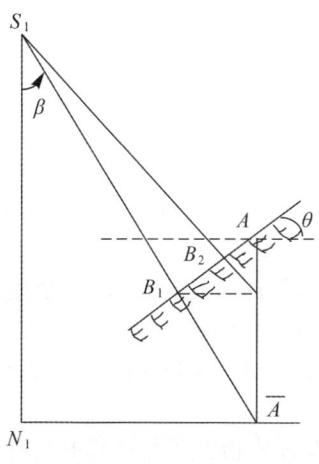 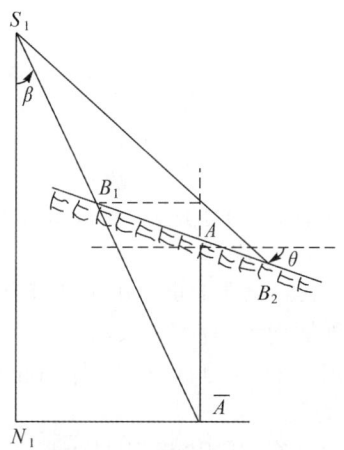

图 12.4 坡度为正     图 12.5 坡度为负

(1)地面坡度 $\theta$ 符号为正时情况如下。

当 $\theta$ 为正时,点 $A$、$\bar{A}$ 以及 $B_1$ 的高程满足以下关系

$$\frac{Z_A-Z_{B_1}}{Z_A-Z_{\bar{A}}}=\frac{\tan\beta\tan\theta}{1+\tan\beta\tan\theta} \tag{12.1}$$

若 $\theta=\beta=30°$,则

$$\frac{Z_A-Z_{B_1}}{Z_A-Z_{\bar{A}}}=\frac{1}{6}$$

可见,若继续以 $Z_{B_1}$ 作为点 $A$ 高程的新的近似值,通过迭代计算,$Z_{B_1}$ 将以很快的速度逼近于 $Z_A$ 值。从式(12.1)知,栅格点越靠近底点,即 $\beta$ 值越小或 $\theta$ 值越小,逼近速度越快。

(2)地面坡度 $\theta$ 符号为负时情况如下。

当 $\theta$ 为负时,同理有

$$\frac{Z_A-Z_{B_1}}{Z_A-Z_{\bar{A}}}=\frac{-\tan\beta\tan|\theta|}{1-\tan\beta\tan|\theta|} \tag{12.2}$$

若 $|\theta|=\beta=30°$,则 $\dfrac{Z_A-Z_{B_1}}{Z_A-Z_{\bar{A}}}=-\dfrac{1}{3}$,该式右侧的负号表示 $B_1$ 点逼近并且越过了点 $A$ 的高度,如果以 $Z_{B_1}$ 当作点 $A$ 高程的新近似值,做进一步迭代计算,一般情况也会逐步逼近于 $A$,但速度较慢,且会现出 $B_1$ 点的高程高于或低于 $A$ 的"振荡",当 $\tan\beta\tan|\theta|\cong 1$ 时还可能出现"振荡"不衰减的情况。合理途径是利用两次迭代计算断面上的两个点 $B_1$、$B_2$ 的空间坐标,内插计算 $A$ 点的高程,由于 $B_1$、$B_2$ 和 $A$ 均在一个断面上,即它们的平面位置处于一条直线上,点 $A$ 的高程插值为

$$Z_A=Z_{B_2}+\frac{Z_{B_2}-Z_{B_1}}{\Delta L_1-\Delta L_2}\Delta L_2 \tag{12.3}$$

式中，

$$\Delta L_i = \sqrt{\Delta X_i^2 + \Delta Y_i^2}\, \text{sign}(\Delta L_i), \quad (i=1,2)$$
$$\Delta X_i = X_A - X_{B_i}$$
$$\Delta Y_i = \begin{cases} Y_A - Y_{B_i}, & Y_A > Y_{N_i} \\ Y_{B_i} - Y_A, & Y_A < Y_{N_i} \end{cases}$$

$\text{sign}(\Delta L_i)$ 的计算为，若 $\text{sign}(\Delta X_i)$ 或 $\text{sign}(\Delta Y_i)$ 为负，则 $\text{sign}(\Delta L_i)$ 为负，否则 $\text{sign}(\Delta L_i)$ 为正。

式(12.3)原理上也适用于 $\theta$ 符号为正的情况，但此时是外插计算，会使匹配的误差随外插增大，故不宜采用。

区别 $\theta$ 符号的标准是：若 $\text{sign}(\Delta L_1) = \text{sign}(\Delta L_2)$，则 $\text{sign}(\theta)$ 为正，否则 $\text{sign}(\theta)$ 为负。

上述可知，利用断面引导逼近原理，可以将像方或物方匹配计算的高程逼近或换算到规定栅格位置上的高程。在断面引导下，将 DTM 高程的内插计算规范到专门定义的断面上进行。从平面位置看，内插属于一维，从 $Z$ 空间与铅垂跌落法比较；铅垂跌落法 $Z$ 的搜索要在高程近似值的两侧(上和下)进行，而断面引导逼近法只要在高程的近似值-侧(上或下)搜索，并且可严格地应用现今成熟的影像匹配方法和理论，如相关系数法等。

断面引导逼近原理结合于影像匹配，既可作为直接采集地面坐标系的栅格 DTM，也可以用于按规定平面轨迹(直线，曲线，多边形等)直接测定 DTM。

### 12.3.2 栅格点高程坐标计算

模型坐标与正射影像坐标关系为

$$\left. \begin{aligned} \bar{x}_a &= \frac{X_a - X_O}{GSD} \\ \bar{y}_a &= \frac{Y_O - Y_a}{GSD} \end{aligned} \right\} \tag{12.4}$$

式中，$\bar{x}_a, \bar{y}_a$ 为正射影像坐标；$X_a, Y_a$ 为像点对应的地面点坐标；$X_O, Y_O, Z_O$ 为 DEM 左上角坐标；$GSD$ 为正射影像的地面分辨率，单位为 m；正射影像与 DEM 起点均选在左上角。

正射影像与正直影像坐标关系为

$$\left. \begin{aligned} x_a &= \frac{f}{Z_{S_l} - Z_A}(\bar{x}_a GSD + X_O - X_{S_l}) \\ y_a &= \frac{f}{Z_{S_l} - Z_A}(Y_O - \bar{y}_a GSD - Y_{S_l}) \\ x'_a &= \frac{f}{Z_{S_l} - Z_A}(\bar{x}'_a GSD + X_O - X_{S_r}) \\ y'_a &= \frac{f}{Z_{S_l} - Z_A}(Y_O - \bar{y}'_a GSD - Y_{S_r}) \end{aligned} \right\} \tag{12.5}$$

式中，$x_a, y_a$ 为正射影像坐标；$x'_a, y'_a$ 为正直影像坐标；$Z_A$ 是利用点 $A$ 在 DTM 中的位置拟合计算而得，即

$$Z_A = C_1 + C_2 X + C_3 Y + C_4 XY$$

式中，$C_i$ 为多项式系数 ($i=1,2,3,4$)，是由 4 个栅格高程拟合求得；$X, Y$ 为 4 个栅格点范围的局部坐标系内点 $A$ 的坐标。

#### 12.3.2.1 $B_0$ 点空间坐标的计算

下面说明图 12.2 中点 $B_0$ 的空间坐标计算过程。

按式 (12.5) 计算 $B_0$ 点的正直影像坐标，即

$$\left. \begin{aligned} x_{B_0} &= \frac{f}{Z_{S_l} - Z_{\bar{A}}} (\bar{x}_{\bar{A}} GSD + X_0 - X_{S_l}) \\ y_{B_0} &= \frac{f}{Z_{S_l} - Z_{\bar{A}}} (Y_0 - \bar{y}_{\bar{A}} GSD - Y_{S_l}) \end{aligned} \right\} \quad (12.6)$$

式中，$x_{B_0}, y_{B_0}$ 为 $B_0$ 点的左正直影像坐标；$\bar{x}_{\bar{A}}$ 为点 $\bar{A}$ 的左正射影像坐标，点 $\bar{A}$ 与点 $B_0$ 在左正直影像上重合。

$B_0$ 的右正直影像坐标为

$$\left. \begin{aligned} x'_{B_0} &= \frac{f}{Z_{S_r} - Z_{\bar{A}}} (\bar{x}_{B_0} GSD + X_0 - X_{S_r}) \\ y'_{B_0} &= \frac{f}{Z_{S_r} - Z_{\bar{A}}} (Y_0 - \bar{y}_{B_0} GSD - Y_{S_r}) \end{aligned} \right\} \quad (12.7)$$

式中，$x'_{B_0}, y'_{B_0}$ 为 $B_0$ 点的右正直影像坐标；$\bar{x}_{B_0}, \bar{y}_{B_0}$ 为由以 $\bar{x}_{\bar{A}}, \bar{y}_{\bar{A}}$ 为中心的目标窗口经正射影像匹配后，求得的右正射影像坐标；$Z_{B_0}$ 为利用 $\bar{x}_{B_0}, \bar{y}_{B_0}$ 在 DTM 中内插求出，进而利用 $B_0$ 点的正直影像坐标并按前方交会计算得到的 $B_0$ 点空间坐标。

#### 12.3.2.2 $B_1$ 点的空间坐标计算

$B_1$ 点的空间坐标计算过程与 $B_0$ 点相同，但相应于 $B_1$ 点在左正射影像坐标需迭代求得。首先将 $Z_{B_0}$ 当作点 $A$ 的新近似坐标即以 $X_A, Y_A, Z_{B_0}$ 计算点 $B_0$ 的左正直影像坐标 $x_{B_0}, y_{B_0}$，再取 $Z_{\bar{A}}$ 作为 $Z_{B_1}$ 的初值，即 $Z_{B_1} = Z_{\bar{A}}$，并计算点 $\bar{B}_1$ 的模型坐标初值，即

$$\left. \begin{aligned} X_{\bar{B}_1} &= x_{\bar{B}_1} \frac{Z_{S_l} - Z_{\bar{B}_1}}{f} \\ Y_{\bar{B}_1} &= y_{\bar{B}_1} \frac{Z_{S_l} - Z_{\bar{B}_1}}{f} \end{aligned} \right\} \quad (12.8)$$

进而利用 $X_{\bar{B}_1}, Y_{\bar{B}_1}$ 从 DTM 中内插新的 $Z_{B_1}$，重复上面计算，直至前后两次 $Z_{B_1}$ 之差在规定的阈值内，然后计算 $\bar{B}_1$ 点的正射影像坐标，即

$$\left.\begin{array}{l}\overline{x}_{B_1} = \dfrac{X_{B_1} - X_0}{GSD} \\ \overline{y}_{B_1} = \dfrac{Y_0 - Y_{B_1}}{GSD}\end{array}\right\} \qquad (12.9)$$

式中,$\overline{x}_{B_1}$,$\overline{y}_{B_1}$ 相当于计算 $B_0$ 时的 $\overline{x}_{\overline{A}}$,$\overline{y}_{\overline{A}}$,其余计算过程与 $B_0$ 点相同。

### 12.3.3 物方多点匹配中断面引导逼近原理的应用

按照断面引导逼近原理,每层金字塔中每个格网点至少要计算 $B_0$、$B_1$ 两个点,如果需要进一步引导逼近还要做更多的匹配计算,影响计算效率。如何做到每层金字塔中每个格网点只需匹配计算一次呢?采用区域正射影像做匹配即可。图 12.6 表示经过以 DEM 初值进行正射纠正的左、右正射区域影像内的栅格点。以左像为目标区,格网点取规则的栅格分布,在右像中表示出了与左像栅格点匹配得到的同名的影像位置。由于 DEM 及影像匹配均带有误差,右格网点呈不规则格网分布。本书采用的物方多点匹配分为两个步骤,即先以多点最小二乘法正射影像匹配计算正射影像的视差格网,然后应用断面引导逼近原理计算栅格点高程。

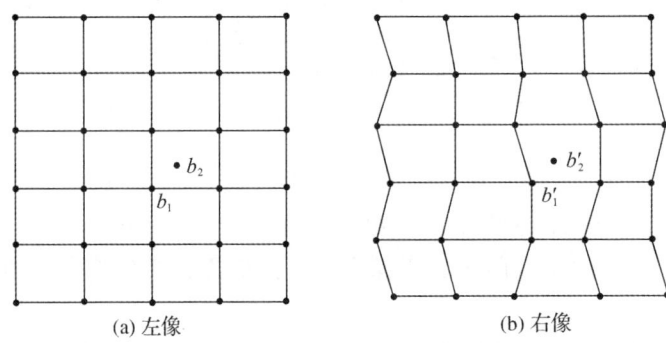

图 12.6　经正射投影取样的左右影像

(1)以左像为目标区,右像为搜索区,进行多点最小二乘法(其他方法也可)匹配,匹配中只对右像点做视差改正。所以,在这一金字塔层内进一步迭代时不需要对影像做正射投影纠正再取样,迭代收敛的结果将是图 12.6(b)的左格网的同名像点。

(2)利用断面引导逼近原理从匹配得的左、右同名点正射影像坐标中推算格网点的高程。计算按参加匹配的格网点逐点进行。现以其中一个格网点 $A$ 为例加以说明。首先利用匹配得到的点 $A$ 左、右正射影像点 $a$、$a'$ 坐标(实际上是 $B_1$ 点影像坐标 $b_1$、$b_1'$),再按正射影像坐标计算格网点空间坐标公式,并计算得断面上相当于断面引导逼近原理中的 $B_1$ 点空间坐标,进而以 $B_1$ 的高程作为格网点 $A$ 的高程新近似值,结合 $A$ 的 $(X,Y)$ 坐标计算 $B_2$ 点的左像坐标 $b_2$。对于单点匹配而言，$B_2$ 点的右像坐标 $b_2'$ 要通过影像匹配求得。但在多点匹配情况下，由于多点匹配中采用格网点视差值连续性约束条件，因而多点最小二乘影像匹配是建立在任一像点的视差与其邻近的 4 个格网点的视差成双维线性变换关系的基础上。所以 $B_2$ 点的右像坐标可以直接从已匹配的邻近栅格同名像坐标中内插求得，再利用 $B_2$ 点的左、右正射影像坐标计算点 $B_2$ 的空间坐标，最后按断面引导逼近原理以 $B_1$、$B_2$ 点空间坐标坡度符号判别，并计算格网点的高程。

在利用金字塔影像做多频道分层匹配情况下，计算断面上的点 $B_i(i=1,2)$ 均很靠近点 $A$，因而每一层只要计算 $B_1$、$B_2$ 两点用于推算格网点高程已能满足精度要求。

$B_2$ 点的右像坐标通过其所在的四周已匹配的栅格同名点坐标内插时，要注意是一维匹配，所以 $y$ 坐标相同，内插只对 $B_2$ 点的右像 $x$ 坐标进行。同时，应注意 $B_2$ 点的影像有可能在格网点为中心的四个象限中的任意一个，内插的数学模型应根据所在的象限加以调整。

由于多点最小二乘匹配计算效率较低，正射区域影像不宜取得太大，这影响了实际应用的效果，最可行的代替方法是对区域影像内栅格点逐个按单点相关系数匹配，并以此为匹配的初值进行平滑处理或再按松弛法进一步提高匹配精度。

## §12.4 栅格 DEM 生成栅格等高线

现有的从栅格 DEM 生成等高线的程序均采用等高线追踪的方法生成矢量等高线。从栅格 DEM 生成栅格等高线的方法，笔者仅见日本的朝仓坚五(1974)和荷兰 ITC 研究者的论文，他们的基本思想是将 DEM 按线性内插，与输出等高线的分辨率(在本书用 mapixel)，然后对每一像元之间的高程进行适当的比较与判别，留下等高线点，形成栅格等高线，这种方法对每一个像元都要进行操作。本章提出另一种生成栅格等高线的方法。

### 12.4.1 直接计算栅格等高线原理及数学模型

下面说明如何对 DEM 中的任意一个格网生成栅格等高线。首先，利用格网四角隅的最大高程和最小高程计算该格网内的等高层数据，再如图 12.7 所示，将格网组成一个局部坐标系。

图 12.7 中，$P_i(X,Y,h),(i=1,2,3,4)$，

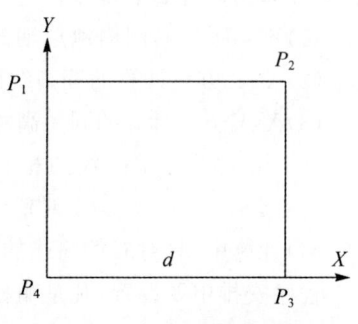

图 12.7 DEM 栅格内插

其坐标为：$P_1=(0,d,h_1)$，$P_2=(d,d,h_2)$，$P_3=(d,0,h_3)$，$P_4=(0,0,h_4)$，其中，$d$ 为 DEM 栅格间距。利用 $P_i$ 坐标及以下的一次多项式拟合

$$h=C_1+C_2X+C_3Y+C_4XY \tag{12.10}$$

可解算得多项式参数。为了简化计算，换算为以下计算公式。

令 $C=d/\text{mapixel}$，此处 mapixel 定义为等高线栅格分辨率。

(1) 在 $X$ 方向以固定步距计算等高值为 $h$ 时，$Y$ 方向的等高线栅格坐标为

$$X_1=(h_3-h_4)/C,$$
$$X_2=(h_2-h_1-h_3+h_4)/C,$$
$$h_C=h_4+X_1ScanstepX,$$
$$h_v=(h_1-h_4)+X_2ScanstepX$$

等高线的栅格(以 mapixel 为间距)坐标为

$$\begin{aligned} X &= ScanstepX \\ Y &= (h-hc)C/h_v \end{aligned} \tag{12.11}$$

以上各式中，$ScanstepX$ 为在 $X$ 方向上扫描计算的步数。

(2) 在 $y$ 方向以固定步距计算等高值为 $h$ 时，$X$ 方向的等高线栅格坐标为

$$SY_1=(h_1-h_4)/C$$
$$SY_2=(h_2-h_3-h_1+h_4)/C$$
$$h_C=h_4+SY_1ScanstepY$$
$$h_v=(h_3-h_4)+SY_2ScanstepY$$

等高线的栅格坐标为

$$\begin{aligned} X &= (h-h_2)C/h_v \\ Y &= ScanstepY \end{aligned} \tag{12.12}$$

以上各式中，$ScanstepY$ 为在 $Y$ 方向上扫描计算的步数。

在程序安排中，要按式(12.11)和式(12.12)分步生成栅格等高线点并加以叠加，其计算结果有如下特点：

(1) 不会丢失格网内地形细部等高线。

(2) $X$、$Y$ 方向计算的等高线图形全等。

(3) $X$、$Y$ 方向计算的同一高程栅格等高线的密度可能不一致，双向叠加具有相互补充作用，结果是等高线的相邻点的栅格距离都保持固定步距。在一个格网中 $SX_1$，$SX_2$，$SY_1$，$SY_2$，$h_C$，$h_v$ 对任何等高层而言均为常数，有益于提高计算效率。

(4) 计算中，只对有等高线的点计算操作。

程序安排中要设置：凡是栅格等高距坐标超出格网范围或 $h_v=0$，不取值，即跳过该点，计算程序对 DEM 的每两行内逐格网计算等高点，在每一个格网内又是逐条等高层计算，结果存于长数组中，一行计算完后，再写入等高线文件。对计曲

线采用加粗点以区别于首曲线。

以上计算栅格等高线的方法已程序化,栅格 DEM 直接生成栅格等高线,比较适用于摄影测量实验研究,本书的等高线插图均由该程序生成。

## 12.4.2 地形特征数据的应用

由于栅格 DEM 的栅格间距大小及数据经过平滑处理等,仅由栅格 DEM 生成的等高线很难全面表达地形特征及地形特征线的特点。为此,可以采用与王任享(1996)相类似的途径。在由栅格 DEM 生成的栅格等高线文件上覆盖由地形特征数据参与计算的栅格等高线。程序基本框架与王任享(1996)相同,对于一个格网而言,每 mapixel 位置上的高程是由 DEM 高程及经过该格网的地形特征数据一起,按 $X$、$Y$ 双向两步线性内插而得,这样格网内的数字地形高程保留了地形特征,以此数据生成的等高线也体现了地形特征地貌,在生成等高线时要在格网内按 mapixel 为子栅格间距,组成子格网,再运用与式(12.11)和式(12.12)相类同的计算式,逐子格网计算等高线。一个格网内的子格网等高线计算完后,再写入等高线文件,将该格网原有的等高线覆盖。但应用式(12.11)和式(12.12)时,因 $d=$ mapixel,即 $C=1$,使得计算式进一步简化,且此时的 $h_i (i=1,2,3,4)$ 是子栅格的四角隅高程。程序的其他细节略之。利用一个航空相片立体像对,按 14 m×14 m 间距采集 DEM,同时采集地形及地形特征数据,以上原理生成的栅格等高线如图 12.8 和图 12.9 所示。

图 12.8　栅格等高线　　　　图 12.9　栅格等高线加合水线

## §12.5 实验分析

### 12.5.1 数字模拟泰山地区三线阵 CCD 影像

利用我国第一颗返回式卫星大幅面相机摄取泰山地区像片,从透明正片按 14 $\mu$m 扫描,地面像元尺寸(GSD)约为 10 m,生成数字化立体影像,并用数字摄影测量生成 DEM 和正射影像,如图 12.10 和图 12.11 所示。该图作为用于模拟生成三线阵 CCD 影像的主要数据。

 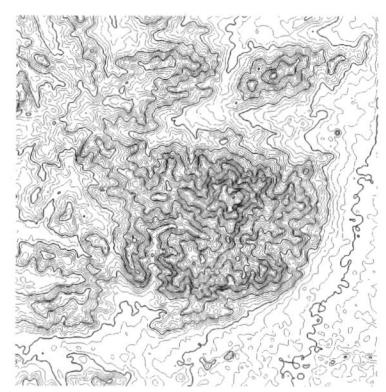

图 12.10 泰山卫星像片生成的正射影像　　图 12.11 泰山卫星像片生成的正射影像及等高线(等高距 20 m)

数字模拟三线阵 CCD 卫星摄影影像参数为:$H=500$ km,$\tan\alpha=0.48$,$GSD=10$ m,$f=500$ mm,待模拟 CCD 影像大小为 2000 像素×2400 像素。

应用本章前面提到的原理生成三线阵 CCD 影像如图 12.12 所示,并形成 5 层金字塔影像(见图 12.13)。金字塔顶层到底层为 0~4 层,其分辨率分别为 $16GSD$、$8GSD$、$4GSD$、$2GSD$ 及 $GSD$。

 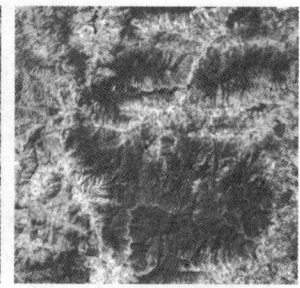 

(a) 前视影像　　　　　　(b) 正视影像　　　　　　(c) 后视影像

图 12.12 模拟生成泰山三线阵 CCD 影像

图 12.13　由正视影像生成的金字塔影像

## 12.5.2　三线阵 CCD 影像生成 DEM 的策略及流程

采用断面引导逼近原理的物方影像匹配,从影像匹配的策略考虑以下几点:

(1)采用正射纠正为正射影像进行匹配,使匹配在物方进行,有利于减少影像透视变形对影像匹配精度的影响。

(2)采用由粗到精的策略,将金字塔影像生成正射影像,按分频道匹配,利用断面引导逼近原理可以直接得到栅格位置的高程。

(3)采用区域正射影像,区域内 DEM 栅格点逐个按单点相关系数法匹配得到区域视差格网,进而采用视差平滑的办法剔除粗差与滤波,或以视差格网为初值,进行松弛法匹配,再按 12.3.3 小节的方法计算 DEM 新的高程。

(4)以正视影像为目标窗口,分别对前、后视影像进行搜索,利用前、后视同名影像做前方交会定点。前、后视影像中有一影像无法匹配时,采用正、前视或正、后视同名影像作交会定向点(此时基高比为原来的 50%,导致高程精度降低 50%)。

(5)金字塔第 0 层的 DEM 各点高程近似值采用该地区高程概略平均值。每一层匹配完成后,对 DEM 进行平滑并按栅格间距缩小进行 DEM 内插,再作为下一层的近似值。

DEM 自动采集流程如图 12.14 所示。

## 12.5.3　应用纠正为正射影像匹配的方法采集泰山地区 DEM

利用正视和后视及其金字塔影像进行影像匹配。为了便于解读这种 DEM 采集方法,将各金字塔层匹配时生成的正射影像归化为同样的显示尺寸,如图 12.15 至图 12.17 所示。

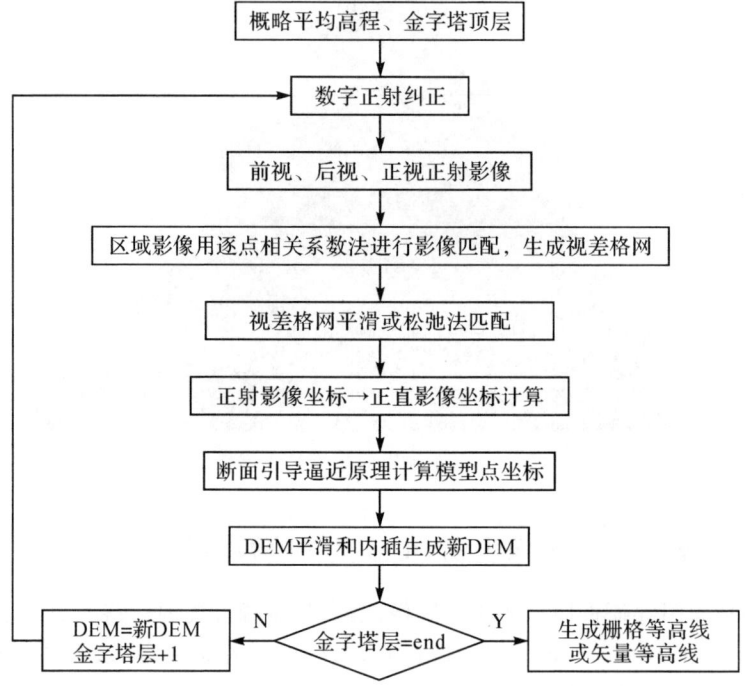

图 12.14　自动提取 DEM 流程

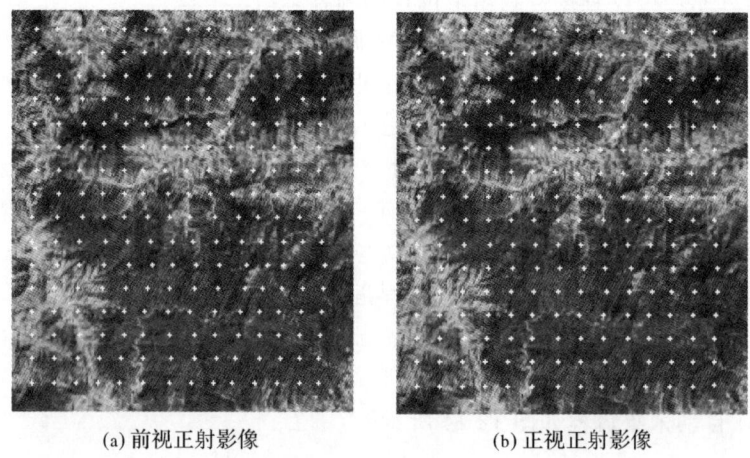

(a) 前视正射影像　　　　　　(b) 正视正射影像

图 12.15　顶层

# 第十二章 三线阵 CCD 影像立体测图

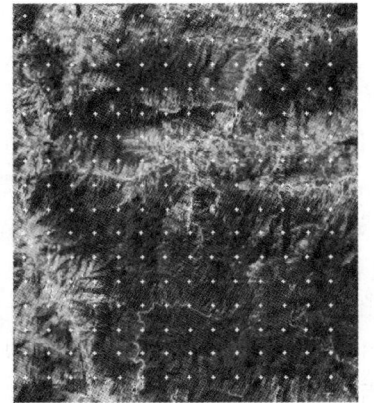
(a) 前视正射影像

(b) 正视正射影像

图 12.16  2 层

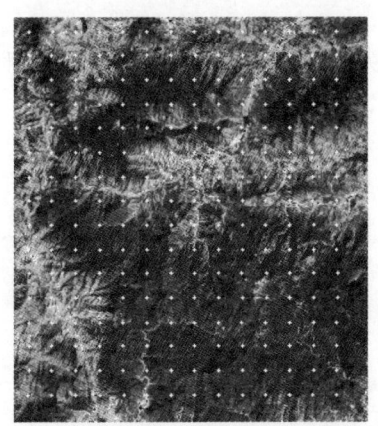
(a) 前视正射影像

(b) 正视正射影像

图 12.17  4 层

(a) 2层

(b) 4层

(c) 顶层

图 12.18  顶层、2 层及 4 层等高线

采集的 DEM 的栅格间距为 30 m，共 216 531 格网点。利用 12.4.1 小节的栅格等高线生成方法，生成各层 DEM 的等高线，如图 12.18 所示。如果立体观察正、后视正射纠正影像，可以看出金字塔顶层正射影像显示了泰山的高程起伏状态，此层匹配用的 DEM 高程初值是常数 500 m，因而正射纠正等于没有纠正，但影像匹配同名点显示，影像与地形有较好的拟合，可以发现顶层匹配后，DEM 高程精度有明显改善，立体观察正射影像尚有不甚显著的不平整（如果 DEM 高程没有误差，立体观察正射影像应该完全平整）。随着金字塔层增加至全分辨率层，从立体观察正射影像的平整度和等高线的显示，均表明 DEM 高程有较高的精度。应该指出，一些影像纹理贫乏，甚至存在阴影，虽然影像匹配不正确，但在立体观察正射影像中不一定能发现，这种误差只能通过后编辑加以改正。

应该指出，每层正射纠正时是应用该层的金字塔影像，因此每层的影像匹配是重新开始，该层生成的 DEM 误差只取决于该层影像匹配的误差，与上一层误差无关。

利用正射影像零立体观察，发现左右视差更灵敏，因此一些学者从事利用正射影像立体观测对 DEM 进行后编辑的研究。

# 第十三章　变换三线阵 CCD 影像为正直影像立体测绘

传输型摄影测量卫星运管部门至今大多只提供制作 A、B 两级影像产品，由于三线阵 CCD 影像推扫摄影比较复杂的数学模型及 6 个外方位元素的诸多数据，给用户应用带来很多不便。在早期处理中，采用多项式分别拟合 6 个外方位元素，使得诸多外方位元素数据简化到只有 6 个多项式所含的参数，近期利用外方位元素生成一定数量的控制点并生成有理多项式以代替像地坐标变换中的有关参数，都实现了便利用户使用的目的。随着计算机技术的发展，一些卫星运管部门已考虑应用其掌握的影像参数，按严格的方法采集 DEM 并生成正射影像产品提供给用户。在这样的情况下，笔者认为可以将卫星产品进一步推广到利用 DEM 生成正直摄影影像（以下简称正直影像）用于立体测绘（王任享，2007）。对运管部门而言，DEM 可分为粗、精两级，如果只用于生成正射影像和正直影像，对 DEM 只需进行粗差剔除、平滑以及简单的后编辑；如果要用于生成等高线则做精编辑，不管哪一级 DEM，在后续的立体测图中都可以起到支持立体跟踪地物，使高程自动照准，如有必要也可以用生成的正直影像对 DEM 做进一步后编辑。利用 DEM 生成正直影像属于严格的三维变换，可以得到最简单的中心投影影像，也方便在已有的数字摄影测量工作站上应用。可以展望，将来卫星运管部门除了拥有 A、B 级产品，还有 DEM、正射影像和正直影像供用户选用。

## §13.1　正直摄影像对生成

### 13.1.1　正直影像生成计算

像片水平、摄影基线水平的像片对，称作理想像对或正直摄影（normal photography）像对（钱曾波，1980），这种像对只在地面摄影测量中存在，航空、航天摄影中都不存在，其特点是外方位元素最简单。像对参数可以规定如下：$f$ 为正直影像主距，可取等于前、后视 CCD 相机主距的均值；左摄站坐标为 $(X_{S_1}, Y_{S_1}, Z_{S_1})$；右摄站坐标为 $(X_{S_2}, Y_{S_2}, Z_{S_2})$；由于是正直摄影，所以 $Y_{S_1}=Y_{S_2}$，$Z_{S_1}=Z_{S_2}$；角元素 $\varphi_1, \omega_1, \kappa_1, \varphi_2, \omega_2, \kappa_2$ 均为零，无须设定；左像起始点坐标为 $I_{o1}(0, o_y)$，右像起始点坐标为 $I_{o2}(-l-r_o, o_y)$，如图 13.1 所示。$l_x$ 为 $x$ 方向像元数；$l_y$ 为 $y$ 方向像元数；$o_y$ 为影像文件起始点至像主点的像元数。

将 CCD 影像变换为正直影像的计算过程如图 13.2 所示。首先，从正直影像坐标计算地面点坐标，其中 Z 坐标从 DEM 中内插求得，这一过程要从其近似值开始迭代计算，当地面坡度大于摄影光线倾角时，迭代不能正确收敛，应做适当处理，再由地面点坐标按 CCD 推扫摄影方式反求 CCD 像点坐标，其计算过程参阅 2.4.2.2 小节像地坐标反算。然后，利用 CCD 像坐标在 CCD 影像文件中内插灰度，并为正直像点赋灰度值。两者投影变换关系在 XZ 面上的投影如图 13.3 所示。

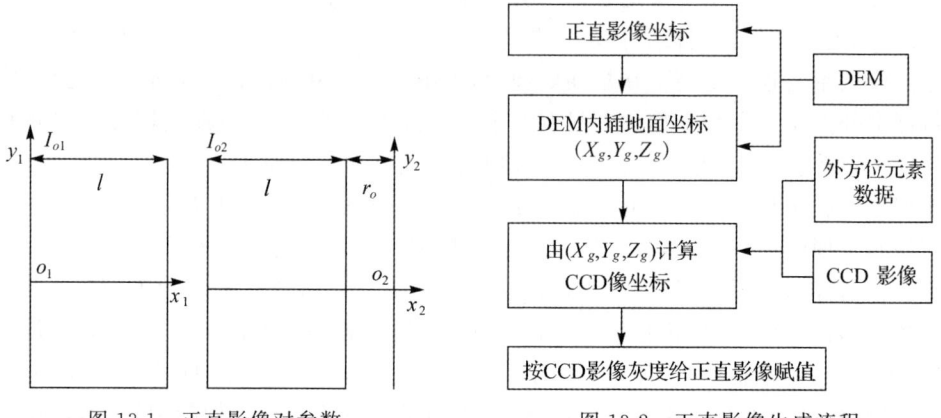

图 13.1　正直影像对参数　　　　图 13.2　正直影像生成流程

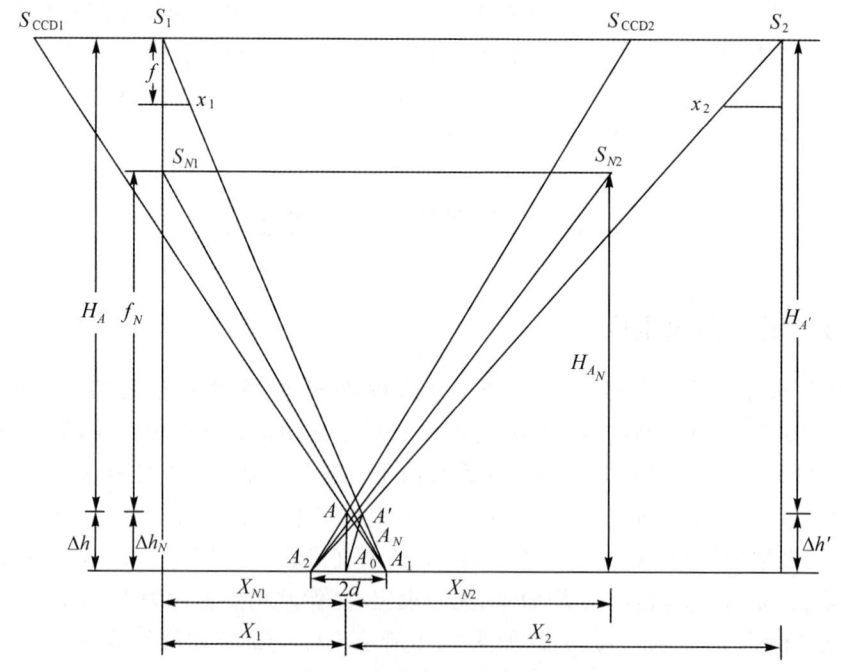

图 13.3　CCD 影像与正直影像变换

## 13.1.2 实用化正直影像对

卫星摄影中，一条基线覆盖的影像数据量很大，为方便用户使用，通常将航线影像划分为若干区块，区块大小主要按用户要求及卫星航线宽度来确定。按区块生成正直影像时，可以将区块 $x$ 方向长度作为正直像对的基线，为保持基高比基本不变，摄站高度相应降低，影像主距也成比例缩小，$y$ 方向摄影光线倾角尽量不大于 $25°$，以避免产生摄影死角。

为了保持区块正直影像对的影像有效区覆盖所选定的区块，实用化正直影像对参数设定为

$$\left.\begin{array}{l} f_N = fK \\ K = B/B_{CCD} \\ B_N = BK \end{array}\right\} \quad (13.1)$$

式中，$f$ 为前、后视 CCD 相机主距均值；$B$ 为区块 DEM 在 $x$ 方向长度；$B_{CCD}$ 为区块范围内，同名点前、后视 CCD 影像摄影中心距离的概略均值。在图 13.1 中，$o_1$、$o_2$ 为左、右正直影像的主点；$I_{o1}(0, o_y)$，$I_{o2}(-l-r_o, o_y)$ 为区块 DEM 左上角附近点在正直影像上的点位，作为正直影像的起始点；$r_o$ 为右像 $l$ 右端至右片过主点垂线的距离。在图 13.3 中，左摄站坐标为 $(X_{S_{N_1}}, Y_{S_{N_1}}, Z_{S_{N_1}})$，右摄站坐标为 $(X_{S_{N_2}}, Y_{S_{N_2}}, Z_{S_{N_2}})$，令

$$\left.\begin{array}{l} Y_{S_{N_1}} = Y_{S_{N_2}} = Y_{S_N} \\ Z_{S_{N_1}} = Z_{S_{N_2}} = Z_{S_N} \\ Z_{S_N} = (Z_{S_{CCD}} - Z_0)K + Z_0 \end{array}\right\} \quad (13.2)$$

式中，$Z_{S_{CCD}}$ 为区块 DEM 左上角附近点相应的 CCD 摄站的 $Z$ 坐标；$Z_0$ 为区块 DEM 左上角附近点高程。

## 13.1.3 离点误差分析及立体测绘数学模型

### 13.1.3.1 从 CCD 影像到正直影像变换规律及特点

从 CCD 影像到正直影像是借助 DEM 并按共线方程做严格三维变换，因而应用正直影像重建模型时，凡 DEM 栅格点均没有误差，介于栅格之间点的高程虽然受 DEM 内插影响有些误差，但不影响立体测绘精度。但是，由于 DEM 在生成过程中进行了平滑处理，一些地物点(尤其是高层建筑物顶)根本没有其顶层高程参与变换，因而恢复立体量测将出现误差。为了叙述方便，本书将那些不在 DEM 表面即"浮出"或"切入"DEM 表面的点称作"离点"，意为离开 DEM 表面的点。

图 13.3 中，$S_{CCD1}$、$S_{CCD2}$ 为摄取点 $A$ 时的前、后视 CCD 相机摄影中心；$S_1$、$S_2$ 为左、右正直影像摄影中心，$A_1$、$A_2$ 是左、右 CCD 相面上点 $A$ 的影像在 DEM 面上的投影；在 CCD 影像成像时点 $A$ 有 $(X_A, Y_A, Z_A)$ 值，其摄影位置是严格中心投

影的结果。从点 $A$ 铅垂到 DEM 面上的交点为 $A_0$，其坐标值为 $(X_A, Y_A, Z_{A_0})$，此处 $Z_{A_0}$ 等于按 $(X_A, Y_A)$ 在 DEM 中内插的高程。在正直影像生成中，点 $A_0$ 有 $Z_{A_0}$ 参与，所以 $A_0$ 在正直影像上的坐标是严格的，其逆投影（前方交会）也能恢复 $A_0$ 位置。然而，点 $A$ 是离点，在正直影像生成中没有 $Z_A$ 参与，而点 $A$ 在左、右正直影像面上的影像分别是由 $A_1$、$A_2$ 及其在 DEM 的高程按共线方程计算的结果，所以按其在正直影像上的像点 $x_1$、$x_2$ 作前方交会时交点是 $A'$，而不是 $A$。可以看出，$A_0$ 到 $A'$ 不是铅垂上升，而是沿倾斜线上升，即带有平面位置误差及高程误差。唯一不出现误差的条件是，正直影像的摄影中心与摄取点 $A$ 时的前、后视 CCD 相机中心一致，CCD 影像是推扫摄影，这一条件一般情况下不存在，但有重要意义，即可以用来探讨离点的误差。

#### 13.1.3.2 离点位置误差分析

正直影像对立体测绘中绝大多数点的精度不存在问题，只有离点带有仿射变形，其误差应做分析。离点位置误差由两个因素决定：一是离点距 DEM 表面高差大小；二是正直影像对摄影中心与离点在 CCD 推扫摄影过程中的摄影中心的不一致度。正直影像对摄影中心属地表地物标高，只有百米级；离点在卫星摄影中，由于飞行比较平稳，在一个区块范围内摄影中心非线性变化估计也是百米级，但卫星飞行高度是以百千米计，因而正直影像对与离点 CCD 影像摄影中心的较差，对正直影像量测离点位置的影响只需取一次项。令二者较差为 $D_Z$、$D_Y$、$D_X$、$D_B$，对 $D_Z$、$D_Y$ 而言，正直影像对中的左、右量相等，而离点 CCD 影像中心的左、右量不相等，但其差值不大，为讨论方便取为一个值；$D_X$ 随离点 $X$ 坐标变化，变化量较大；$D_B$ 除了 CCD 摄站坐标非线性变化因素外，还涉及姿态角 $\varphi$ 的变化以及地形起伏等影响。

离点坐标误差只取一次项，并略去推导过程，结果如下：

(1) $D_Z$ 产生的离点坐标误差为

$$\left. \begin{aligned} \mathrm{d}Y &= \frac{\Delta h}{H} \frac{Y}{H} D_Z \\ \mathrm{d}Z &= \frac{\Delta h}{H} D_Z \end{aligned} \right\} \tag{13.3}$$

式中，$\Delta h$ 为离点对 DEM 表面的高差；$H$ 为正直影像摄影中心至 DEM 表面距离；$Y$ 为离点在摄影测量坐标系的 $Y$ 坐标。

(2) $D_Y$ 产生的离点坐标误差为

$$\mathrm{d}Y = \frac{\Delta h}{H} D_Y \tag{13.4}$$

(3) $D_B$ 产生的高程误差为

$$\mathrm{d}Z = -\frac{\Delta h}{B} D_B \tag{13.5}$$

(4) $D_X$ 的影响,在地像坐标计算时可以改正,以下将专门讨论。

当 $B=H$ 时,则中误差为

$$\left. \begin{aligned} m_Y &= \frac{\Delta h}{H}\sqrt{\left(\frac{Y}{H}D_Z\right)^2 + D_Y^2} \\ m_Z &= \frac{\Delta h}{H}\sqrt{D_Z^2 + D_B^2} \end{aligned} \right\} \quad (13.6)$$

设 $H=500 \text{ km}, \Delta h=300 \text{ m}, Y=30 \text{ km}$,并以不同的 $D_Y$、$D_Z$、$D_B$ 值计算中误差,如表 13.1 所示。

表 13.1 离点理论误差

| $D_Y=D_Z=D_B/\text{m}$ | $m_Y/\text{m}$ | $m_h/\text{m}$ |
| --- | --- | --- |
| 100 | 0.06 | 0.14 |
| 200 | 0.12 | 0.17 |
| 300 | 0.18 | 0.25 |
| 500 | 0.30 | 0.42 |
| 1000 | 0.60 | 0.84 |

作为理论误差计算,表 13.1 中 $D_Y$、$D_Z$、$D_B$ 值设定为 $100\sim1000$ m,但实际资料中取决于卫星运行的非线性化变化状况。对于正常运行的卫星而言,在一个 $60\sim120$ km 轨道范围内,摄站 $Y$、$Z$ 坐标及基线值与均值差距不大,不会影响正直影像测绘精度。

#### 13.1.3.3 立体跟踪的数学模型

为了消除 $D_X$ 的影响,设计了以下像地坐标数学模型,在其作用下,立体照准离点 $A'$,参看图 13.3,虽然是沿 $A_0A'$ 的倾斜线上升,但仍能保持平面坐标与 $A_0$ 相同。从 $X_g$、$Y_g$ 到 $x_1$、$x_2$ 计算过程的流程如图 13.4 所示。

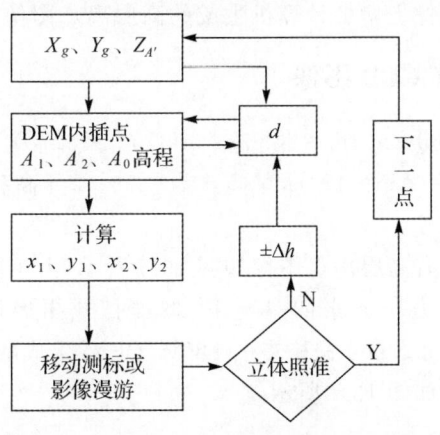

图 13.4 立体跟踪流程

像地坐标数学模型为

$$\left.\begin{array}{l} x_1 = \dfrac{[X_{S_1}-(X_g+d)]f}{(Z_{\text{int}1}-Z_S)pixel} \\[2mm] y_1 = o_y - \dfrac{(Y_S-Y_g)f}{(Z_{A'}-Z_S)pixel} \\[2mm] x_2 = \dfrac{[X_{S_2}-(X_g+d)]f}{(Z_{\text{int}2}-Z_S)pixel} \\[2mm] y_2 = o_y - \dfrac{(Y_S-Y_g)f}{(Z_{A'}-Z_S)pixel} \end{array}\right\} \quad (13.7)$$

式中,$X_g$,$Y_g$ 为地面点 $A_0$ 或离点 $A$ 的平面坐标;$Z_{\text{int}1}$ 为点 $A_1$ 高程,由 $X_g+d$ 与 $Y_g$ 内插 DEM;$Z_{\text{int}2}$ 为点 $A_2$ 高程,由 $X_g-d$ 与 $Y_g$ 内插 DEM;$Z_{A'}$ 为立体照准点 $A'$ 的高程;$X_{S_1}$,$X_{S_2}$ 分别为正直影像左、右摄站 $X$ 坐标;$Y_S$,$Z_S$ 分别为正直影像摄站 $Y$ 和 $Z$ 坐标;$pixel$ 为像元大小;且有

$$d = \dfrac{1}{2} B \dfrac{\Delta h'}{H_{A'}}$$

其中,$B = X_{S_2} - X_{S_1}$;$\Delta h' = Z_{A'} - Z_{\text{int}A_0}$,$Z_{\text{int}A_0}$ 为 $X_g$、$Y_g$ 内插 DEM 的高程;$H_{A'} = Z_S - Z_{A'}$。

以上公式基本上适用于实用化正直影像对,但 $y_1$、$y_2$ 计算式分母中的 $Z_{A'}$ 应代之为

$$Z_{A'} = \Delta h' k + Z_{\text{int}A_0}$$

## §13.2 实验分析

为了验证以上讨论的结论,特别是如何保持离点立体量测的必要精度,在选取的卫星摄影前、后视影像上增加计算机生成的高层离点图像。

### 13.2.1 卫星三线阵 CCD 影像

基本数据:$H = 600$ km,$f_l = 326.24$ mm,$f_r = 327.0$ mm,$\alpha = 21°$,$Pixel = 0.0065$,地面分辨率为 12 m×12 m,基高比为 0.76,像元高程误差为 15.8 m,截取区块长 26 km、宽 20 km。

前、后视影像并带有高层离点图像如图 13.5 所示(由于图像缩小,高层离点的图像难以看出)。在外方位元素的参与下,按推扫式摄影原理采集栅格间距为 30 m×30 m、大小为 800×560 栅格点的 DEM,DEM 生成的等高线部分如图 13.6 所示,生成的正直影像如图 13.7 所示。

(a) 前视影像　　　　　　　　　(b) 后视影像

图 13.5　前视与后视影像

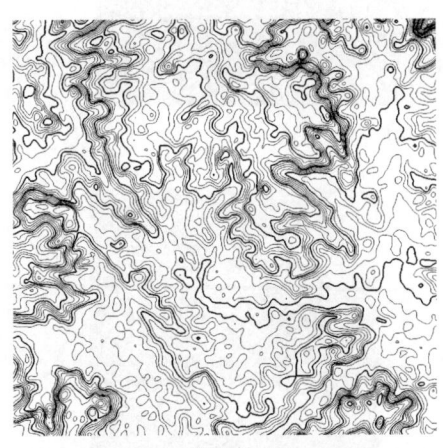 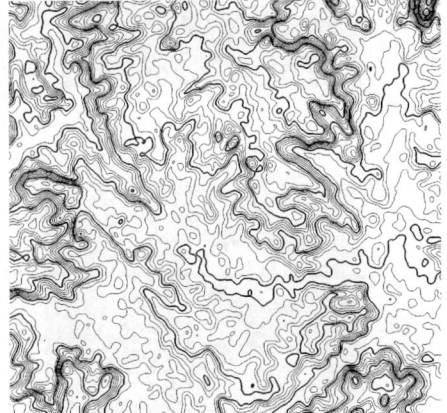

(a) CCD影像生成的DEM　　　　　　　　(b) 正直影像生成的DEM

图 13.6　DEM 生成等高线

(a) 左正直影像　　　　　　　　　(b) 右正直影像

图 13.7　左、右正直影像

## 13.2.2 高层离点

由于所用的卫星影像地区无高层建筑,无法验证正直影像的离点测量性能,专门设计了用计算机生成的高层离点图像,如图 13.8 和图 13.9 所示,它在 DEM 表面上为一个长方形,主要方便寻找,中心为白色点,中心往上约 300 m 处为小正方形,其中心为一个"十"字,作为离点看待。

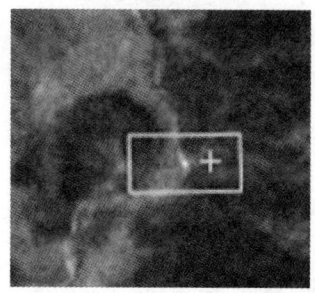
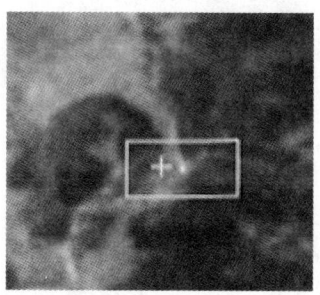

图 13.8　CCD 影像上高层离点图像

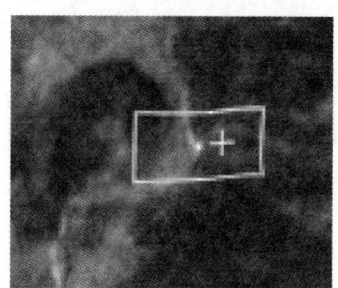
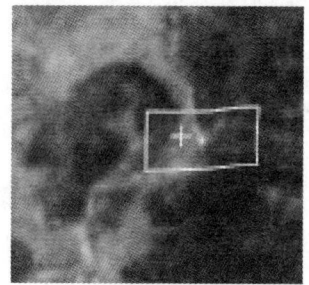

图 13.9　正直影像上高层离点图像

## 13.2.3　在 CCD 影像上布设高层离点图像

利用前、后视 CCD 影像及相应的 DEM 和外方位元素数据,按推扫式摄影原理生成高层离点图像。图 13.7 中已有叠加图像,在区块四周布有数个高层离点图像,在区域中央还布设较多的高层离点,如图 13.10 和图 13.11 所示。

## 13.2.4　生成正直影像

选定基线约等于 60 km 的区块,生成实用化正直影像对,如图 13.7 所示。正直影像对参数为:$X_{S_l} = 59\,900.0$ m, $f_N = 42.740\,49$ mm, $X_{S_r} = 119\,900.00$ m, $Y_S = 600\,016.81$ m, $Z_S = 79\,705.96$ m, $K = 0.130\,8$, $B_N = 60\,000.0$ m, $l = 2\,009$, $r_o = 3\,027$。

选定的正直影像对摄站坐标相对于前、后视 CCD 摄站坐标较差如下：$D_Y$ 为 $10\sim100$ m，$D_Z$ 为 $10\sim90$ m，$D_B$ 为 $10\sim30$ m。

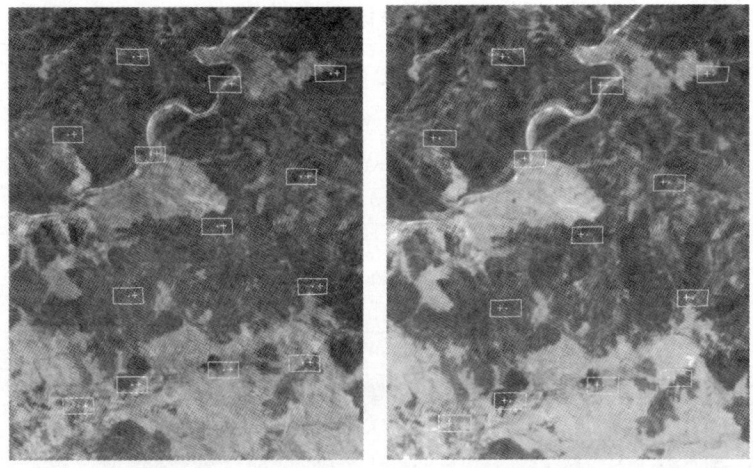

图 13.10　CCD 影像中心区高层离点

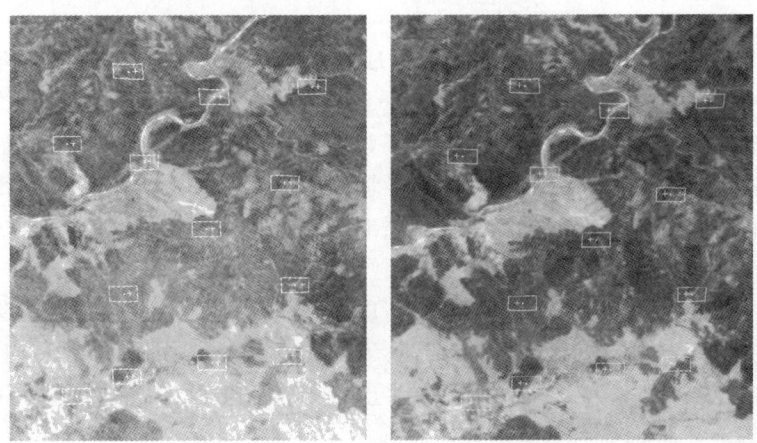

图 13.11　正直影像中心区高层离点

### 13.2.5　立体量测模块

实验中设计了 CCD 影像立体模块和正直影像立体模块。

(1) CCD 影像立体模块按 CCD 成像推扫原理，依靠 DEM 和外方位元素值，可实现目视立体照准与量测，量测窗口的影像按原影像放大一倍，以提高目视立体照准精度。

(2) 正直影像立体模块与经典框幅像片立体模块相似，但地像坐标计算是按式(13.7)编制的，立体功能与 CCD 影像立体模块一样。

对布设在区块四周的 8 个高层离点,利用以上两个模块进行量测,相应点的坐标较差及高差的较差统计如表 13.2 所示。

表 13.2　坐标较差统计

| 点号 | 高层离点底层点/m | | | 高层离点上层点/m | | | 上、下层点高程较差/m | | $\Delta h$ 较差/m |
|---|---|---|---|---|---|---|---|---|---|
|  | $\Delta X$ | $\Delta Y$ | $\Delta Z$ | $\Delta X$ | $\Delta Y$ | $\Delta Z$ | CCD$\Delta h$ | 正直 $\Delta h$ | d$\Delta h$ |
| 1 | −3 | 1 | 0 | −3 | 7 | −4 | 300 | 304 | −4 |
| 2 | 0 | 2 | −2 | −2 | 5 | −4 | 313 | 315 | −2 |
| 3 | 0 | 11 | −2 | 0 | 11 | −4 | 300 | 302 | −2 |
| 4 | 5 | 13 | 0 | 1 | 10 | 1 | 300 | 298 | 2 |
| 5 | 0 | 0 | 0 | 0 | 0 | −5 | 278 | 272 | 6 |
| 6 | −3 | 8 | 0 | −3 | 7 | 0 | 300 | 302 | 2 |
| 7 | 0 | 4 | −1 | −2 | 7 | 2 | 300 | 297 | 3 |
| 8 | −2 | 1 | 0 | −2 | 1 | 7 | 300 | 293 | 7 |
| 中误差/m | 2.4 | 6.8 | 1.1 | 2.0 | 7.0 | 4.0 |  |  | 4.0 |

高层离点图像由一个像元的点阵构成,因此图像清晰度好,立体照准比较可靠,精度可在 0.5 像元之内,即平面坐标量测精度约 ±6 m,高程量测精度约 ±8 m。由于基高比仅为 0.76,且像元地面分辨率为 12 m,像元高程误差达 15.8 m,因此量测中立体照准采用统一格式进行,以保证量测坐标的可靠性。从表 13.2 统计的误差可以看出,高层离点误差主要由立体照准精度决定,看不出受高达 300 m 的高程离点高差的太大影响,这与表 13.1 的理论估算相符。

此外还利用生成的正直影像(去除高层离点图像)按框幅像片原理采集 DEM,与通常的框幅像片比较而言,像对参数大大简化。图 13.6 中,显示了利用前、后视 CCD 影像按推扫式原理采集的 DEM 和正直影像采集的 DEM 生成的部分等高线,二者等高线图基本相同。

应用变换为正直影像的方法解决三线阵 CCD 影像立体测图的问题,其优点在于立体测绘精度受划分区大小影响不大,一般情况下卫星运管部门只要采用三线阵 CCD 影像推扫原理的严格方法采集 DEM,经剔除粗差和平滑即可用于生成正直影像提交用户,就立体测绘地物而言,用户只需对 DEM 做编辑,如果需要利用 DEM 生成等高线,则用户应做进一步编辑。现在通用航空像片数字测量工作站的软件只要改变像对的参数设置及地像的循环计算公式(即式(3.7))即可。

初步实验证明,将卫星三线阵 CCD 影像变换为正直影像立体测绘是可行的路子,进一步研究将着重了解卫星运行的非线性变化量,及其与正直影像立体测绘精度的关系。

# 第十四章 "嫦娥一号"三线阵 CCD 影像摄影测量

20 世纪 60 年代美国登月工程"阿波罗"号对月球进行摄影测量，开创了卫星摄影测量的先河，从此摄影测量学科出现了"卫星摄影测量（satellite photogrammetry）"，这一名词既适用于航天对地球的摄影测量，也适用于宇航对外星球的摄影测量。我国"嫦娥一号"卫星的目标任务之一是对月球进行立体摄影测量，为我国摄影测量增加了新门类"对月卫星摄影测量"这一新门类。

在"嫦娥一号"工程立项初期，针对工程地面应用系统有关人员咨询的探月工程摄影测量问题，在尊重探月工程总体目标规划和已有相机参数不作变更的条件下，笔者提出一个可称作"一个相机三线推扫"的方案，即只要一台相机，取 1024×1024 面阵的左、中、右各一条 CCD 线阵，按三线阵方式沿飞行方向作推扫式摄影，以取代原拟定的两个面阵 CCD 相机交向摄影方案。该方案需要完成立体影像接收后的摄影测量产品快速生成任务（几何反演），包括外方位元素重建、DEM 采集、正射影像、等高线、三维地形仿真，以及相关评估研究。

对"嫦娥一号"的摄影测量而言有两个层面，一是承担数字地面模型快速反演任务，在"嫦娥一号"传回影像的第一时间快速制作几何反演产品，以评估"嫦娥一号"三线推扫摄影测量是否成功，该成果关系到的是内部精度，此时摄影测量处理不需卫星提供外方位元素值，也不需月面控制点，具有快速反演的条件；二是测绘月球地形图，属于月球坐标系内的成果，关系到的是绝对精度。由于上述任务只涉及第一层面，本研究着重对内部精度加以估算，主要用于评估工程方案的可行性及可测绘月球地形图的等级。以下所有的摄影测量处理都是应用笔者开发的数字摄影测量软件完成。

## §14.1 模拟实验研究

"嫦娥一号"是中国首颗绕月探测卫星，也是首次拍摄月球影像。由于笔者从未接触过外星球影像的摄影测量处理，因此，利用由"嫦娥一号"工程地面应用系统提供的美国"阿波罗 17 号"月球影像（见图 14.1），作为"嫦娥一号"工程摄影测量方案评估研究之用。

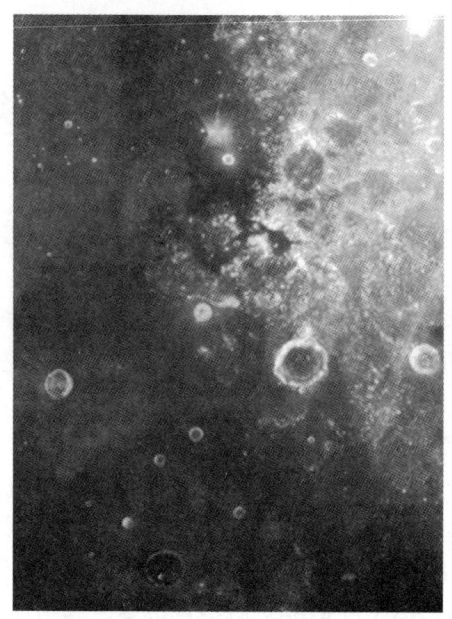

图 14.1 "阿波罗 17 号"获取的月球正射影像

注:月面影像像元分辨率为 100 m,DEM 格网为 474 m×474 m。

## 14.1.1 三线阵 CCD 卫星影像模拟

"嫦娥一号"卫星参数:卫星飞行高度为 200 km,正视相机主距为 23 mm,正视相机与前、后视相机光轴夹角 $\alpha$ 为 17.7°,月面面像元分辨率为 120 m,线阵像元数为 512,航线宽度为 61 km,姿态控制精度小于等于 ±1°,姿态稳定度小于等于 0.01(°)/s,外方位元素按式(3.7)的数学模型生成。

月球大地参数:半均半径为 1 738 km。

根据"嫦娥一号"卫星的设计指标,分别模拟三线阵 CCD 相机的前视影像、正视影像及后视影像,如图 14.2、图 14.3 和图 14.4 所示。

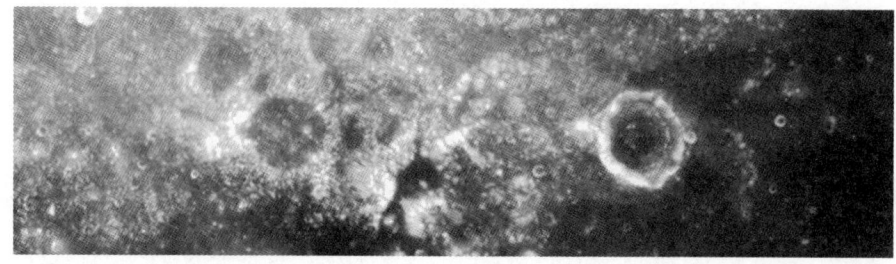

图 14.2 前视影像

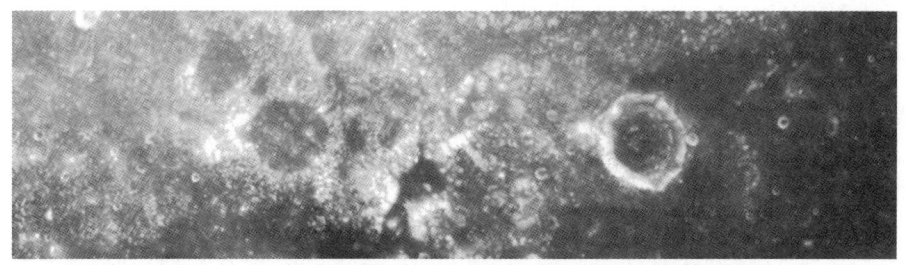

图 14.3　正视影像

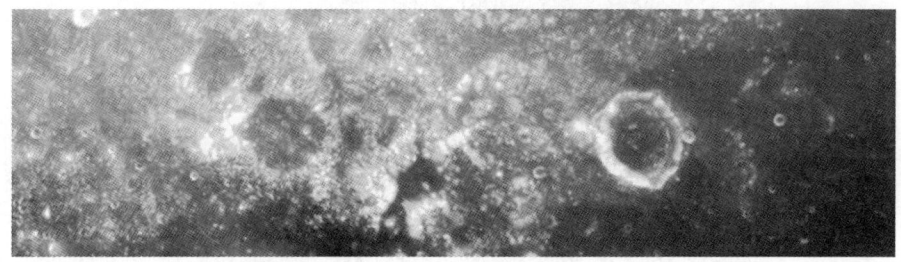

图 14.4　后视影像

## 14.1.2　DEM 采集及生成等高线比较

利用模拟生成的外方位元素,对前视和后视金字塔影像进行匹配,按 480 m× 480 m 格网,6 条基线共采集约 10 万个月面高程点的 DEM 后,与仿真用的 DEM 相较差,中误差为 $m_h=36$ m,当像元分辨率为 120 m 时,匹配中误差相当于 0.3 像元,即按真外方位元素采集的 DEM 与仿真用的 DEM 比较,影像匹配误差为 0.3 像元,其部分成果如图 14.5 至图 14.10 所示。

(1)从 DEM 生成的等高线(见图 14.5 和图 14.6)可看出,DEM 采集是可靠的。图 14.5 和图 14.6 中选择的是 300 m 等高距。

(2)图 14.7 至图 14.10 是由 DEM 自动生成的不同等高距的等高线,由此可以看出,选择 200 m 等高距效果最好。

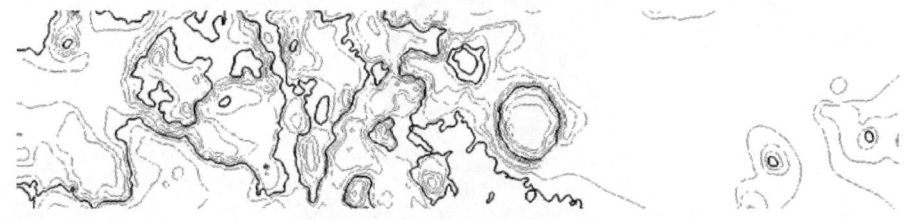

图 14.5　真 DEM 生成的等高线

图 14.6　自动采集 DEM 生成的等高线

图 14.7　由 DEM 自动生成的等高线（等高距 300 m）

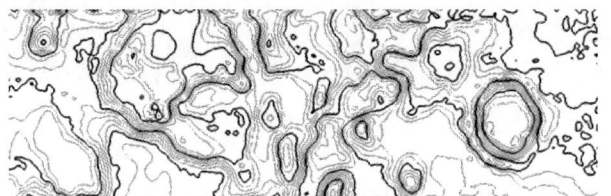

图 14.8　由 DEM 自动生成的等高线（等高距 200 m）

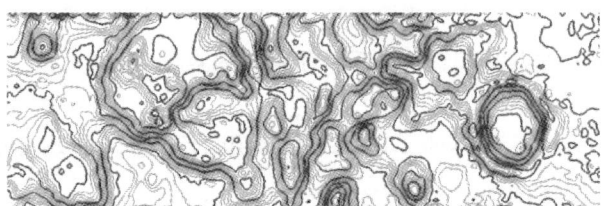

图 14.9　由 DEM 自动生成的等高线（等高距 100 m）

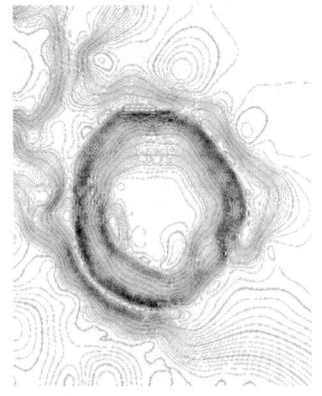

图 14.10　由 DEM 自动生成的等高线（等高距 50 m）

## 14.1.3 正射影像精度分析与成果

利用 DEM 和正视影像生成正射影像，将生成的正射影像与原始的正射影像合成红绿互补色立体影像，利用"零立体"分析可知生成的正射影像（见彩图 7），基本没有高低起伏的立体感，表明正射纠正的影像是正确的。

利用三线阵 CCD 月面影像，可生成的几何反演成果，正射影像如图 14.11 所示，正射影像叠加等高线如图 14.12 所示，三维景观模型如图 14.13 和图 14.14 所示。

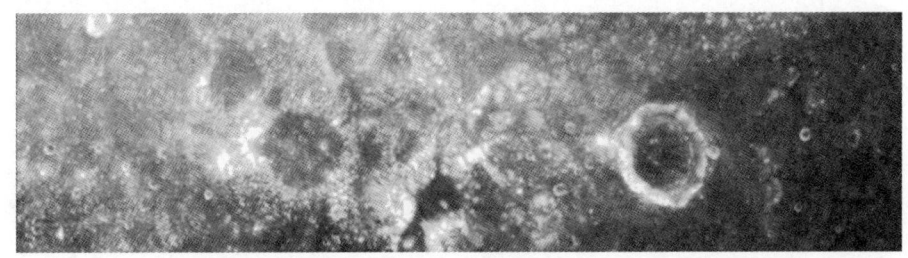

图 14.11　正射影像

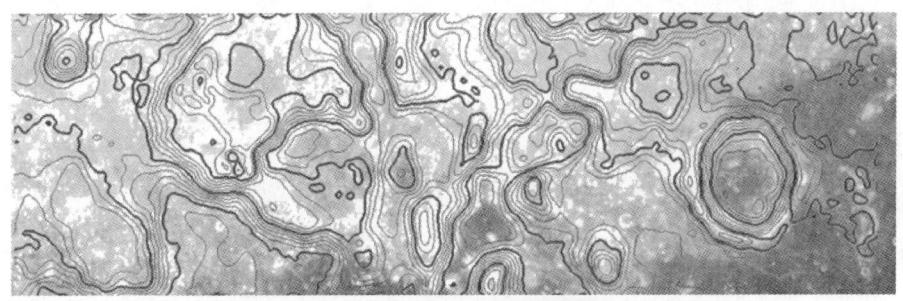

图 14.12　正射影像叠加等高线

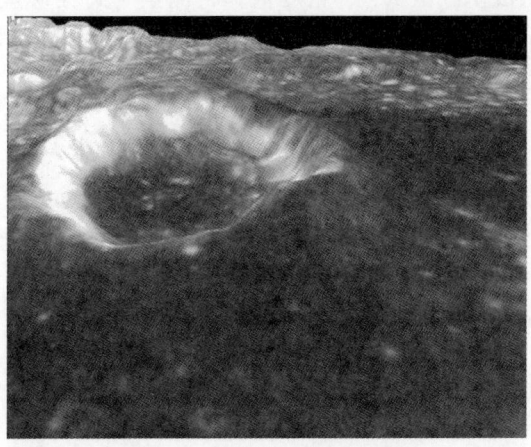

图 14.13　三维景观模型局部

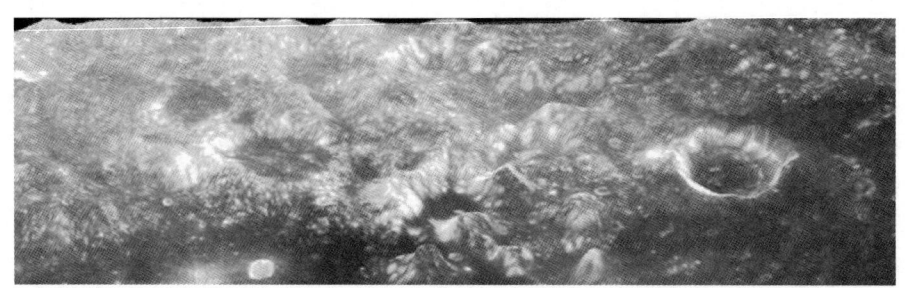

图 14.14　与模拟三线阵影像配套区域三维景观模型

模拟影像生成及几何反演成果研究,为完成收到"嫦娥一号"首幅月球三线阵 CCD 影像后,实现两天内提交可视化成果打下了良好的基础。

## §14.2　内部精度估算

内部精度指对规定的摄影测量系统采集的影像,具有在摄影测量坐标系内生成产品的精度估值,其特点是不借助卫星飞行时测定的外方位元素观测值或月面控制点参与重建的月面模型(王任享,2008a)。月面控制点可用于对重建成果的精度评定。内部精度是摄影测量系统是否满足工程要求的最基础指标,可以认为是从数学角度对方案的可行性评估。本书第三章与第九章提供了两种可以求解外方位元素的光束法平差方法,即 EFP 法和自由外方位元素法。

### 14.2.1　内部精度仿真计算

按 14.1.1 小节中设定的"嫦娥一号"卫星参数,模拟影像坐标的像点坐标量测误差为 0.3 像元,航线基线数为 6。精度估算将侧重于高程误差,以便确定等高线可选的等高距。为了便于分析,这里专门定义几类高程误差符号:

(1) 单像点匹配误差生成的高程误差定义为

$$S_{\sigma_h} = 0.3 \times GSD \frac{H}{2B} \approx 60 \text{ m}$$

式中,0.3 为影像匹配误差;$GSD$ 为地面取样间距,这里为 120 m;$H$ 为卫星飞行高度,这里为 200 km;$B$ 为正视与前视或后视摄影中心的距离,这里约为 60 km。

(2) 前、后视像点前方交会的高程误差定义为

$$F_{\sigma_h} = \sqrt{2} \times S_{\sigma_h} = 84 \text{ m}$$

(3) 仅仅由重建的外方位元素误差导致的月面点高程误差(不含像点坐标量测误差)定义为 $P_{\sigma_h}$。

(4) 用分布航线首末端附近的四个控制点作绝对定向后,利用月面控制点作检查点统计的高程误差定义为 $M_{\sigma_h}$。

利用 EFP 法和自由外方位元素法的两个软件进行计算研究,分述如下。

为了了解重建外方位元素误差对月面点坐标的影响,采取同一组像点坐标观测值,分别按模拟用的真外方位元素和重建的外方位元素来计算月面点坐标,利用航线首末附近的四个同名点坐标作线性变换,然后统计两者坐标差的中误差,如表 14.1 所示。

表 14.1 $P_{\sigma_h}$ 统计        单位:m

| 方　法 | EFP 三线阵 CCD 模式 | | | FEO 三线阵 CCD 模式 | | |
|---|---|---|---|---|---|---|
| 坐标误差 | $m_X$ | $m_Y$ | $m_h$ | $m_X$ | $m_Y$ | $m_h$ |
| 数字模拟 | 43 | 15 | 60 | 82 | 30 | 78 |
| 影像模拟 | 13 | 3 | 34 | 97 | 25 | 71 |
| 均值 | 28 | 9 | 47 | 88 | 27 | 74 |

$M_{\sigma_h}$ 既包含重建外方位元素误差,又包含像点坐标量测误差。坐标误差统计如表 14.2 所示。

表 14.2 $M_{\sigma_h}$ 统计        单位:m

| 方　法 | EFP 三线阵 CCD 模式 | | | FEO 三线阵 CCD 模式 | | |
|---|---|---|---|---|---|---|
| 坐标误差 | $m_X$ | $m_Y$ | $m_h$ | $m_X$ | $m_Y$ | $m_h$ |
| 数字模拟 | 47 | 30 | 133 | 54 | 34 | 117 |
| 影像模拟 | 22 | 10 | 124 | 68 | 15 | 90 |
| 均值 | 34 | 20 | 128 | 66 | 24 | 104 |

从误差性质可知,重建的外方位元素受空中三角测量的偶然误差系统累积的影响,偶然误差系统累积分为一次、二次和两类,在自由网空中三角测量中是不可避免的,其大小与观测误差量值、分布以及航线长度等相关。

从表 14.1 数据可看出,在本次实验航线长度条件下,受其影响的高程误差与 $F_{\sigma_h}$ 相当。

$M_{\sigma_h}$ 可看作由 $P_{\sigma_h}$ 和 $F_{\sigma_h}$ 共同影响,从表 14.2 可看出,其量值基本符合

$$M_{\sigma_h} = \sqrt{P_{\sigma_h}^2 + F_{\sigma_h}^2}$$

如果单纯看 $M_{\sigma_h}$ 数值,可测绘等高线的等高距为 $3.3 \times M_{\sigma_h}$,即 350 m,但作为局部地区的月面反演,可以不考虑 $P_{\sigma_h}$ 的影响,因为它主要呈现的是立体模型的一些系统变形,其存在并不妨碍等高线的表示。因此,对"嫦娥一号"工程月面反演的摄影测量成果,可以采用等高距为 $3.3 \times F_{\sigma_h}$,即 300 m,考虑到月面实际情况,一般地区也可以采用等高距为 200 m。

## 14.2.2 有关绝对坐标系问题

月球坐标系内的摄影测量成果，不是本书研究项目，但基于前面做了一些内部精度研究，顺便做一些计算以供参考。假设有飞行中测定的外方位元素观测值可参与平差，并假定由轨道提供的摄站坐标误差为±10 m，由星敏感器提供的对月摄影相机姿态角精度为±5″，计算结果如表14.3所示。

表 14.3 外方位元素参与平差     单位：m

| 方 法 | 直接前方交会 | | | EFP 平差后 | | | 外方位元素误差 |
|---|---|---|---|---|---|---|---|
| 坐标误差 | $m_X$ | $m_Y$ | $m_h$ | $m_X$ | $m_Y$ | $m_h$ | |
| 数字模拟 | 103 | 84 | 134 | 15 | 24 | 118 | 线元素 10 m， |
| 影像模拟 | 98 | 64 | 144 | 19 | 10 | 110 | 角元素 5″ |
| 均值 | 100 | 74 | 139 | 17 | 17 | 114 | |

一个像元对应月面尺寸为 120 m，它对应卫星飞行高度 200 km 的摄影中心所张的角度约为 120″，比起卫星上星敏感测定姿态角的误差大很多，因此平差中外方位元素观测值的权可以相对大一些。尽管如此，从表 14.3 看，平差后高程误差比直接前方交会的误差小一些，说明平差能削弱外方位元素观测值的影响；但同时高程中误差也在百米量值，可测制等高距约 300 m 的等高线图。

## 14.2.3 成图能力的综合分析

按模拟数据计算看，如果轨道精度和星敏感器测姿精度都较好，平差后平面位置精度可测制 1∶50 万比例尺地形图，但高程精度只适合测制 1∶500 万地形图，综合两者，"嫦娥一号"可测制 1∶250 万比例尺地形图。

# §14.3 "嫦娥一号"影像处理

首幅"嫦娥一号"月球影像的几何反演处理如下。2007 年 10 月 20 日，"嫦娥一号"卫星在中国西昌卫星发射中心成功发射，并顺利进入预定轨道奔向月球。2007 年 11 月 20 日晚，得到"嫦娥一号"传回的第一轨影像后（见图 14.15），在地面应用系统统一计划下，当晚就进行利用三线阵影像 EFP 法光束法平差重建外方位元素、DEM 采集、等高线生成、正射影像及互补色立体影像制作。仅利用两个多小时就完成了包含 6 个基线航线摄影测量第一幅月球几何反演产品，如图 14.16 至图 14.18 所示（本章图像显示的航线宽度均为 61 km）。该工作的短期快速完成得益于预先利用模拟数据做了充分的实验验证，在实际影像应用时很顺利。

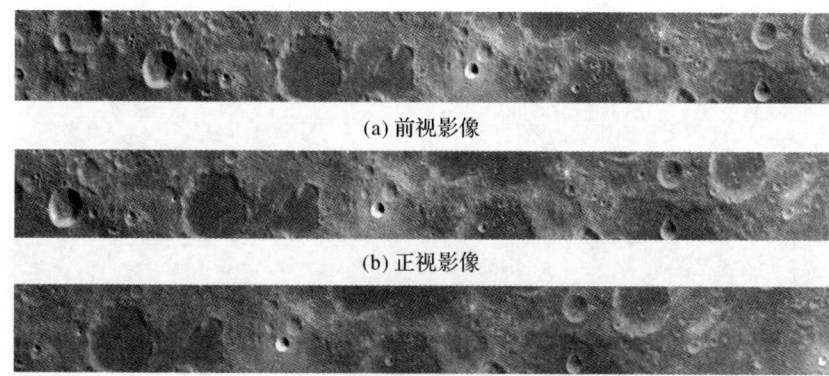

(a) 前视影像

(b) 正视影像

(c) 后视影像

图 14.15 "嫦娥一号"传回的第一轨影像

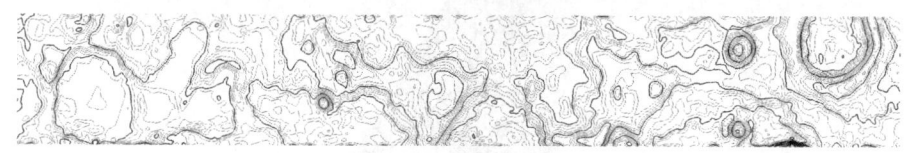

图 14.16 等高线图

图 14.17 正射影像图

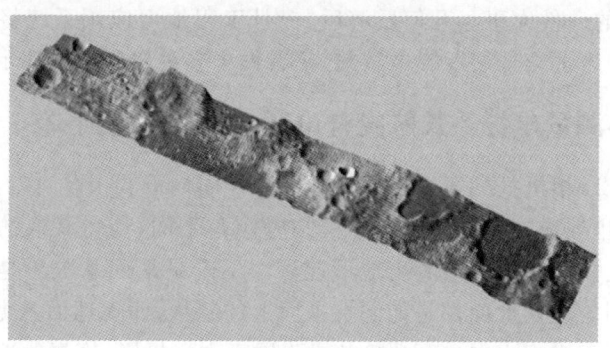

图 14.18 月球正面三维景观图

根据"嫦娥一号"获取的月球背面影像进行相关处理,其几何反演成果如图 14.19 至图 14.21 所示。

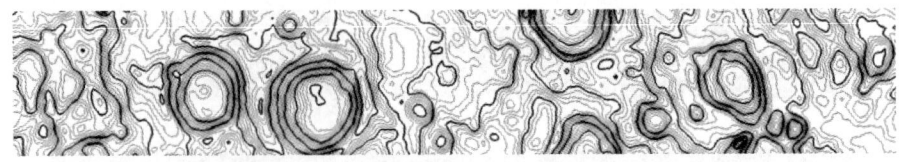

图 14.19　月球背面等高线（等高距 200 m）

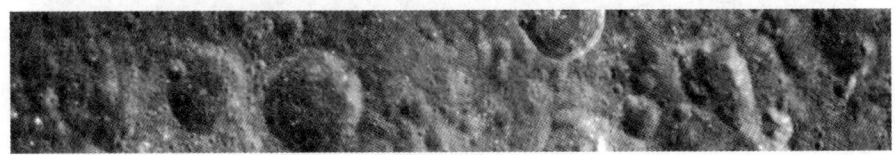

图 14.20　月球背面正射影像

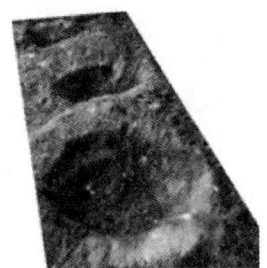

图 14.21　月球背面月坑三维景观图

## §14.4　多视角摄影测量展示

"嫦娥一号"对月球摄影测量的成功,开启了中国深空摄影测量的序幕,是中国摄影测量史上的一件大事。几何反演后,探月工程地面应用系统将第一轨影像资料赠送给笔者,为了充分展示影像资料,笔者做了多种摄影测量演示产品。

### 14.4.1　摄影测量坐标系长航线自由网 EFP 光束法平差

三线阵 CCD 相机推扫式摄影的每一个取样周期可获得各自三条线阵影像,这些影像按时序排列成三个图像。由于推扫时倾角不同,使得获取的图像同名点存在左右视差,立体目视时可以看出地形起伏。不管是平面基准还是球面基准的摄影,立体观察到的起伏地面都是如同在平面上的起伏,而无球面感觉。虽然球面基准摄影时,垂直于飞行方向（$y$ 方向）各线阵属于中心投影,恢复的地面模型存在球面曲率,但卫星摄影航线宽度很小,目视立体影像也没有曲率感觉。在飞行方向,即使航线很长,由于推扫式摄影属于"正射"采样,大跨度地面曲率也不会记录在影像中。尽管对于某一时刻的三线阵 CCD 影像之间也具有框幅相片的性质,甚至采用笔者的等效框幅相片思想，自由网空中三角测量也构不成如同框幅相片那样，一个单模型像对可以经过相对定向构成立体模型，而且带有坚强几何连接条件的像片三度重叠，可以构成与实际地面相似的航线模型（不计偶然误差系统累积）。也就是说，三线阵CCD影像空中三角测量恢复与地面相似的立体模型，必须在切面坐标系中计算。

自由网空中三角测量的特点是，在球面基准推扫式摄影时，由于两条基线范围内存在球面曲率，前、后视影像的摄影高度比正视影像大 $\Delta H$（见图14.22）。在月球上，当基线为60 km时，两条基线范围内 $\Delta H \approx 1.05$ km，其值在整个航线中几乎为常数。因而在球面基准摄影时，任意点的正视影像比例尺总是略大于前、后视影像，同名点的正视影像与前、后视影像的坐标差为

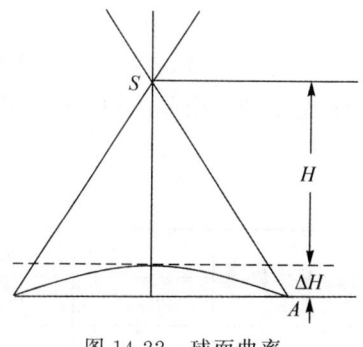

图14.22　球面曲率

由 $y_v = \dfrac{Y_A}{H}, y_{lr} = \dfrac{Y_A}{H+\Delta H}$ 可得

$$P_y = y_v - y_{lr} = \dfrac{Y_A}{H} \dfrac{f}{H} \Delta H$$

式中，$y_v$ 为点 $A$ 的正视影像坐标；$y_{lr}$ 为点 $A$ 的前、后视影像坐标；$Y_A$ 为月面点 $A$ 的 $y$ 坐标；$P_y$ 为上下视差。

在切面坐标系计算中，由于恢复了地面的曲率，上下视差 $P_y$ 在平差迭代中自然被消除，但在自由网空中三角测量中，外方位元素的初值中各时刻的 $Z_S$ 为相同值，角元素均为零，所以平差迭代中上述的上下视差 $P_y$ 无法被外方位元素的6个未知改正数所消除，为此可以引进一个新的未知改正数 $\Delta f_{FA}$，即令

$$P_y = \dfrac{Y_A}{H} \dfrac{f}{H} \Delta H = \dfrac{Y_A}{H} \Delta f_{FA}$$

则有

$$\Delta f_{FA} = \dfrac{\Delta H}{H} f$$

如果在自由网EFP空中三角平差方程系中增加解算 $\Delta f_{FA}$ 项，并对前、后视影像的相机主距 $f_l、f_r$ 加以改正，迭代中便可消除上下视差，并且自动地对前、后视影像 $x$ 坐标作调整。$\Delta f_{FA}$ 在方程式中求解的数学形式与求解相机主距检校值相当，只不过在列方程时仅对前、后视影像的误差方程带有 $\Delta f_{FA}$ 项，经过这样改化以后的EFP程序就可以进行超长航线的自由网空中三角测量，平差的结果将是长航线沿飞行方向属于平面基准的地面立体模型。虽然这种计算在理论上有近似性，但由于

计算可以在很长的航线中不间断地连续进行,在某些应用中有其方便的地方。

采用"嫦娥一号"获取的第 468 圈月面影像,航线长约为 2 840 km,约占月球平均周长的 1/4,基线数为 47。采用带有对前、后视相机主距自动调整 $\Delta f_{FA}$ 的 EFP 进行超长航线的自由网 EFP 光束法平差。平差设置:基线长为 60.3 km,地面像元分辨率为 120 m,卫星对月面高为 200 km,外方位角元素初值取值为零,三线 CCD 影像主距为 23.33 mm。

按照附加 $\Delta f_{FA}$ 项的 EFP 程序计算,平差结果如表 14.4 所示。平差结果统计表明,上下视差余差的均方根值均在 0.25 像元内,其误差分布如图 14.23 所示,超长航线平差是成功的。

表 14.4 超长航线自由网平差统计

| 基线数 | 初始视差/像素 | | 收敛视差/像素 | | 调整主距/mm |
| --- | --- | --- | --- | --- | --- |
| | $m_{P_X}$ | $m_{P_Y}$ | $m_{P_X}$ | $m_{P_Y}$ | $f_l = f_r$ |
| 8 | 0.90 | 1.37 | 0.38 | 0.25 | 23.169 |
| 15 | 1.25 | 1.55 | 0.39 | 0.24 | 23.177 |
| 47 | 1.18 | 1.58 | 0.45 | 0.28 | 23.167 |

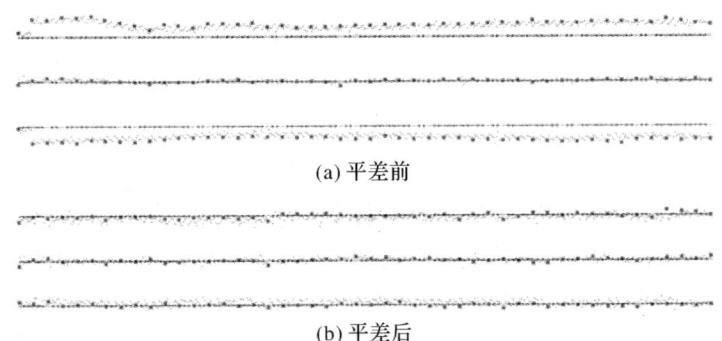

(a) 平差前

(b) 平差后

图 14.23 上下视差分布

利用长航线平差的外方位元素值,估算卫星飞行的姿态变化率及姿态角变化情况,姿态角变化如图 14.24 至图 14.26 所示。

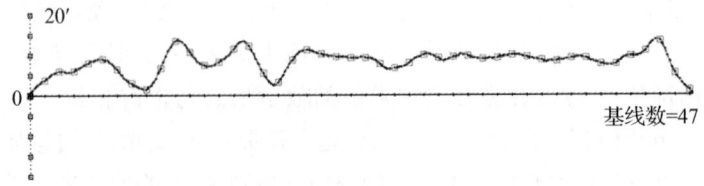

图 14.24 月球正面第 1 圈 $\varphi$ 角变化曲线

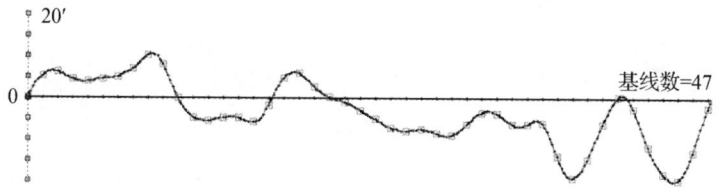

图 14.25　月球正面第 1 圈 ω 角变化曲线

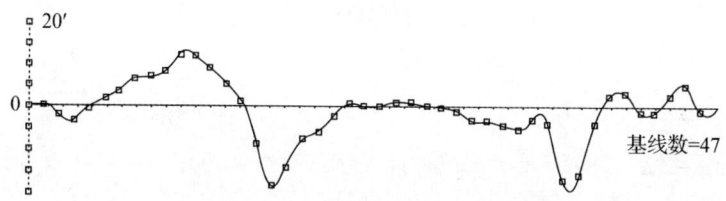

图 14.26　月球正面第 1 圈 κ 角变化曲线

按影像地面分辨率为 120 m,卫星地速为 1.5 km/s,计算各轴变化值,如表 14.5 所示。

表 14.5　姿态变化值　　　　　　　　单位:$10^{-3}(°)/s$

| 基线数 | $\varphi$ | $\omega$ | $\kappa$ | 三轴总和 |
| --- | --- | --- | --- | --- |
| 8 | 0.7 | 0.8 | 0.6 | 1.3 |
| 15 | 1.4 | 1.5 | 1.2 | 2.4 |
| 47 | 1.2 | 1.9 | 1.8 | 2.9 |

如果姿态变化率取三轴的平均值为 $2.2\times10^{-3}(°)/s$,则由此引起的相邻像元的混叠约为 0.005 像元,影像质量对影像匹配精度影响不大。但对一般卫星而言,这样的变化率不甚理想,也可能这是第一轨摄影航线,或许更长时间飞行后会有改善。本书计算的结果只是从摄影测量角度对卫星姿态变化的估算,仅供参考。

此外,利用长航线自由网外方位元素平差值进行 DEM 的自动采集也很成功,这些数据对月面几何反演的应用尤为方便。

第 468 圈月球正面影像经长航线 EFP 光束法平差处理后,自动提取 DEM,制作等高线、正射影像及三维景观等成果,等高线图如图 14.27 所示,由于航线太长,采用分段显示。本书各章所有 DEM 自动提取、等高线制作、正射影像生成等,都是应用第十二章的相关内容和利用笔者开发的数字摄影测量软件完成的。

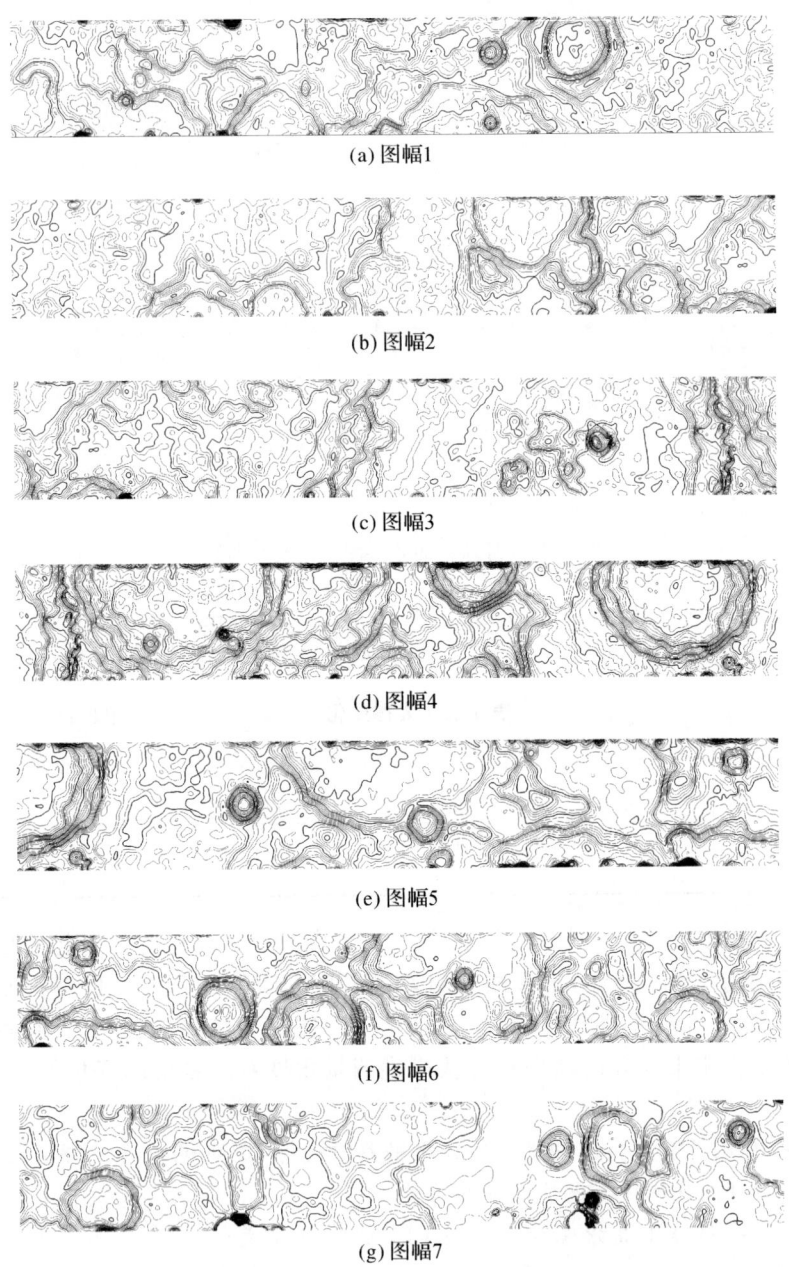

图 14.27　第 468 圈等高线图(等高距 200 m)

## 14.4.2 "嫦娥一号"影像切平面坐标系内的 EFP 光束法平差

月球摄影相对于地球摄影的特点是天上无云,摄影航线可以持续很长,不像地球摄影因云影而中断。不将外方位元素用多项式表达是 EFP 光束法平差的重要特点,因而平差航线的长度可以不考虑受多项式阶数的制约。但在球面摄影影像处理时,航线长度依然要考虑随着航线加长,摄站 $X_S$ 和 $Z_S$ 以及倾角 $\varphi$ 在数值甚至符号上均有大变化,因而要将航线按适当长度分段,并逐段按切面坐标系进行平差计算,这是摄影测量常用的方法。另一方面,因月球自转很慢,月球摄影不像地球摄影那样(由于地球自转相对较快)存在偏流角问题,所以第三章模拟的数据推导的 EFP 光束法平差原理可以直接引用。

选择与月心坐标系的关系最简单的切面坐标系,并分别按实验选用的航线包含不同的基线数,以 14.1.1 小节的数据推算在切面坐标系内的外方位元素初值参与平差,其中摄站坐标 $Z_S$ 要以权重较低的带权观测值处理(王任享,2008c)。利用"嫦娥一号"首幅月面影像,按不同基线数平差,残余视差结果如表 14.6 所示。从实验看,切面坐标系内平差,航线的基线数小于 8 为佳。

表 14.6 视差统计

| 基线数 | 平差初始视差/像素 | | 平差收敛视差/像素 | |
|---|---|---|---|---|
| | $m_{P_X}$ | $m_{P_Y}$ | $m_{P_X}$ | $m_{P_Y}$ |
| 2 | 0.10 | 0.38 | 0.02 | 0.25 |
| 6 | 0.63 | 0.47 | 0.31 | 0.22 |
| 8 | 0.79 | 0.51 | 0.33 | 0.23 |
| 12 | 1.85 | 1.01 | 0.37 | 0.32 |
| 15 | 2.64 | 1.33 | 0.48 | 0.56 |

三线交会一点是光束法平差成功的基本标志。在无地面控制点可供考核平差精度的情况下,上下视差、左右视差的中误差不失为衡量平差内部精度的有效判据。实验中用于平差的定向点和连接点的同名像点坐标均按相关系数法匹配,理论精度为 0.3 像元,表 14.6 数据表明,平差后的视差中误差与影像匹配误差相当,因而"嫦娥一号"工程摄影测量精度预估中,采用影像匹配误差为 0.3 像元是适宜的。

现令基线数为 12 的切面坐标系平差的外方位元素值参与自动采集约 720 km 长的 DEM(含月球曲率高差达 30km),生成的等高线如图 14.28 所示,在等高线中可以感觉到月球曲率高差的存在,同时,轨道与地面点变化如图 14.29 所示。

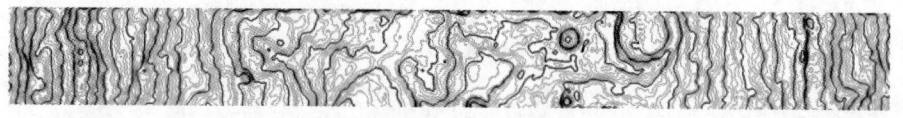

图 14.28 等高线

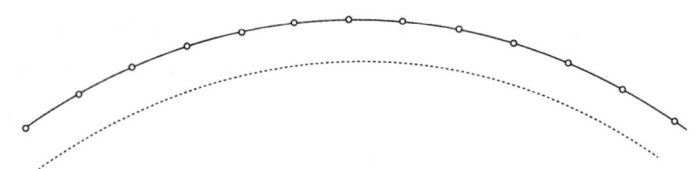

图 14.29　轨道与地面点变化

### 14.4.3　变形纠正

几何反演效果,还可以利用立体摄影测量方法将 CCD 影像加以变形纠正达到。"嫦娥一号"采用三线 CCD 相机(前视、正视及后视)推扫摄影,每一个取样周期均可获得各自的三线影像,这些影像按时序排列成三个图像,图像间由于推扫时倾角不同使得获取的同名像点的影像存在左右视差,因而立体目视重叠影像时可以看到月球表面的地形起伏状态。尽管航线影像长跨几百千米,但并没有月形表面有曲率形成的弯曲感觉,其原因是推扫摄影时,月表曲率在前视和后视影像相对正视影像仅仅有很小一点的比例尺差异,立体目视察觉不到其信息。笔者在探月工程地面应用系统实验室工作时,看到传回的影像长度为三千多千米,约合 1/4 月球周长,毫无球面曲率感。要从直接摄影的立体像对中,得到立体目视时既有月面曲率又有地表起伏的目标,必须采用框幅相机摄影。但在 200 km 上空获取立体重叠区包含几百千米的地段,相机的幅宽要很大,光学技术难以实现。为了实现该目标,利用外方位元素值对正视和后视影像做变形纠正,如图 14.30 和图 14.31 所示,立体目视能看得出立体模型带有月球曲率的弯曲。研究并制作变形前后的红绿立体互补色影像,如彩图 4 所示。同时,还制作含有月球曲率和不含月球曲率的等高线和三维景观图,如图 14.32、图 14.33 和彩图 4 所示。

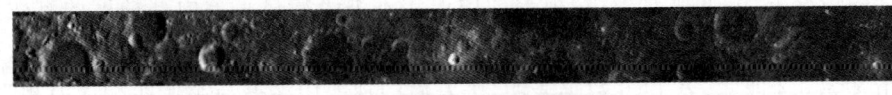

图 14.30　变形纠正后的前视影像

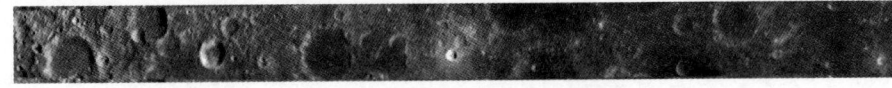

图 14.31　变形纠正后的后视影像

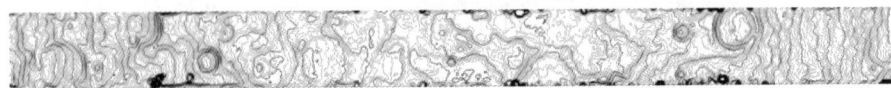

图 14.32　带有月球曲率的 DEM 生成的等高线

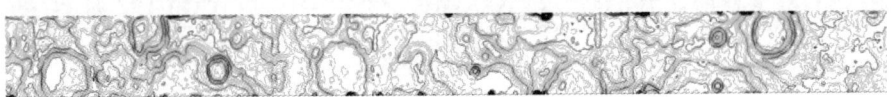

图 14.33　不带有月球曲率的 DEM 生成的等高线

# 第二篇
## 卫星摄影测量工程实践研究

# 第十五章 "天绘一号"卫星摄影测量

笔者在1981年阅读了 MapSat 论证报告后,决心创造一种能有"框幅式像片空中三角测量"性能的卫星三线阵 CCD 推扫影像光束法平差方法,从而可以降低对卫星姿态稳定度和星敏感器精度的要求,实现在无地面控制点条件下测制1:5万地形图目标的传输型摄影测量卫星。为了实现该目标,笔者长期致力于"等效框幅像片"的概念,并进行光束法平差研究,该理论和学术思想在"天绘一号"卫星上得到实际应用,在实现无地面控制点条件下,测制1:5万比例尺地形图的工程目标中,起到了重要作用。

## §15.1 "天绘一号"卫星工程目标及研制历程

### 15.1.1 "天绘一号"卫星工程目标

利用卫星摄影测量测制中小比例尺地形图,等高距通常选择20 m。参考美国制定的卫星摄影测量标准,1:5万比例成图要求如表15.1所示。

表 15.1 成图比例尺要求

| 比例尺分母 | 地面像元分辨率/m | 等高距 CI/m | 高程误差 1σ/m |
|---|---|---|---|
| 5万 | 5 | 20 | 6 |

Colvovoresses 首次为"全球连续覆盖模式"卫星摄影测量提出三线阵 CCD 相机的 MapSat 卫星方案,设计了可以在无地面控制点条件下测制1:5万比例尺地形图,并给出制图标准:令制图比例尺分母 $MS$ 为 50 000,制图误差 $M_{误}$ 为 0.5 mm,等高距 $CI$ 为 20 m;考虑到平面坐标 $X$、$Y$ 间的相关性,采用 Jacobian 矩阵得(ITEK Corp,1981)

水平位置误差 $m_{XY}=M_{误} \cdot MS/2.14 = 0.23 \text{ mm} \cdot MS = 12 \text{ m}(1\sigma)$

垂直高程误差 $m_Z=(0.5CI)/1.64=6.0 \text{ m}(1\sigma)$

第二篇中将以水平位置误差表示平面误差,垂直高程误差表示高程误差,将 $m_{XY}=12 \text{ m}$,$m_Z=6.0 \text{ m}$ 作为制图标准,同时作为笔者从事卫星摄影无控制点定位的研究目标。

"天绘一号"卫星旨在无地面控制点条件下,向境内外用户提供满足测制1:5万比例尺地形图指标的立体影像数据作为工程目标,即水平位置误差 10 m,垂直高程误差6 m(王任享 等,2013)。所谓无地面控制点测绘的误差指在GPS测量的WGS-84(地心坐标系)地心坐标内(point to point)的误差,不包含换算为制图地区的坐标误差。

### 15.1.2 "天绘一号"卫星研制历程

由于中国卫星技术发展的制约,以及国外对中国实行高技术出口限制,"天绘一号"卫星的研究工作,跨越了1996—2010年漫长的岁月(王任享,2013),但笔者对光束法平差理论从1981年就开始了相关研究,如图15.1所示。

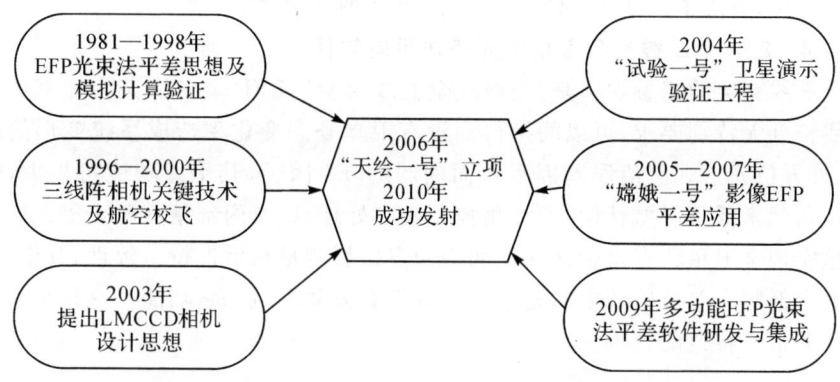

图15.1 "天绘一号"卫星无地面控制点摄影测量关键历程

由于多方面的预先研究和实验以及中国空间技术的进步,应用型传输型摄影测量卫星"天绘一号"在01星就获得成功。

## §15.2 "天绘一号"技术特色

### 15.2.1 关键学术思想

#### 15.2.1.1 EFP光束法平差

EFP光束法平差力图使其具有"框幅式像片空中三角测量"的性能,使外方位元素观测值误差作用削弱约0.5因子,且能改正航线模型因卫星姿态变化率造成的系统变形。在后期研究发现,EFP光束法平差无法彻底纠正该系统变形,因而提出LMCCD相机设计思想。

#### 15.2.1.2 LMCCD相机

LMCCD相机是在三线阵CCD相机的正视CCD线阵两侧各设置两个小面阵构成线阵面阵混合配置的相机(王任享 等,2004)。采用LMCCD影像做EFP光束法平差,外方位元素观测值误差作用因平差而削弱约0.4因子,而且是卫星三线阵CCD推扫影像中,唯一可以直接得到没有卫星姿态变化率造成系统变形的空中三角测量成果。

#### 15.2.1.3 相机参数地面标定

由于云的关系,卫星摄影很难得到无云的影像,从工程实际出发,选用两条短基线在实地长约 500 km 的航线影像进行地面标定。首先,采用迭代计算策略,即在两条短基线的航线内采取 EFP 两线交会法平差计算相机标定参数,再利用影像三线交会计算地面控制点的 $X$、$Y$、$Z$ 坐标系统常差;然后将系统常差代入,重新修正计算相机标定参数,直至地面控制点 $X$、$Y$、$Z$ 坐标无系统常差为止。这一策略的成功应用,解决了三线阵 CCD 相机在轨地面标定问题。

#### 15.2.1.4 EFP 全三线交会多功能光束法平差软件

全三线交会的完整含义是"全航线全三线交会",EFP 全三线交会光束法平差对航线长度无特别要求,可以间接得到没有卫星姿态变化率造成系统变形的航线模型,外方位元素观测值误差因平差而削弱约 0.5 因子,其平差功能可扩大,包括外方位角元素低频误差补偿、偏流角控制效应处理,以及内部精度改正等。使得在轨卫星实现全卫星轨道摄影区无地面控制点摄影测量精度保持一致性,其中,外方位角元素低频误差补偿的本质是平差系统带有公共的 $\delta\varphi$、$\delta\kappa$ 功能。这是平差软件中又一非常有特色的技术。

### 15.2.2 技术策略

"天绘一号"卫星旨在向境内外用户提供无须地面控制点参与的测绘产品,凡是影响无地面控制点定位精度和保持全球摄影测量精度一致性的因素都必须周密考虑,并研发相应的学术理论和工程技术措施,"天绘一号"工程研发了特殊的光束平差软件,技术要点和基本功能如下。

#### 15.2.2.1 完善的相机在轨标定理论和技术

"天绘一号"卫星建立了完善的相机在轨标定理论和技术,标定结果适用于全球测区,不含可影响工程总体精度的误差,有以下几个技术要点:

(1)保持三线阵 CCD 相机等效框幅特性,构建框幅相机标定数学模型的 LMCCD 相机标定原理。

(2)研发具有等效框幅相片特性的 EFP 光束法平差,以适应上述数学模型。

(3)研发 LMCCD 相机,LMCCD 影像的 EFP 光束法平差进行相机在轨标定,可排除卫星姿态变化率对相机标定结果的影响,不包含影响总体指标的"常差",标定结果适用于全球地区。

(4)建立相机在轨标定的持续监测,适当时段修改标定参数,消除由于卫星运行时间出现的相机标定参数可能的变化,重点关注前、后视相机夹角参数及主距的变化。

#### 15.2.2.2　EFP全三线交会多功能光束法平差

建立EFP全三线交会多功能光束法平差理论和技术,主要包括:

(1)平差后模型上下视差在0.3~0.5像元,以满足后续摄影测量处理的要求。

(2)对外方位角元素高频误差影响可削弱0.5因子;并利用正前、正后交会高程的较差推算出对正视影像外方位角元素$\varphi$、$\kappa$做微小的调整,达到内部精度改正的目的。

(3)能够处理由偏流角调整引起的100多像元级上下视差。

(4)研究具有公共$\delta\varphi$、$\delta\kappa$功能的平差系统,可以不依靠地面控制点能自动消除偏流角对标定参数的影响以及外方位角元素随纬度和时间变化可能出现的低频误差,保持全球测区目标精度基本一致。

## §15.3　无地面控制点定位精度检测

### 15.3.1　01星无控制点定位精度检测

为了检测"天绘一号"01星的摄影测量精度,根据摄影覆盖情况,在国内选定黑龙江、新疆及安徽等多个地面检测场,并进行实地全野外测量,用于进行无地面控制点条件下的定位精度统计,检测场情况如表15.2所示。

表15.2　检测场地形情况

| 检测场名称 | 地形 | 高差/m | 范围大小/km |
|---|---|---|---|
| 黑龙江检测场 | 丘陵 | 100~500 | 315×60 |
| 新疆检测场 | 高山地 | 1000~3500 | 270×60 |
| 北京、山东检测场 | 平地 | 0~50 | 360×60 |
| 安徽检测场 | 平地 | 0~50 | 315×60 |
| 黑龙江、吉林检测场 | 丘陵 | 50~200 | 495×60 |

定位精度检测的基本流程是:利用星上获取的姿态、轨道数据和LMCCD相机参数在轨标定数据,对三线阵影像进行无地面控制点EFP全三线交会多功能光束法平差,精确解算摄影时刻的外方位元素;在此基础上,进行有理多项式系数(rational polynomial coefficient,RPC)参数求解,形成标准格式的1B级卫星影像产品;基于现有商业软件进行有理多项式系数直接前方交会,计算地面点坐标,通过与野外实测坐标进行比较,分析无地面控制点条件下的定位精度。同时,进行EFP全三线交会光束法平差定位精度统计,统计结果如表15.3所示。

"天绘一号"01星的5个区进行精度统计,5个检测场的综合中误差RMS为平面10.3 m、高程5.7 m,满足工程目标,与美国的SRTM无地面控制点目标定位的相对精度比较如下:

$$
\text{无地面控制点定位误差}=\begin{cases}12\ \text{m}/6\ \text{m}，(\text{平面/高程，即}\ 1\sigma) & \text{SRTM}\\ 10.3\ \text{m}/5.7\ \text{m}，(\text{平面/高程，即}\ 1\sigma) & \text{“天绘一号”01 星初步检测}\end{cases} \tag{15.1}
$$

式中，笔者将 SRTM(Werner，2001)公布的 90%(1.64$\sigma$)置信度水平指标换算为 68%(1$\sigma$)置信度水平指标，即 12 m/6 m(平面/高程，即 1$\sigma$)，括号中，平面指水平位置误差，高程指垂直高程误差。

**表 15.3　EFP 全三线交会平差前后无地面控制点定位精度统计**

| 检测场名称 | 相机实验室标定参数直接前方交会中误差/m | | | | 相机地面标定参数EFP全三线交会平差后中误差/m | | | | 检查点数量 |
|---|---|---|---|---|---|---|---|---|---|
| | $m_X$ | $m_Y$ | $m_Z$ | $m_{XY}$ | $m_X$ | $m_Y$ | $m_Z$ | $m_{XY}$ | |
| 黑龙江检测场 | 48.1 | 156.1 | 39.4 | 163.3 | 7.7 | 7.4 | 4.5 | 10.7 | 30 |
| 新疆检测场 | 38.6 | 150.6 | 37.9 | 155.4 | 6.7 | 8.9 | 4.0 | 11.1 | 30 |
| 北京、山东检测场 | 49.3 | 156.5 | 37.0 | 164.1 | 5.9 | 6.9 | 7.2 | 8.9 | 30 |
| 安徽检测场 | 59.2 | 159.7 | 35.9 | 170.3 | 7.2 | 8.8 | 5.4 | 11.4 | 12 |
| 黑龙江、吉林检测场 | 61.5 | 160.1 | 32.0 | 171.5 | 5.9 | 7.2 | 7.4 | 9.3 | 12 |
| 5个区所有检查点统计 | 51.3 | 156.6 | 36.4 | 164.9 | 6.8 | 7.8 | 5.7 | 10.3 | 114 |

注：检查点坐标由野外 GPS 测量。

## 15.3.2　远离在轨标定场地区无控制点定位精度检测

为了系统评估“天绘一号”无控制点定位精度，进行了远离在轨标定场地区的无控制点定位检测工作，无控制点定位精度都与“天绘一号”首次公布的结果相当，本小节给出两个示例。

### 15.3.2.1　无低频补偿航线

采用 02 星 2014 年 1 月 30 日海外地区摄影影像，2013 年 11 月东北检测场在轨标定相机参数。进行全三线交会光束法平差，无控制点定位精度结果如表 15.4 所示。在平差处理中发现，本次摄影影像无低频误差。

**表 15.4　远离在轨标定场地区无控制点精度**

| 类型 | $m_X$/m | $m_Y$/m | $m_Z$/m | $m_{XY}$/m |
|---|---|---|---|---|
| 直接前方交会 | 11.5 | 4.9 | 4.8 | 12.5 |
| EFP 全三线交会 | 10.6 | 4.7 | 3.2 | 11.6 |

注：航线长度为 415 km，检查点数为 74 个。

### 15.3.2.2　有低频补偿航线

采用 01 星 2013 年 12 月 31 日海外地区摄影影像，进行无控制点 EFP 全三线交会平差，低频补偿结果如表 15.5 所示。

表 15.5 补偿前后定位精度统计

| 类型 | $m_X$/m | $m_Y$/m | $m_Z$/m | $m_{XY}$/m | 星地相机夹角改正数/(″) | | | 上下视差/像素 |
| --- | --- | --- | --- | --- | --- | --- | --- | --- |
| | | | | | $\delta\varphi$ | $\delta\omega$ | $\delta\kappa$ | |
| 直接前方交会 | 39.7 | 7.4 | 10.0 | 40.4 | −21.9 | −65.2 | −14.3 | 18.10 |
| EFP 全三线交会 | 5.1 | 4.4 | 2.1 | 6.7 | −4.1 | −65.2 | −48.1 | 0.48 |
| 低频补偿前后星地相机夹角改正数差/(″) | | | | | −17.7 | 0 | 34.1 | |

注：航线长度为 135 km，检查点数为 18 个。

表 15.5 的平差结果中，外方位角元素低频补偿前后较差 $\delta\varphi=-17.7''$，$\delta\kappa=34.1''$，此值实际应是此航线角元素 $\delta\varphi$、$\delta\kappa$ 的系统误差与采用的标定参数相应值之差。本算例给出：如无角元素低频补偿，无控制点定位水平位置精度将大至 40.4 m；低频补偿后无控制点定位水平位置精度提高为 6.7 m，证实了外方位角元素低频误差对无控制点定位水平位置系统误差的严重影响。外方位角元素低频误差补偿软件在"天绘一号"最后阶段——海外地区无控制点定位精度检测中起到关键的作用。由于量值大的低频误差航线不多，验证全球无控制点定位精度的一致性，采用一定数量的海外航线进行无控制点定位精度检测是必要的。

### 15.3.3 小　结

1980 年美国地质局的 Colvocoresses 提出三线阵 CCD 相机卫星 MapSat 用于全球连续覆盖模式(global coverage on a continuous basis)摄影测量，计划在无地面控制点条件下，测制 1∶5 万比例尺地形图。因姿态稳定度要求太高，没有开展工程研制，但对后续开展卫星摄影测量很有参考价值。

多年来，世界各国开展全球连续覆盖模式的系列卫星工程，历时很长，为达到无控制点测制 1∶5 万比例尺地形图指标，采取了种种技术措施，不管是直接前方交会途径或光束法平差途径在无控制点定位方面都有所进展，但以全球无控制点定位标准衡量，水平位置精度都达不到 12 m 标准，垂直高程也只有 ALOS 勉强达到 6 m 的标准。

"天绘一号"卫星在时间上晚于其他全球连续覆盖模式卫星系统，得益于克服这些卫星工程的不足之处，研发了特殊的光束平差软件，在解决无控制点定位垂直高程误差之后，又对无控制点定位最后难点——外方位角元素低频误差，采取了不依靠地面控制点，能自动检测与自动消除其对摄影测量结果影响的途径，较好地解决了水平位置系统误差问题。在 01 星运行近六年，02 星运行四年的时间里，对海内外地区检测，无控制点定位精度都好于"天绘一号"首次公布的结果。光束法平差途径的光学卫星摄影测量，第一次在地心坐标系内实现了美国地质局曾建议的 1∶5 万比例尺制图指标。

# 第十六章 角元素低频补偿

在轨标定的星地相机夹角转换参数受两个因素影响,第一,全球覆盖模式必须做偏流角修正,但偏流角修正措施理论上的不严格性,使在轨标定后参数值(主要是 $\delta\kappa$)随地球纬度而改变;第二,实际检测发现,双星敏感器联合定姿(简称双星敏定姿)的两星敏感器间夹角检测值与卫星轨道纬度存在最大约 $\pm30''$ 的变化,使得用于摄影测量的角元素含有低频误差,主要是 $\varphi$、$\kappa$。二者可等效于 $\delta\varphi$、$\delta\kappa$ 与纬度有关的误差,使得在轨卫星难以实现全轨道摄影区内无控制点定位精度的一致性(王任享 等,2011)。笔者研发的 $\delta\varphi$、$\delta\kappa$ 误差的补偿技术,有效地解决了该难题,从而无须到全球各地做星地相机夹角转换参数的在轨标定。有关内容将在随后的章节中讨论。角元素低频误差的符号和数量呈缓慢变化,在具体平差航线的有限长度里,可看作误差符号随机的系统误差,这些误差会以 $\mathrm{d}\varphi_C$、$\mathrm{d}\kappa_C$ 添加到摄影的相应外方位角元素上,实际计算中,低频误差在上下视差中有规律可循,根据这一特点,研究了角元素低频误差补偿技术。

## §16.1 光束法平差中对俯仰和偏航误差补偿

由于在一条摄影测量航线段内,卫星飞行不过 2~3 min,因此,$\mathrm{d}\varphi_C$、$\mathrm{d}\kappa_C$ 量值变化非常小,故可将其视作常量,平差中的改正数大约是航线段内的平均值。

### 16.1.1 $\mathrm{d}\varphi_C$ 改正原理及数学模型

图 16.1 为前视像投影示意图,左边表示为主垂面 $Y$ 方向,右边表示为 $X$ 方向垂面,$\alpha$ 为前、后视相机与正视相机的夹角。

从图 16.1 中可看出,在物方点 $A$ 瞬时主距 $\Delta F$ 为

$$\Delta F = \overline{X}\mathrm{d}\varphi_C \tag{16.1}$$

其中,

$$\overline{X} = H\frac{\mathrm{d}\varphi_C}{2} + H\tan\alpha \approx H\tan\alpha$$

从物方化为像方,即

$$\Delta f = \frac{f}{H}\overline{X}\mathrm{d}\varphi_C = \overline{x}\mathrm{d}\varphi_C \tag{16.2}$$

其中,

$$\overline{x} = f\tan\alpha$$

# 第十六章 角元素低频补偿

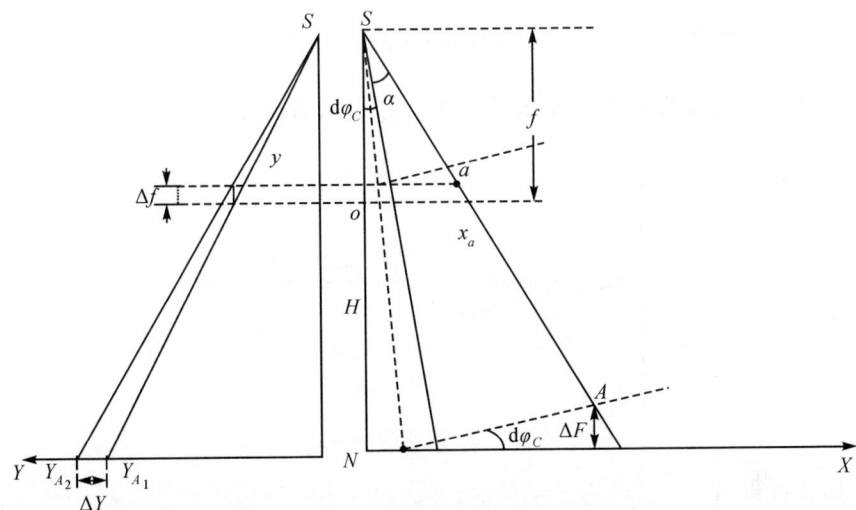

图 16.1 $d\varphi_C$ 引起前视影像视差变化

则对 $y$ 坐标误差有

$$Y_{A_1} = \frac{H}{f} y_a$$

$$Y_{A_2} = \frac{H y_a}{f - \Delta f} \approx \frac{H y_a}{f}\left(1 + \frac{\Delta f}{f}\right)$$

$$Y_A = Y_{A_2} - Y_{A_1} = \frac{H y_a \overline{x} d\varphi_C}{f \cdot f} \tag{16.3}$$

将式(16.3)化为像方误差为

$$\Delta y_{左} = y_a \frac{\overline{x} d\varphi_C}{f} = \frac{f \tan\alpha \, y_a d\varphi_C}{f}$$

对后视影像,$A$ 同名点的 $y$ 误差推导与上相似,但 $\alpha$ 为负值,可得

$$\Delta y_{右} = -\frac{f \tan\alpha \, y_a d\varphi_C}{f}$$

计算出上排点上下视差

$$q_{上} = \Delta y_{左} - \Delta y_{右} = \frac{2 f \tan\alpha \, y_a d\varphi_C}{f}$$

实际运算中,应用上、下排点上下视差的差值取中数

$$q = \frac{1}{2}(q_{上} - q_{下}) = \frac{2 f \tan\alpha \, y \, d\varphi_C}{f}$$

则 $d\varphi_C$ 估值为

$$\overline{d\varphi_C} = \frac{f q}{2 f \tan\alpha \, y} \tag{16.4}$$

## 16.1.2  $d\kappa_C$ 产生的地面点上下视差及改正数学模型

图 16.2 为光线投影在 $XN_1Y$ 平面上，$d\kappa_C$ 引起的坐标变化。

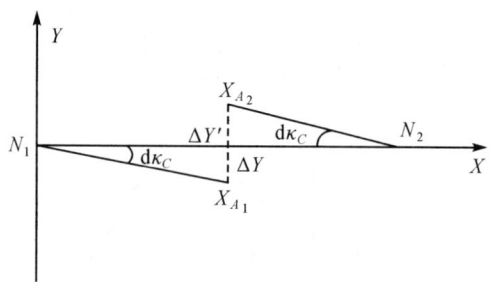

图 16.2  $d\kappa_C$ 引起的坐标误差

由图 16.2 可得出

$$\Delta Y = -X_{A_1} d\kappa_C$$

$$\Delta Y' = X_{A_2} d\kappa_C$$

$$Q = \Delta Y - \Delta Y' = -2X_A d\kappa_C$$

以像方比例尺计算得

$$q = -2f \tan\alpha\, d\kappa_C$$

则 $d\kappa_C$ 的估值为

$$\overline{d\kappa_C} = \frac{-q}{2f\tan\alpha} \tag{16.5}$$

在光束法平差中，上下视差既含有 $d\varphi_C$、$d\kappa_C$ 所产生的系统性值，又带有外方位元素所含的随机误差产生的偶然值。对航线上所有点的上下视差取平均值，可以削弱偶然误差的作用，使得 $\overline{d\varphi_C}$、$\overline{d\kappa_C}$ 的计算结果主要是系统性的，然后通过平差的迭代计算，直至上下视差达到规定阈值为止。

## §16.2  实验验证

双星敏定姿的两星敏感器间夹角检测值与卫星轨道纬度存在 $15''\sim30''$ 的慢变化，笔者按"天绘一号"卫星组合星敏结构判断，其值将象征性地转换为星地相机夹角低频变化 $\delta\varphi$、$\delta\kappa$（但与 $\delta\omega$ 无关），本书称为外方位角元素低频误差，也就是星敏感器测定的角元素 $\varphi$、$\kappa$ 含有随机地与卫星轨道纬度有关的低频误差，实际卫星航线对此难以估料，只能依靠角元素低频补偿技术。这一技术的基本功能是由平差软件自行检测角元素低频误差并自动消除其对摄影测量结果的影响。

第十章的 EFP 全三线交会光束法平差软件含有补偿 $\varphi$、$\kappa$ 的技术后，平差系统本质上带有公共的 $\delta\varphi$、$\delta\kappa$ 功能，成为多功能平差软件，可对外方位角元素含有的低

频误差 $\varphi$、$\kappa$，以及偏流角修正措施原理不严格，或平差航线摄影时间与相机标定日期相隔较长，或纬度相差较大导致的 $\delta\varphi$、$\delta\kappa$ 的变化等，均能有效补偿，对全球连续覆盖模式的光学摄影测量卫星无控制点定位及其全球定位精度的一致性有较大贡献。

在轨标定中，标定场的轨道纬度区的角元素低频误差和标定场的地球纬度区的偏流角上下视差一起被消除，因此，可以认为标定区轨道纬度是低频误差"零"起点处。以至于外方位角元素低频误差最大值的测绘航线在国内很难出现，EFP 全三线交会多功能光束法平差包含外方位角元素低频误差补偿技术，其软件的研发分别从功能、灵敏度及实际航线的效能验证等三方面进行。

### 16.2.1　功能验证

实验数据采用 01 星 2011 年 12 月 22 日摄影影像，特别选用与其时间相差一年多的在轨标定参数（2010 年 10 月 12 日）验证低频补偿功能，其结果如表 16.1 所示。

表 16.1　补偿前后定位精度统计

| 类型 | $m_X$ /m | $m_Y$ /m | $m_Z$ /m | $m_{XY}$ /m | 星地相机夹角改正数/(″) | | |
|---|---|---|---|---|---|---|---|
| | | | | | $\delta\varphi$ | $\delta\omega$ | $\delta\kappa$ |
| 直接前方交会 | 31.7 | 17.3 | 7.4 | 36.1 | −19.7 | −66.1 | −17.2 |
| EFP 全三线交会 | 9.8 | 11.7 | 5.9 | 15.2 | −10.2 | −66.1 | −37.2 |
| 低频补偿前后星地相机夹角改正数差/(″) | | | | | −9.5 | 0.0 | 20.0 |

注：航线长度为 150 km，检查点数为 18 个。

从表 16.1 看出，补偿后定位精度改善明显，验证了 EFP 全三线交会光束法平差软件的低频补偿功能。

### 16.2.2　灵敏度验证

实验采用"天绘一号"02 星 2012 年 6 月获取的影像数据，进行 EFP 全三线交会多功能光束法平差，其结果如表 16.2 所示。

表 16.2　EFP 全三线交会多功能光束法平差结果

| 类型 | $m_X$ /m | $m_Y$ /m | $m_Z$ /m | $m_{XY}$ /m | 星地相机夹角改正数/(″) | | |
|---|---|---|---|---|---|---|---|
| | | | | | $\delta\varphi$ | $\delta\omega$ | $\delta\kappa$ |
| 直接前方交会 | 7.1 | 6.8 | 7.2 | 9.8 | −39.0 | 22.0 | 73.9 |
| EFP 全三线交会 | 3.8 | 4.9 | 6.4 | 6.2 | −37.3 | 22.9 | 73.9 |
| 低频补偿前后星地相机夹角改正数差/(″) | | | | | −1.7 | 0 | 0 |

从表 16.2 中看出,星地相机夹角改正数 $\delta\varphi$ 低频仅补偿了约 1.7″,目标定位平面精度却提高了 3.3 m,可见外方位角元素低频误差 $\mathrm{d}\varphi_C$ 对目标点定位精度有明显影响,也可看出低频补偿软件功能的灵敏度。

### 16.2.3　海外地区效能验证

海外地区无控制点定位的精度检测,量值大的低频误差航线相对少,但也有一定比例,笔者选择一条含有低频误差的航线验证 EFP 全三线交会光束法平差软件的低频补偿功能。实验数据采用 01 星 2013 年 12 月 31 日海外地区摄影影像,影像长度约 1 000 km,低频误差在其范围内延绵;低频补偿结果如表 16.3 所示。

表 16.3　补偿前后定位精度统计

| 类型 | $m_X$ /m | $m_Y$ /m | $m_Z$ /m | $m_{XY}$ /m | 星地相机夹角改正数/(″) | | | 上下视差 /像素 |
|---|---|---|---|---|---|---|---|---|
| | | | | | $\delta\varphi$ | $\delta\omega$ | $\delta\kappa$ | |
| 直接前方交会 | 39.7 | 7.4 | 10.0 | 40.4 | −21.9 | −65.2 | −14.3 | 18.10 |
| EFP 全三线交会 | 5.1 | 4.4 | 2.1 | 6.7 | −4.1 | −65.2 | −48.1 | 0.48 |
| 低频补偿前后星地相机夹角改正数差/(″) | | | | | −17.7 | 0 | 34.1 | |

注:航线长度为 135 km,检查点数为 18 个。

在表 16.3 的平差结果中,低频补偿前后较差 $\delta\varphi=-17.7″,\delta\kappa=34.1″$,证实了双星敏光轴夹角法得出夹角低频误差的结论,如无角元素低频补偿,无控制点定位精度将大至 40.4 m。低频补偿后无控制点定位精度提高为 6.7 m。由于量值大的低频误差航线相对少,既需要有可信的地面检查点,又可能在海外地区,因此这一条航线资料十分难得。

按 01 星 2010 年至 2014 年的 1 516 条航线不完全统计,有低频补偿航线 273 条,约占 18%,其中,$\delta\kappa \geqslant 8″$ 的航线约占 5%,且 $\delta\kappa$ 值的正负航线数量基本相当,将会影响卫星影像无控制点定位全球精度的一致性,因此在地面数据处理中,对角元素的系统误差进行补偿处理。

### 16.2.4　低频误差自动检测

光束法平差软件能够自动检测出沿飞行方向外方位角元素低频误差。利用 16.2.2 小节的航线,裁切其中约 500 km 的航线段,平差软件自动检测航线外方位角元素低频误差,其误差量统计如表 16.4 和表 16.5 所示。表 16.5 为以左端归零后数据。其误差分布如图 16.3 至图 16.6 所示,其中图 16.5 和图 16.6 为归零后的显示。

# 第十六章 角元素低频补偿

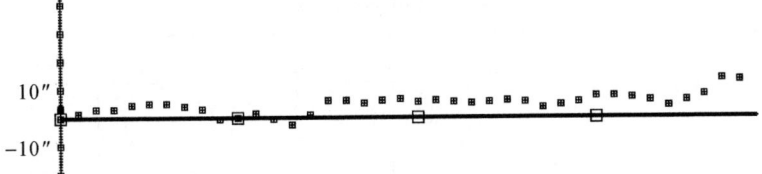

图 16.3 $\delta\varphi$ 变化曲线

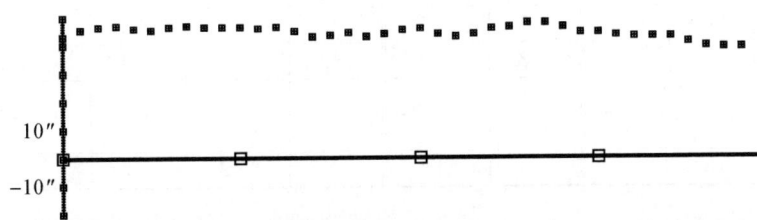

图 16.4 $\delta\kappa$ 变化曲线

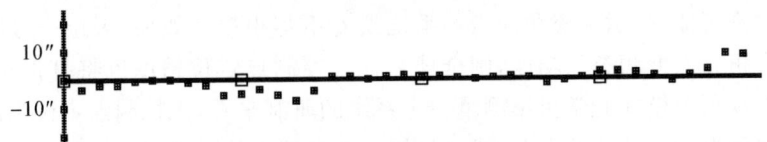

图 16.5 $\delta\varphi$ 归零后变化曲线

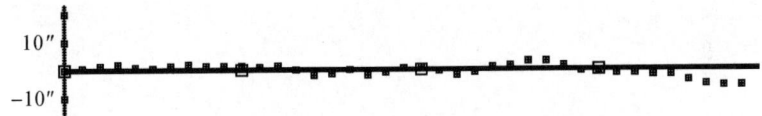

图 16.6 $\delta\kappa$ 归零后变化曲线

表 16.4 低频误差分布

| $\delta\varphi/('')$ | $\delta\kappa/('')$ | $\delta\varphi/('')$ | $\delta\kappa/('')$ | $\delta\varphi/('')$ | $\delta\kappa/('')$ | $\delta\varphi/('')$ | $\delta\kappa/('')$ |
|---|---|---|---|---|---|---|---|
| −3 | −42 | 0 | −46 | −5 | −45 | −7 | −44 |
| −1 | −45 | −1 | −45 | −5 | −43 | −7 | −43 |
| −2 | −46 | 0 | −45 | −5 | −42 | −6 | −42 |
| −2 | −46 | 2 | −44 | −4 | −43 | −5 | −42 |
| −4 | −45 | 0 | −42 | −5 | −45 | −3 | −42 |
| −4 | −45 | −5 | −43 | −5 | −46 | −5 | −40 |
| −4 | −46 | −5 | −44 | −5 | −47 | −7 | −39 |
| −3 | −46 | −4 | −42 | −3 | −47 | −13 | −38 |
| −2 | −46 | −5 | −43 | −4 | −46 | −12 | −38 |
| 0 | −46 | −6 | −45 | −5 | −44 | | |

表 16.5  低频误差归零分布

| $\delta\varphi/('')$ | $\delta\kappa/('')$ | $\delta\varphi/('')$ | $\delta\kappa/('')$ | $\delta\varphi/('')$ | $\delta\kappa/('')$ | $\delta\varphi/('')$ | $\delta\kappa/('')$ |
|---|---|---|---|---|---|---|---|
| 0 | 0 | 3 | −4 | −2 | −3 | −4 | −2 |
| 2 | −3 | 2 | −3 | −2 | −1 | −4 | −1 |
| 1 | −4 | 3 | −3 | −2 | 0 | −3 | 0 |
| 1 | −4 | 5 | −2 | −1 | −1 | −2 | 0 |
| −1 | −3 | 3 | 0 | −2 | −2 | 0 | 0 |
| −1 | −3 | −2 | −1 | −2 | −3 | −2 | 2 |
| −1 | −4 | −2 | −2 | −2 | −5 | −4 | 3 |
| 0 | −4 | −1 | 0 | 0 | −5 | −10 | 4 |
| 1 | −4 | −2 | −1 | −1 | −4 | −9 | 3 |
| 3 | −4 | −3 | −2 | −2 | −2 | | |

从图 16.5 和图 16.6 可看出，外方位角元素低频误差走势平缓，一般航线平差计算取其均值即可。以前笔者在无控制点定位研究中主要关注垂直高程精度，但从本章讨论可知，星敏测姿角元素的系统误差不容小视。如果"天绘一号"处理软件中没有角元素低频补偿功能，则全球目标无控制点定位精度也将打折扣。从国外全球连续覆盖模式光学摄影测量卫星系统的研制来看，无控制点定位精度，特别在水平位置有较大的系统误差，或许星敏测姿角元素的系统误差是其主要根源。

# 第十七章 卫星摄影测量中偏流角问题

本书第一篇的各章都是基于地球没有自转情况下的模拟实验研究,即使是"嫦娥一号"月球影像处理,也由于月球自转周期很长,摄影测量中可以不必顾及月球自转的影响。但对地球摄影测量而言,地球自转的影响不容忽视。

光学摄影测量卫星对地摄影有两种覆盖模式:一是局部覆盖,主要用分辨率很高的单线阵 CCD 相机,采用摇摆的方式立体交会,一般摄影覆盖长度只有一个基线;二是全球覆盖,这种覆盖的摄影航线很长,三线阵 CCD 相机适合于全球覆盖,但必须考虑地球自转对全球覆盖带来的问题。

## §17.1 摄影中偏流角

地球自转使得卫星摄站在地球椭圆体表面的投影轨迹不是规则的航线,而是相交于南北极的曲线,曲线走向与卫星轨道走向间的夹角随纬度而变化,卫星上三线阵相机的正视线阵应绕自身平面旋转一个角度,使线阵方向与投影轨迹上星下点的法线方向一致,便于利用摄影测量理论进行处理。由于卫星摄站的投影轨迹是曲线,所以图 17.1 中 1、0、2 三个不同摄影时刻的三线阵相机的正视线阵不可能相互平行,导致地面点的前、正、后三光线不相交于一点。卫星工程中的解决办法是按纬度计算偏流角,对卫星航偏角做偏流角修正。

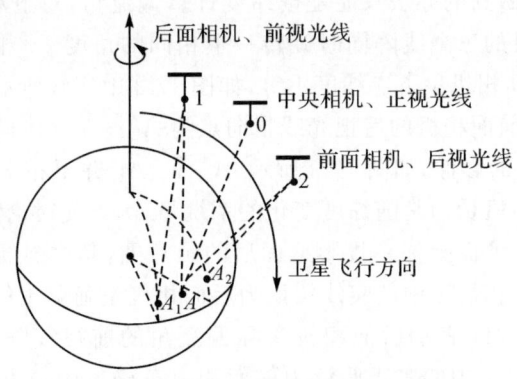

图 17.1 偏流角问题

由于地球自转,图 17.1 中 1、0、2 三线阵相机在不同摄影时刻(后面 1、中央 0、前面 2)对同一地面点 $A$ 摄取影像,为方便起见,图 17.1 将点 $A$ 选在中央相机地底点上。图 17.1 中，$AA_1=AA_2$，即卫星从 1 到 0 或从 0 到 2 时段地球自转地面点移动的量，要使摄取的影像在恢复立体模型时相交于一个点，原理上讲，前面相机的后视光线应旋转一个角度，使其摄到点 $A$ 的右边点 $A_2$（实际地面点 $A$ 在前面相机时刻应对准的位置），而使后面相机的前视光线旋转一个角度，使其摄到 $A$ 左边的点 $A_1$。该场景的平面表示如图 17.2 所示，在实际的卫星摄影测量中，严格实现十分困难。

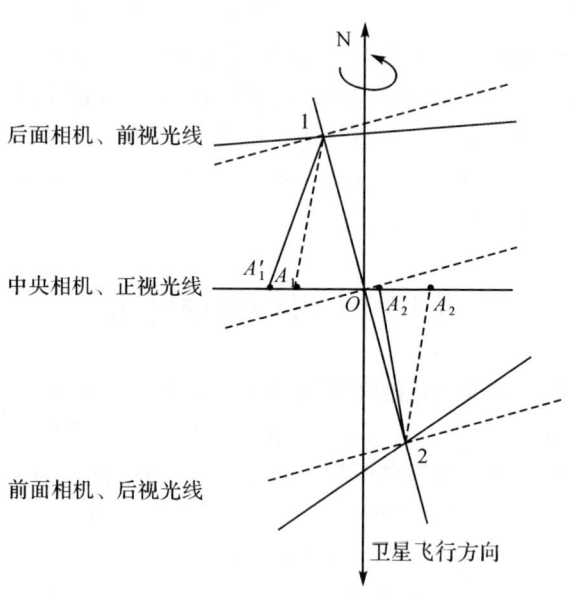

图 17.2 相机与偏流角

一般工程较易做到的办法只能是按纬度计算偏流角，对卫星航偏角做偏流角修正，从而达到相机的三个线阵同时旋转一个相同的角度——偏流角。由于摄站 1、2 星下点纬度与 0 相机星下点纬度不等，如图 17.2 中实线所示，后面相机的前视光线指向点位 $A_1'$，前面相机的后视光线指向点为 $A_2'$。在立体模型恢复时，三个相机摄到的地面点 $A$ 的影像，如图 17.3 所示，$A$、$A_1$、$A_2$ 并不相交于一点，如同上下视差，但其值不是随机量而是随纬度变化的系统量，为方便讨论特称作偏流角上下视差。图 17.3 为切平面坐标系投影地面后的示意图，其中 $A$ 点特地选在中央相机的地底点上，后面相机 1 中的实线假设为后面相机正确偏流角方向的前视线阵，它正确地指向 $A_1$；虚线表示后面相机实际偏流角的前视线阵，它指向不正确的 $A_1'$。同理，前面相机 2 中的实线假设为前面相机正确偏流角方向的后视线阵，它正确地指向 $A_2$，虚线表示前面相机实际偏流角的后视线阵，它指向不正确的 $A_2'$。$A$、$A_1$、$A_2$ 不重合在一点带来两个问题：一是影响摄影重叠有效摄影覆盖，已有许多学者做过讨论，笔者不再重复；二是有关摄影测量处理，本章将重点讨论。

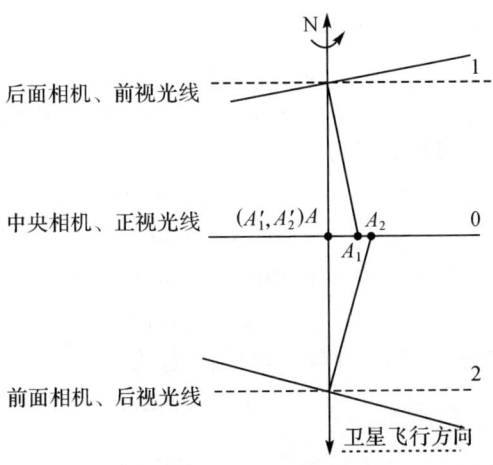

图 17.3　投影到切平面坐标系

## §17.2　前、后视同名像点错开的距离计算

偏流角问题已有许多学者做过讨论,并有严格的计算公式,本章侧重于三线阵相机偏流角修正措施理论上不严格对摄影测量平差的影响,为此引用如下的偏流角近似计算公式(JPL,1979),用作定性讨论

$$\psi = \psi_{\max} \cos u \tag{17.1}$$

其中,$\psi$ 为偏流角,(°);$u$ 为纬度;$\psi_{\max}$ 为常数,为偏流角最大值(经验值)3.82°。

令 $\theta$ 为跨一个基线 $B$ 距离的纬度,即 1.895(°)=0.033 073 9(弧度)(略去前面相机和后面相机对中央相机纬度差不大的差异),$B$ 为摄影基线(前、后视相机与正视相机摄影中心距离),将 $\cos(u+\theta)$ 按幂级数展开得

$$\left. \begin{aligned} \cos(u+\theta) &= \cos u - \theta \sin u - \frac{\theta^2}{2}\cos u \\ \cos(u-\theta) &= \cos u + \theta \sin u - \frac{\theta^2}{2}\cos u \end{aligned} \right\} \tag{17.2}$$

利用式(17.1)分别对三个相机进行偏流角计算

$$\begin{cases} \psi_1 = \psi_{\max}\cos(u+\theta), & \text{为后面相机偏流角} \\ \psi_0 = \psi_{\max}\cos u, & \text{为中央相机偏流角} \\ \psi_2 = \psi_{\max}\cos(u-\theta), & \text{为前面相机偏流角} \end{cases}$$

展开为

$$\left. \begin{aligned} \psi_1 &= \psi_{\max}\cos u - \psi_{\max}\theta\sin u - \psi_{\max}\frac{\theta^2}{2}\cos u \\ \psi_2 &= \psi_{\max}\cos u + \psi_{\max}\theta\sin u - \psi_{\max}\frac{\theta^2}{2}\cos u \end{aligned} \right\} \tag{17.3}$$

式(17.3)可以分为符号相同和符号不同两个部分

$$\begin{cases} \psi_1 = \psi_{\max}\cos u - \psi_{\max}\theta\sin u, 为后面相机偏流角,(°) \\ \psi_2 = \psi_{\max}\cos u + \psi_{\max}\theta\sin u, 为前面相机偏流角,(°) \end{cases}$$

d$\psi$ 符号不同分量(可用 $\kappa$ 消除)为

$$\left.\begin{aligned} \mathrm{d}\psi_1 = \psi_1 - \psi_0 = -\psi_{\max}\theta\sin u \\ \mathrm{d}\psi_2 = \psi_2 - \psi_0 = \psi_{\max}\theta\sin u \end{aligned}\right\} \tag{17.4}$$

后面相机的前视光线在中央坐标轴的像点坐标为

$$A_1'A_1 = \mathrm{d}\psi_1 B/pixel$$

前面相机的后视光线在中坐标轴的像点坐标为

$$A_2'A_2 = -\mathrm{d}\psi_2 B/pixel$$

偏流角上下视差为

$$\mathrm{d}Y = (A_1'A_1 + A_2'A_2)/2 = \psi_{\max}\theta\sin u B/pixel \tag{17.5}$$

d$\psi$ 符号相同分量(可用 $\delta\kappa$ 消除)为

$$\left.\begin{aligned} \mathrm{d}\psi_1 = -\psi_{\max}\frac{\theta^2}{2}\cos u, 为后面相机前视光线 \\ \mathrm{d}\psi_2 = -\psi_{\max}\frac{\theta^2}{2}\cos u, 为前面相机后视光线 \end{aligned}\right\} \tag{17.6}$$

利用式(17.1)、式(17.4)至式(17.6),按纬度计算如表 17.1 所示。

表 17.1 偏流角与上下视差统计

| 纬度/(°) | 0 | 10 | 20 | 30 | 40 | 50 | 60 | 70 | 80 |
|---|---|---|---|---|---|---|---|---|---|
| $\psi$/(°) | 3.81 | 3.76 | 3.58 | 3.30 | 2.92 | 2.45 | 1.91 | 1.30 | 0.66 |
| dY/像素 | 0 | 20 | 39 | 57 | 74 | 88 | 99 | 108 | 113 |
| d$\psi_1$/(″) | 7 | 7 | 7 | 6 | 5 | 4 | 3 | 2 | 1 |
| d$\psi_2$/(″) | 7 | 7 | 7 | 6 | 5 | 4 | 3 | 2 | 1 |

通过表 17.1 可看出,由偏流角导致的上下视差最大为 100 多像素,但在光束法平差中可以由卫星得到的外方位角元素 $\kappa$ 当作近似值,将其大部分消除(余上下视差大约 2~3 像素),进而以平差初值参与平差(用前后视光线旋转 $\kappa$ 角消除上下视差)。

d$\psi_1$、d$\psi_2$ 是偏流角增量符号相同分量,与星地相机夹角转换参数 $\delta\kappa$ 性质相同,对相机在轨标定和光束法平差都有关系,要分别讨论。

## §17.3 偏流角上下视差改正处理

### 17.3.1 相机在轨标定

"天绘一号"相机在轨标定采用等效框幅相片原理,采用两条短基线长的等效框幅像片,相当于组成一个双模型,在参数计算时,对数值很大的偏流角上下视差可视为带有航偏角航线的光束法平差,因而偏流角上下视差与常规框幅相机像对的相对定向性质一样,标定计算中上下视差不等值分量将由外方位元素及标定的其他参数加以消化。标定计算中上下视差等值分量将贡献到星地相机转换参数的 $\delta\kappa$ 上,后者为在轨标定后参数值(主要是 $\delta\kappa$)与纬度有关的偏流角联系起来,因此要进一步研究在轨卫星实现全卫星轨道摄影区无地面控制点摄影测量精度保持一致性的问题(王建荣 等,2014)。

利用 2012 年 5 月 20 日摄影航线进行上下视差统计,目视原有影像其上下视差为 110 像素(该值主要由偏流角引起),当使用实验室标定参数在切平面坐标系内上下视差为 10~15 像素,在轨标定参数后其上下视差减小到 0.6 像素。

### 17.3.2 在轨标定后参数值应用

在轨标定后参数应用到航线平差可使偏流角上下视差明显减少,经过 EFP 全三线交会平差将进一步减少。与标定航线不同纬度的地区,也由于应用在轨标定后参数值偏流角也有所减少。令纬度 40°~50° 为相机的在轨标定,其他地区的偏流角上下视差和等量部分 $d\psi$ 减少,如表 17.2 和表 17.3 所示。

表 17.2  北纬地区偏流角变化

| $u/(°)$ | 0 | 10 | 20 | 30 | 40 | 50 | 60 | 70 | 80 |
|---|---|---|---|---|---|---|---|---|---|
| $d\psi_1/('')$ | 2 | 2 | 1 | 1 | 0 | 0 | $-1$ | $-2$ | $-4$ |

表 17.3  南纬地区偏流角变化

| $u/(°)$ | 0 | $-10$ | $-20$ | $-30$ | $-40$ | $-50$ | $-60$ | $-70$ | $-80$ |
|---|---|---|---|---|---|---|---|---|---|
| $d\psi_1/('')$ | 2 | 2 | 1 | 1 | 0 | 0 | $-1$ | $-2$ | $-4$ |

全球其他地区的航线由于与标定地区纬度不同的 $D\psi_1$ 差值最大约 $4''$,完全可由角元素低频补偿技术予以消化。无须到全球各地做星地相机夹角转换参数的在轨标定,可实现全卫星轨道摄影区无地面控制点摄影测量精度保持一致性。

### 17.3.3 航线影像 EFP 全三线交会平差

图 17.2 为投影在切平面坐标系平面上的示意图,其中,引用一个(用实线表示)CCD 线阵为前面相机的后视线阵,并假定其与中央相机正视线阵相同偏流角,因而此线阵可正确照准 $A_2$ 点。用虚线表示的 CCD 线阵为前面相机后视线阵真实偏流角照准于 $A_2'$ 点,实线线阵旋转一个 $\kappa$ 角消除 $A_2$ 点的上下视差,使 $A_2$ 移到 $A$,则实线线阵与虚线线阵重合,后面相机与此同理,使线阵重合,这样得到三个 CCD 线阵相互平行。这种消除上下视差的功能正是 EFP 全三线交会平差所具有

的。利用"天绘一号"02星2012年8月13日航线分析,目视原有影像上下视差为60～110像素;当采用前方交会投影在切平面坐标系平面上时,用实验室标定参数其上下视差为20～30像素,使用在轨标定参数后其上下视差为1～3像素;最后,利用EFP全三线交会平差后上下视差为0.3～0.5像素。

EFP全三线交会平差理想结果应该满足两个条件:一是,前、正、后三线阵相互平行;二是,三个线阵保持等间距。实际平差中由于存在种种误差,不可能完全满足上述条件;另外,在相机装配中,这一条件也只能达到一定的精度。因此EFP三线交会平差中设置了对平差结果的内部精度改正程序,这一程序是应用于航线上三排点上同一地面点的正前、正后高程不相等值计算成对正视线外方位元素参数$\varphi$的改正数;利用正前、正后分别与前后高程的差值,综合航线上三排点计算模型绕航线轴的倾斜,并换算成对正线阵外方位元素参数$\kappa$的改正数。由于正视线阵外方位元素参数$\varphi、\kappa$被改正,所以要将正视线阵外方位元素参数数据从原平差参数数据中独立成一个数据列,这一改正程序可以保持前正、后正、前后高程值相差很小,有利于DEM的采集。

### 17.3.4　EFP全三线交会平差实验

利用"天绘一号"01星卫星影像进行消除偏流角上下视差实验。实验数据采用"天绘一号"01星2011年4月12日的摄影数据,影像长度约300 km,其平差结果如表17.4所示,检查点数量为6。

表17.4　EFP全三线交会多功能光束法平差结果

| 平差中上下视差变化/像素 | $m_X$/m | $m_Y$/m | $m_Z$/m | $m_{XY}$/m | $M_1$/点数 | $M_2$/点数 |
|---|---|---|---|---|---|---|
| 目视原有影像上下视差16～145 | 6.5 | 6.4 | 9.1 | 9.1 | 32 | 9 |
| 在轨标定上下视差1.6～2.1 | | | | | | |
| 平差迭代上下视差0.3～0.4 | 7.4 | 7.0 | 5.9 | 10.1 | | |

注:$M_1$为内部精度改正前,正前正后高程较差≤5 m(点数);$M_2$为内部精度改正后,正前正后高程较差＞5 m(点数);内部精度改正效果明显,令人满意。

算例表明第二篇的相机在轨标定及EFP全三线交会平差,有效地解决了外方位角元素$\varphi、\kappa$低频误差,以及偏流角上下视差对目标点定位精度影响的问题,也有效解决了在轨卫星实现全卫星轨道摄影区无地面控制点摄影测量精度保持一致性的问题。

# 第十八章　LMCCD 相机影像摄影测量首次实践

三线阵 CCD 相机推扫摄影影像受卫星姿态变化率的影响,其影像的光束法平差航线模型存在系统变形,主要在高程方向呈波浪变化,给光束法平差途径实现无地面控制点卫星摄影测量造成困难。2003 年,笔者在 EFP 光束法平差基础上提出的 LMCCD 相机设计思想,可以解决因卫星姿态变化率导致的光束法平差航线系统变形问题。中国科学院长春光学精密机械与物理研究所有关专家对 LMCCD 相机设计思想从工程可行性进行分析,并付诸实践。LMCCD 相机的提出,有力地支持了"天绘一号"卫星工程无控制点定位的立项。"天绘一号"01 星于 2010 年 8 月 24 日发射入轨,在轨期间卫星运行状态良好,实现了其无控制点定位精度的设计目标,其中 LMCCD 相机为该工程目标的实现做出了重要贡献。期间,笔者持续利用 LMCCD 影像和三线阵 CCD 影像进行相机参数在轨标定的实验研究,分析了两者在高程方面的误差特性,得出作为无控制点定位,卫星姿态变化率对相机参数在轨标定的影响不可忽视,LMCCD 影像在相机参数在轨标定中抵御卫星姿态变化率方面优越于传统的三线阵 CCD 影像。

## §18.1　LMCCD 相机配置及其影像

LMCCD 相机是在三线阵 CCD 相机基础上增加 4 个小面阵相机,如图 6.1 所示,即线阵-面阵 CCD 混合配置相机。4 个小面阵影像坐标属于该定向时刻的真框幅坐标,是 LMCCD 影像的最重要特征。为了进行 LMCCD 影像平差理论的实验研究,2003 年笔者在研究初期进行 LMCCD 相机推扫摄影模拟,模拟生成前视、正视、后视影像及对应时刻的小面阵影像,如图 6.7 所示。2010 年成功发射的"天绘一号"卫星,首次进行了 LMCCD 相机的卫星影像摄取,如图 18.1 所示,由于幅面有限,本文只显示正视影像及小面阵影像,正视影像两侧的小面阵影像是以连接点的同名点影像为中心从 640 像素×480 像素大小的小面阵影像中截取的窗口影像。"天绘一号"卫星工程中的 LMCCD 相机在摄影时,小面阵相机只是在 EFP 时刻才进行摄影获取影像,与三线阵 CCD 影像分开记录,便于后期处理。

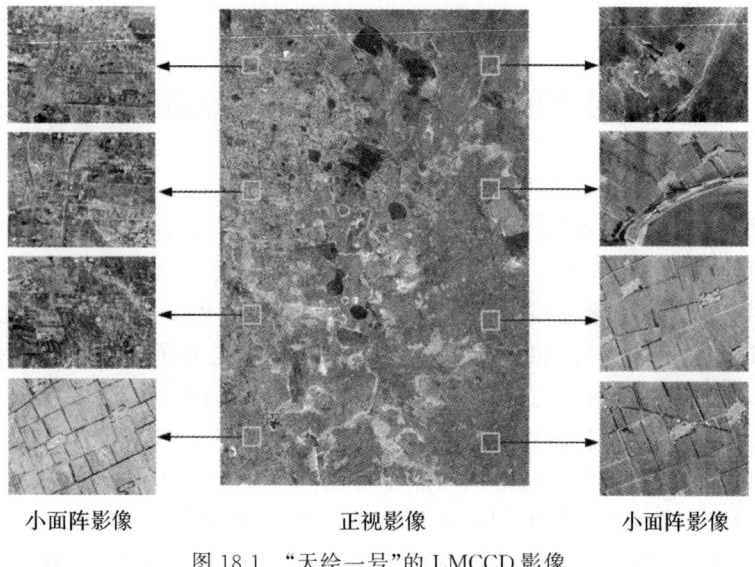

小面阵影像　　　　　　正视影像　　　　　　小面阵影像

图 18.1 "天绘一号"的 LMCCD 影像

## §18.2　LMCCD 影像用于相机参数在轨标定

第七章中指出，相机参数在轨标定的数学模型要具有框幅相机性质的严格数学模型，反解空中三角测量的光束法平差航线模型没有因卫星姿态变化率造成的系统变形，方能达到相机参数精确的在轨标定，否则相机标定结果将有损高程 6 m 精度的实现。

框幅式相机采取 60% 的重叠摄影，相邻相片间有固定的连接，进行空中三角测量平差航线模型不带有卫星姿态变化率造成的系统变形。线阵 CCD 推扫摄影，相邻线阵影像间缺乏固定的连接，因而不可能进行经典的光束法区域平差。笔者曾提出 EFP 光束法平差处理三线阵 CCD 影像，期望能像框幅相片那样，使航线模型无卫星姿态变化率引起的系统误差，但未能达到较好效果，其根本的原因是相邻定向时刻(或 EFP 时刻)间缺乏固定的连接。为了解决模型的连接问题，笔者进而提出 LMCCD 相机的设计思想，从卫星三线阵 CCD 影像数据获取的源头入手，在相邻定向时刻(或称 EFP 时刻)影像间增加具有真框幅像片特征的连接点像坐标(由小面阵影像量测)，例如图 5.3 中在 110 和 111 之间增加连接点，使得相邻定向时刻有固定连接，解决了平差航线的系统变形。从 EFP 空中三角测量角度讲，4 个小面阵真框幅坐标的连接点从本质上改变了推扫摄影相邻定向时刻影像间缺乏固定连接的状态。

平差采用的等效框幅像片像点分布如图 5.4 所示，图中空心圆点是 EFP 时刻摄影的三线阵 CCD 影像,实心圆点是连接点,其中 $T_{120}$、$T_{121}$、$T_{320}$、$T_{321}$ 是由小面阵 CCD 相机摄取的真框幅坐标,其余点属于推算而得的等效框幅坐标,按经典的空中三角测量数学模型进行严格的光束法平差。经模拟仿真计算,其效果与框幅相片空中三角测量相同,使航线模型不带有因卫星姿态变化率造成的系统变形。因此,LMCCD 影像光束法平差就成为"天绘一号"卫星相片参数在轨标定的数学模型基础。

## §18.3 相机参数在轨标定中地面点高程误差

LMCCD 影像做反解空中三角测量中,由于航线模型不带有卫星姿态变化率造成的系统变形,原则上绝对定向只有 7 个未知数,所以在轨标定的光束法平差共有 18 个独立待解参数。按数学原理,有 6 个适当分布的地面控制点便可得基本可行解,但从标定结果可靠性考虑,控制点增加为 60 个。利用不同数量控制点、LMCCD 影像与三线阵 CCD 影像分别进行不同组合标定,并分析标定结果的高程误差(王任享 等,2014b)。

### 18.3.1 不同数量控制点在轨标定后定位误差实验

利用"天绘一号"01 星 2011 年 10 月 7 日获取的 LMCCD 影像、精密定轨定姿及地面控制点数据,分别利用 60 个和 6 个地面控制点进行 LMCCD 影像和三线阵 CCD 影像的相机参数在轨标定,并对在轨标定结果和实验室标定结果进行定位精度统计,其结果如表 18.1 所示,60 个控制点参与在轨标定后高程误差分布如图 18.2 至图 18.4 所示,6 个控制点参与在轨标定后高程误差分布如图 18.5 和图 18.6 所示。

表 18.1 定位精度统计(RMS)

| 类型 | $m_X/m$ | $m_Y/m$ | $m_Z/m$ | 控制点数 | 统计点数 |
|---|---|---|---|---|---|
| 相机实验室标定(初值)前方交会 | 53.8 | 158.4 | 64.1 | | 60 |
| LMCCD 影像在轨标定 | 7.5 | 9.3 | 6.2 | 60 | 60 |
| 三线阵 CCD 影像在轨标定 | 8.3 | 11.2 | 16.3 | 60 | 60 |
| LMCCD 影像在轨标定 | 15.7 | 12.7 | 18.8 | 6 | 60 |
| 三线阵 CCD 影像在轨标定 | 13.2 | 27.1 | 34.8 | 6 | 60 |

从表 18.1 和高程误差分布图可以看出:LMCCD 影像比三线阵 CCD 影像的标定高程精度好得多。

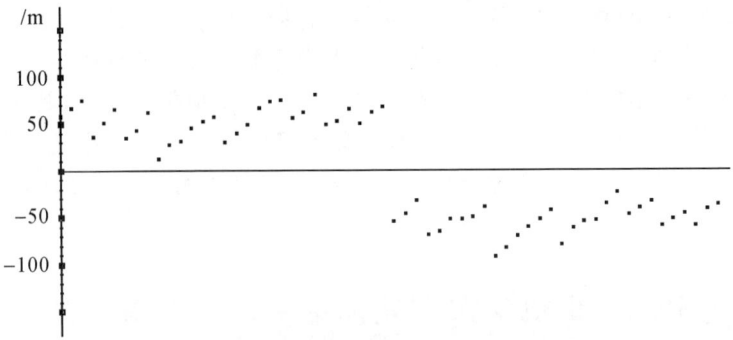

图 18.2　实验室标定参数前方交会高程误差分布

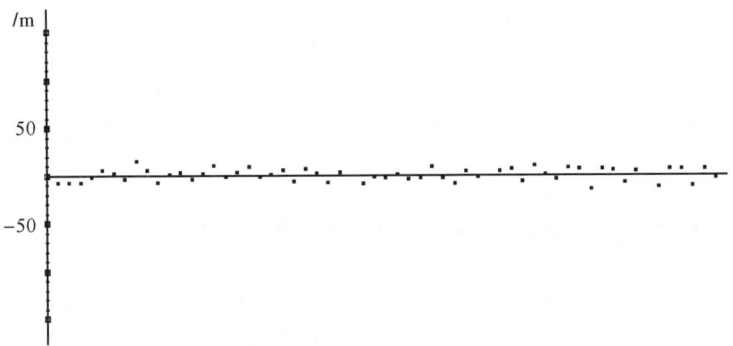

图 18.3　LMCCD 影像标定平差后高程误差分布

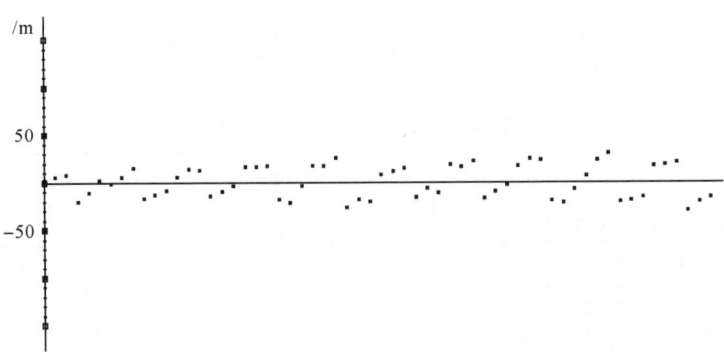

图 18.4　三线阵 CD 影像标定平差后高程误差分布

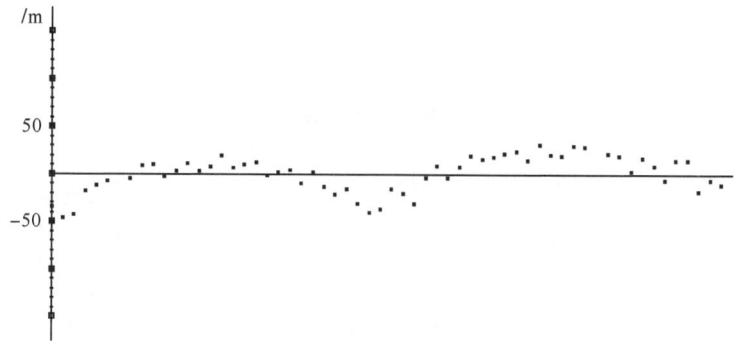

图 18.5　LMCCD 影像标定平差后高程误差分布

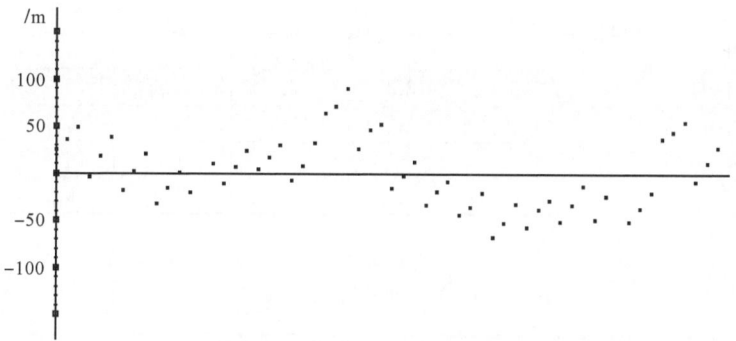

图 18.6　三线阵 CCD 影像标定平差后高程误差分布

### 18.3.2　相机参数多次在轨标定误差统计

自"天绘一号"01 星 2010 年 8 月入轨到 2013 年 3 月期间,利用东北地面实验场共进行了 8 次相机参数标定,笔者利用其数据分别进行 LMCCD 影像和三线阵 CCD 影像相机参数标定光束法平差计算,并分别统计其高程误差(相机参数标定光束法平差计算的高程与控制点高程的较差 RMS),如表 18.2 所示。

从表 18.2 可以看出:

(1) 60 个控制点参与标定情况下,LMCCD 影像高程误差大多数优于 6 m,而三线阵 CCD 影像高程误差要比 LMCCD 影像高程误差大 2.5～3 倍。

(2) 6 个控制点参与标定情况下,LMCCD 影像标定尚可满足基本可行解,而三线阵 CCD 影像标定误差过大,不满足基本可行解。

(3) LMCCD 影像与三线阵 CCD 影像光束法平差应用的原理及数学模型完全相同,LMCCD 影像平差时仅仅将每排的上下连接点的 CCD 影像推算得等效框幅坐标,代之以小面阵影像推算的真框幅像片坐标,按第五章的分析,不难得出三线阵 CCD 影像平差比 LMCCD 影像平差高程误差大的原因是"天绘一号"01 星姿态变化率存在不可忽视的量值。利用LMCCD影像进行相机地面标定是"天绘一号"01星实现无地面控制点目标定位高程精度6 m的重要环节。

表 18.2 标定结果高程误差统计

| 摄影日期 | 60个控制点参与相机参数在轨标定 | | 6个控制点参与相机参数在轨标定 | | 实验室标定参数交会 $m_Z$/m | 统计点数量 |
|---|---|---|---|---|---|---|
| | LMCCD影像 $m_Z$/m | 三线阵CCD影像 $m_Z$/m | LMCCD影像 $m_Z$/m | 三线阵CCD影像 $m_Z$/m | | |
| 2010年10月12日 | 5.5 | 20.8 | 12.1 | 38.8 | 65.0 | 60 |
| 2011年 3月 3日 | 5.1 | 8.5 | 13.9 | 39.4 | 64.1 | 60 |
| 2011年 4月 3日 | 5.3 | 15.7 | 15.3 | 37.4 | 70.0 | 60 |
| 2011年10月 7日 | 6.2 | 16.3 | 18.8 | 34.8 | 64.1 | 60 |
| 2012年 1月31日 | 5.3 | 13.2 | 12.1 | 44.4 | 70.5 | 60 |
| 2012年 3月20日 | 4.9 | 7.8 | 15.0 | 37.4 | 70.0 | 60 |
| 2012年 5月17日 | 5.4 | 17.1 | 31.8 | 40.1 | 76.3 | 60 |
| 2013年 3月 3日 | 5.5 | 18.6 | 15.3 | 53.8 | 79.6 | 60 |

## §18.4 小　　结

LMCCD小面阵影像为EFP法平差连接点提供了其真框幅像片坐标，使得EFP平差成为具有框幅像片性能的空中三角测量，有效地抵御了卫星姿态变化率对平差结果的影响，依此反解空中三角测量进行相机在轨标定的结果，明显优于单纯只有三线阵CCD影像。"天绘一号"01星工程中利用LMCCD影像进行相机参数在轨标定后，经多功能EFP光束法平差后无地面控制点条件下定位精度中误差达到平面10.3 m、高程5.7 m，实现工程指标。实际卫星工程中，卫星姿态变化对平差的影响难以把握，无地面控制点卫星摄影测量工程的相机在轨标定应选用LMCCD相机影像为佳。

# 第十九章 "天绘一号"卫星相机参数在轨标定

## §19.1 相机参数在轨标定

本书第七章"三线阵 CCD 相机动态检测"只有学术作用,实际卫星工程中将相机动态检测称作在轨地面标定,笔者将在轨地面标定当作对相机内方位元素的重组。即在已有(出厂标定)内方位元素和星地夹角的基础上标定其变化值,因变化值不大,称作内方位元素改正值和星地相机三个角元素转换参数的附加改正值(本章简称星地相机夹角改正数)。

内方位元素有 8 个独立待求参数及星地相机 3 个夹角改正数,共有 11 个独立待求参数。地面标定是利用外方位元素观测值和地面点坐标,利用 LMCCD 影像做 EFP 反解空中三角测量,航线模型没有因卫星姿态变化率造成的系统变形,航线模型绝对定向只要 7 个未知数,所以地面标定的光束法平差共有 18 个独立待解参数,从数学原理讲,有 6 个适当分布的地面控制点便可得基本可行解,但从标定结果可靠性考虑,适当增加控制点是必要的。

LMCCD 影像 EFP 平差有小面阵影像参与,航线模型没有卫星姿态变化率造成的系统变形,同时又有比较严格的框幅式像片性能,在对控制点数量的要求上和解的精度上都具有优势,而且航线长度可以只需要两条短基线,因此最适宜于工程中的相机地面标定应用。两条短基线长的等效框幅像片,相当于组成一个双模型,在参数计算时对数值很大的偏流角上下视差可当作带有航偏角的框幅像片双模型合理的处理。

"天绘一号"地面标定实验场选定在我国东北地区,实验场长度选定 600 km,宽度 100 km。利用航空摄影数字化影像,GPS 实地测量控制点坐标,并对整个实验场影像进行联合平差处理,保持实验场控制点精度的一致性。

在轨标定计算时,相机主距与和前、后视相机与正视相机的夹角 $\alpha_l$ 和 $\alpha_r$ 呈相关性,计算以带权虚拟方程参与平差,使相机摄影参数在轨标定值随卫星运行时间的变化主要贡献到前、后视线阵交会角 $d\beta$ 上,$d\beta$ 不是直接平差值,而是由 $\alpha_l$ 和 $\alpha_r$ 改正数计算得到的,它是影响高程精度的关键因素,当 $d\beta=1''$ 时,会造成交会的高程误差约 3 m,因而工程中要不断跟踪标定检测 $d\beta$ 变化,卫星运行时间很长后要根据 $d\beta$ 变化情形分段取值使用,这是保证高程中误差 6 m 的关键。

## §19.2 相机参数在轨标定结果

"天绘一号"01 星自 2010 年 8 月发射后,进行了多次相机参数在轨标定。本章仅对其中 2011 年 4 月至 2014 年 5 月期间内的多次标定值,按每相隔大约 12 个月抽取 1 次有关改正数(也就是在轨标定与出厂标定较差值),如表 19.1 所示。

表 19.1 在轨标定与出厂标定较差值

| 摄影日期 | 前、后相机交会角 d$\beta$/($''$) | 星地相机夹角改正数/($''$) | | |
|---|---|---|---|---|
| | | $\delta\varphi$ | $\delta\omega$ | $\delta\kappa$ |
| 2011 年 4 月 3 日 | 9.9 | −26 | −69 | −30 |
| 2012 年 5 月 17 日 | 11.0 | −27 | −67 | −17 |
| 2013 年 3 月 3 日 | 11.0 | −21 | −67 | −18 |
| 2014 年 4 月 13 日 | 9.0 | −23 | −68 | −16 |
| 01 星平均值 | 10.0 | −24 | −68 | −20 |

从表 19.1 可看出,参数变化总体平稳,不同次标定之间的星地相机夹角改正数中 $\delta\kappa$、$\delta\varphi$ 数值变化相对较大,$\delta\omega$ 相对较小,或许与星敏间夹角检测值存在 $15''\sim30''$ 的低频变化有直接关系。地面系统应一直跟踪检测,至少平均 3 个月标定一次,适当时段更新在轨标定参数以减少平差成果的系统误差。

另外,星地相机夹角改正数 $\delta\varphi$、$\delta\omega$、$\delta\kappa$ 的数学期望为零,这是只根据 01 星定标结果无法判断星地相机夹角改正数的量值大于地相机改正数的量值的原因,比较表 19.2 中的 01 星、02 星与星地相机夹角改正数 $\delta\varphi$、$\delta\omega$、$\delta\kappa$ 的数值不难得出,这是出厂标定参数中星地相机夹角精确度有限所致。

表 19.2 星地相机夹角改正数平均值

| 卫星平均值 | | 星地相机夹角改正数/($''$) | | |
|---|---|---|---|---|
| | | $\delta\varphi$ | $\delta\omega$ | $\delta\kappa$ |
| 01 星 | 4 次 | −24 | −68 | −20 |
| 02 星 | 4 次 | −39 | 24 | 70 |

## §19.3 相机参数在轨标定结果平差实验

实验采用"天绘一号"01 星 2011 年 12 月 22 日东北检测场影像,选用 2010 年 10 月 12 日标定参数做 EFP 全三线交会光束法平差,选用检测航线与在轨标定日期相差一年多,其结果如表 19.3 所示。

表 19.3 平差精度统计

| 平差中上下视差变化<br>/像素 | $m_X$<br>/m | $m_Y$<br>/m | $m_Z$<br>/m | $m_{XY}$<br>/m | 星地相机夹角改正数/(″) | | | $M_1$<br>/点数 | $M_2$<br>/点数 |
|---|---|---|---|---|---|---|---|---|---|
| | | | | | $\delta\varphi$ | $\delta\omega$ | $\delta\kappa$ | | |
| 目视原有影像上下视差<br>54~224 | | | | | | | | 10 | 2 |
| 在轨标定上下视差<br>3.0~7.0 | 31.7 | 17.3 | 7.4 | 36.9 | −19.7 | −66.1 | −17.2 | | |
| 平差迭代后上下视差<br>0.27~0.46 | 9.8 | 11.7 | 5.9 | 16.4 | −10.2 | −66.1 | −37.2 | | |
| 平差前后星地相机<br>夹角改正较差 | | | | | −9.5 | 0.0 | 20.0 | | |

注：$M_1$ 为内部精度改正前，正前正后高程较差≤5 m（点数）；$M_2$ 为内部精度改正后，正前正后高程较差＞5 m（点数）；检查点数量为 18 个；低频补偿和内部精度改正效果明显，平差结果令人满意。

检测场航线摄影日期与参与平差的在轨标定参数日期相差一年多，标定参数的前、后相机交会角 dβ 变化不太大，但 $\delta\varphi$、$\delta\kappa$ 变化比较大，平差中低频补偿起了很大作用，低频补偿前后星地相机夹角改正数较差 $\delta\varphi = -9.5″$，$\delta\kappa = 20.0″$，第十七章的相机在轨标定场外全球其他地区的航线，由于与标定地区纬度不同的卫星 $d\psi_1$ 差值最大约 4″，完全可由角元素低频补偿予以消化。

本算例选定与检测场平差航线日期相隔很大的在轨标定参数，是比较极端的例子。实际平差中，选定的相机在轨标定参数与实际平差航线所含的角元素低频误差不完全适配的程度未必有这么大，但在无控制点定位中，仍可能有不可小视的误差，必须由角元素低频补偿加以消除。

EFP 全三线交会光束法平差软件涵盖无控制点定位与纬度有关的偏流角上下视差、低频补偿、内部精度改正等功能，可以实现在轨卫星全轨道摄影区无控制点定位精度保持一致性的问题。其中低频补偿功能在全卫星轨道摄影区无控制点定位精度保持一致性方面起到关键作用。

# 第二十章　无地面控制点卫星摄影测量仿真实验研究

"天绘一号"01星利用卫星获取的影像、定轨、定姿及后处理生成的外方位元素,将EFP光束法平差和EFP全三线交会光束法平差所得成果与野外实测控制点比较表明:在无地面控制点参与平差条件下,摄影测量测定的地面点坐标可以达到平面10.3 m、高程5.7 m。但作为实验卫星,仅依据这些最终数据,还无法解读许多工程中遇到的误差问题的性质。例如,在01星的数次在轨标定结果比较中,是什么原因导致星地相机夹角改正数较差值大至$9''$;按摄影测量理论,前方交会计算的平面坐标误差应比高程小,为何01星计算结果为目标点平面坐标误差往往大于高程误差。这些问题仅依靠在轨卫星数据难以做出解读。笔者之前的模拟计算与"天绘一号"卫星真实条件有一定距离,而现在已有卫星在轨数据处理经验,因此可以进行非常贴近"天绘一号"01星的仿真模拟,利用模拟计算解读实际工程资料处理的问题,探索后续卫星改进的方向。

## §20.1　模拟数据生成

模拟数据:

(1)按卫星轨道生成一条长约500 km的GPS测轨坐标和相应的测姿系统输出的俯仰、横滚、偏航三个角元素,这些数据都转换到一个切平面坐标系,得到摄影测量的外方位线元素$X_S$、$Y_S$、$Z_S$和角元素$\varphi,\omega,\kappa$。

(2)用所得到的外方位元素、卫星摄影参数及含地球曲率的地面点数据,生成LMCCD像点坐标(三线阵CCD及小面阵像点坐标),即模拟数据。该模拟数据接近"天绘一号"卫星的一段摄影资料(但没有偏流角)。

摄影测量模拟计算采用的像点坐标误差为0.3像元,卫星姿态稳定度为$1\times10^{-2}(°)/s$、$1\times10^{-3}(°)/s$、$5\times10^{-4}(°)/s$,下面主要列出姿态稳定度为$5\times10^{-4}(°)/s$的计算结果。

## §20.2　摄影测量主要软件

摄影测量主要软件如下:

(1)在轨标定软件:已在"天绘一号"01星影像地面处理中得到应用。

(2)EFP平差软件:可对三线阵CCD影像或LMCCD影像做光束法平差。

(3) EFP 全三线交会平差软件:"天绘一号"01 星的主要应用软件。
(4) 外方位角元素低频误差补偿软件:已在"天绘一号"01 星应用。

## §20.3 摄影参数在轨标定

在轨标定的模拟数据中,外方位线元素低频误差 $D_{X_S}=D_{Y_S}=2$ m, $D_{Z_S}=3$ m;角元素高频随机误差 $m_\varphi=m_\omega=m_\kappa=2''$;地面控制点坐标中误差为 3 m。为了模拟数据更真实地反映检测星地相机角元素转换参数,对转换后的切平面坐标系内的外方位元素分别加上常差:$\sigma_\varphi=30''$,$\sigma_\omega=-30''$,$\sigma_\kappa=30''$。相机系统设立 3 个主距、3 个主点 $(x,y)$ 坐标共 9 个参数(8 个独立参数),另加星地夹角 3 个改正数,共 11 个待解独立参数。标定计算按 EFP 光束法平差做反解空中三角测量,采用 LMCCD 影像空中三角测量航线几乎没有系统变形,因而航线绝对定向只含 7 个参数,合计有 18 个独立待求参数。按理论有 6 个合理分布的地面控制点参与计算可得基本可行解。

### 20.3.1 含角元素高频误差的在轨标定

随机误差 $m_\varphi=m_\omega=m_\kappa=2''$,分别按 60 个控制点及 6 个控制点参与标定,列出标定相机的主要参数误差(实验室的模拟标定值与地面标定模拟计算值的较差),如表 20.1 和表 20.2 所示。计算 3 个测回,每个测回的外方位角元素采用不同的随机误差,但中误差相同。

表 20.1 实验室标定值与在轨标定模拟计算值的较差 1

| 测回 | 主距/μm | | | 星地相机夹角改正数/(″) | | | |
|---|---|---|---|---|---|---|---|
| | $df_l$ | $df_v$ | $df_r$ | $d\beta$ | $d\varphi$ | $d\omega$ | $d\kappa$ |
| 1 | −1 | 0 | −1 | −0.59 | −0.4 | 0.4 | 3.9 |
| 2 | −1 | 0 | −2 | −0.60 | −0.6 | 0.0 | 4.8 |
| 3 | −1 | −1 | −1 | 0.15 | −0.2 | 0.1 | 5.9 |

注:利用 6 个地面控制点参与标定。

表 20.2 实验室标定值与在轨标定模拟计算值的较差 2

| 测回 | 主距/μm | | | 星地相机夹角改正数/(″) | | | |
|---|---|---|---|---|---|---|---|
| | $df_l$ | $df_v$ | $df_r$ | $d\beta$ | $d\varphi$ | $d\omega$ | $d\kappa$ |
| 1 | 0 | 0 | −2 | −0.59 | 0.1 | 0.4 | 0.8 |
| 2 | −1 | −2 | 0 | −0.65 | −0.1 | 0.4 | 1.1 |
| 3 | 0 | 0 | −3 | −0.17 | −0.1 | 0.0 | 2.0 |

注:利用 60 个地面控制点参与标定。

在表 20.1 和表 20.2 中：$df_l$、$df_v$、$df_r$ 分别为前视、正视及后视相机主距实验室标定值与在轨标定模拟计算值较差；$d\beta$ 为前、后视相机夹角实验室标定值与在轨标定模拟计算值较差；$d\varphi$、$d\omega$、$d\kappa$ 为星地相机夹角改正数实验室标定值与在轨标定模拟计算值较差。

表 20.1 只作为 6 个控制点基本可行解的示例，表 20.2 各测回间数据比较可知，相机主距较差在微米级，角元素较差也只在 $1''\sim 2''$ 量级。

### 20.3.2 角元素含低频误差的在轨标定

在外方位角元素中分别加 $3''$、$5''$、$7''$ 常差，外方位元素高频误差取表 20.2 测回 1 的数据，分析外方位角元素低频误差对标定的影响，标定相机的主要参数误差计算结果如表 20.3 所示。

表 20.3　实验室标定值与在轨标定模拟计算值的较差 3

| 测回 | $df_l/\mu m$ | $df_v/\mu m$ | $df_r/\mu m$ | $d\beta/('')$ | $d\varphi/('')$ | $d\omega/('')$ | $d\kappa/('')$ | $\varphi_C/('')$ | $\omega_C/('')$ | $\kappa_C/('')$ |
|---|---|---|---|---|---|---|---|---|---|---|
| 1 | 0 | −2 | −2 | −0.59 | −2.8 | 3.5 | −2.1 | 3 | −3 | 3 |
| 2 | 1 | −1 | −3 | −0.59 | 3.1 | −2.5 | 3.8 | −3 | 3 | −3 |
| 3 | 0 | −1 | 0 | −0.59 | −4.8 | 5.5 | −4.1 | 5 | −5 | 5 |
| 4 | 0 | −1 | −1 | −0.59 | 5.1 | −4.5 | 5.8 | −5 | 5 | −5 |
| 5 | −1 | −1 | −1 | −0.59 | −6.8 | 7.5 | −6.1 | 7 | −7 | 7 |
| 6 | 0 | 0 | −2 | −0.59 | 7.1 | −6.6 | 7.8 | −7 | 7 | −7 |
| 平均 | 0 | 0 | −2 | −0.59 | 0.1 | 0.4 | 0.8 | | | |

注：利用 60 个地面控制点参与标定。

在外方位线元素中分别加 3 m、5 m、7 m 常差，外方位元素高频误差取表 20.2 测回 1 的数据，分析外方位线元素低频误差对标定的影响，标定相机的主要参数误差计算结果如表 20.4 所示。

表 20.4　实验室标定值与在轨标定模拟计算值的较差 4

| 测回 | $df_l/\mu m$ | $df_v/\mu m$ | $df_r/\mu m$ | $d\beta/('')$ | $d\varphi/('')$ | $d\omega/('')$ | $d\kappa/('')$ | $X_{SC}/m$ | $Y_{SC}/m$ | $Z_{SC}/m$ |
|---|---|---|---|---|---|---|---|---|---|---|
| 1 | 0 | 0 | −3 | 0.46 | −1.1 | 1.7 | 0.8 | 3 | −3 | 3 |
| 2 | 1 | −1 | −1 | 1.09 | −1.9 | −2.5 | 0.8 | 5 | −5 | 5 |
| 3 | 2 | 0 | −1 | 1.79 | −2.7 | 3.4 | 0.8 | 7 | −7 | 7 |

注：利用 60 个地面控制点参与标定。

由表 20.3 可知，外方位角元素低频误差在标定中对相机参数影响不大，但星地相机夹角改正数明显受外方位角元素低频误差影响。外方位角元素低频误差在各次标定中，数值与符号是随机的，多次标定值取均值后，星地相机夹角改正数的误差可能会削弱一些。表 20.3 计算时特意采用外方位角元素低频误差对称取值，所以各次标定值取均值后,与表 20.1 测回 1 基本相同,虽然外方位角元素低频误差在标定中的影响通过多次标定取均值可以减少一些其对定位精度的影响,但要进一步削弱各测回航线的外方位角元素低频误差影响就必须通过其他途径寻求解决,这是无地面控制点摄影测量的重要难题之一。

由表 20.4 可知,外方位线元素低频误差在标定中的影响与外方位角元素低频误差特征不同,主要表现在前、后视相机夹角 d$\beta$ 变化值上。依上述论点,可以在实际卫星资料在轨标定中判断外方位角元素低频误差的量级。

## §20.4 无地面控制点光束法平差

无地面控制点光束法平差是指仅利用相机参数、星载设备测定的外方位元素值及同名像点影像坐标等,按光束法平差计算摄影时刻精确的外方位元素和地面点坐标。外方位元素观测值中线元素 $X_S$、$Y_S$、$Z_S$ 是由 GPS 接收机给出,按全轨道事后处理,位置精度约为 4 m,计算中经过滤波处理,所以用户得到的外方位线元素观测值中不含高频误差,存在的误差为低频的系统性误差。仿照 OIS(轨道影像系统)对 GPS 误差的处理(Light,1990),将 GPS 定位误差 4 m 分摊为轨道方向 2 m、向心方向 3 m,并表示为外方位线元素误差 $D_{X_S} = D_{Y_S} = 2$ m 及 $D_{Z_S} = 3$ m。一条航线一般长度不超过 500 km,可将 $D_{X_S}$、$D_{Y_S}$、$D_{Z_S}$ 当作常差看待。因此,作为模拟数据实验研究,可以将平差计算分为两个步骤:第一步假设外方位线元素没有误差,航线只含外方位角元素误差进行平差计算得出结果;第二步对外方位线元素误差以符号随机的常差与其综合计算中误差加以评定。

### 20.4.1 外方位角元素含高频误差

平差计算统一采用 10 组模拟角元素随机误差,将中误差 2″赋予每一测回的外方位角元素上当作观测值,分别进行 EFP 和 EFP 全三线交会平差。

#### 20.4.1.1 EFP 光束法平差

表 20.5 为 EFP 光束法 10 测回综合误差统计结果。

表 20.5 无地面控制点 EFP 光束法平差检查点中误差

| 条件 | $m_X$/m | $m_Y$/m | $m_Z$/m | $m_{XY}$/m | $m_Z/m_{Z_0}$ | $P_y/P_{y_0}$ | 注记 |
| --- | --- | --- | --- | --- | --- | --- | --- |
| A | 1.4 | 1.8 | 4.6 | 2.2 | 4.6/13.3=0.35 | 0.4/1.9=0.21 | 有小面阵 |
| B | 2.4 | 2.8 | 5.5 | 3.7 | - | - | A 与单频 GPS 综合 |
| C | 3.0 | 2.8 | 9.8 | 4.1 | 9.8/13.3=0.73 | 0.4/1.9=0.21 | 无小面阵 |

注:航线长 500 km,基高比 0.5,检查点 60 个,测回 10 个。

在表 20.5 中，$A$ 为外方位线元素误差为 0、角元素误差为 $2''$ 的条件下 EFP、LMCCD 影像平差结果，平差中有小面阵影像，高程误差小于 6 m；$B$ 为外方位线元素低频误差 $D_{X_S}=D_{Y_S}=2$ m 及 $D_{Z_S}=3$ m 与当 $A$ 的误差综合结果；$C$ 与 $A$ 条件相同，但平差中没有利用小面阵影像，高程误差超过 6 m。

#### 20.4.1.2　EFP 全三线交会光束法平差

10 测回 EFP 全三线交会平差综合误差统计结果，如表 20.6 所示。

表 20.6　无地面控制点 EFP 全三线交会光束法平差检查点中误差

| 条件 | $m_X$/m | $m_Y$/m | $m_Z$/m | $m_{XY}$/m | $m_Z/m_{Z_0}$ | $P_y/P_{y_0}$ |
|---|---|---|---|---|---|---|
| $A$ | 1.4 | 3.3 | 3.7 | 3.5 | 3.7/7.7=0.48 | 0.6/2.9=0.20 |
| $B$ | 2.4 | 3.8 | 5.2 | 4.5 | $A$ 与单频 GPS 综合 | |
| $C$ | 1.7 | 3.4 | 3.8 | 3.8 | $A$ 与双频 GPS 综合 | |

注：航线长 500 km，基高比 1，检查点 60 个，10 测回。

在表 20.6 中：$A$ 为外方位线元素误差为 0、角元素误差为 $2''$ 的条件下 EFP 全三线交会平差结果；$B$ 为外方位线元素低频误差 $D_{X_S}=D_{Y_S}=2$ m 及 $D_{Z_S}=3$ m 与条件 $A$ 的误差综合结果；$C$ 为外方位线元素低频误差（双频 GPS）$D_{X_S}=D_{Y_S}=1$ m 及 $D_{Z_S}=1$ m 与条件 $A$ 的误差综合结果。

比较表 20.5 和表 20.6 可以得出以下结论：

(1) 由两表中的条件 $B$ 可知，EFP 基高比虽然较 EFP 全三线交会小，但 $m_Z/m_{Z_0}=0.35$ 优于 EFP 全三线交会 $m_Z/m_{Z_0}=0.48$，所以二者平差结果精度基本相当。

(2) EFP 平差三线阵 CCD 影像（无小面阵）精度低于 LMCCD 影像，高程误差尤其明显。

(3) 条件 $B$ 的数据表明，在外方位角元素高频误差为 $2''$、无低频误差，单频 GPS 情况下，无地面控制点目标定位误差平面约 4.5 m、高程约 5.2 m。

(4) 条件 $C$ 的数据表明，在外方位角元素高频误差为 $2''$、无低频误差，双频 GPS 情况下，无地面控制点目标定位误差平面约 3.8 m、高程约 3.8 m。

#### 20.4.1.3　姿态变化率不同情况下的平差

姿态变化率不同，EFP 平差与 EFP 全三线交会平差结果也不同，如表 20.7 所示。

由表 20.7 可知，姿态变化率大，平差精度略差一些，但姿态变化率小于 $10^{-3}(°)/s$ 之后，平差精度变化不大。"天绘一号"卫星姿态稳定度优于 $10^{-3}(°)/s$。

#### 20.4.1.4　直接观测值与内插值

在"天绘一号"卫星中，星敏测姿的数值每隔 0.5 s 输出，这样姿态角所含的高频误差属独立的随机误差。经双（或三）星敏联合定姿后，由四元素生成的角元素是多个星敏测姿值的综合,可仍以原始随机误差来看待,利用三次差分的方法计算联合定姿角元素的随机误差,并用于对目标定位精度估算。前文计算中都是按此性质的随机误差来处理的,考虑到实际应用中总是将联合定姿的角元素内插到像元时刻,平差计算用的角元素则是从像元时刻定姿值中抽取并当作观测值看待。这种观测值是从原始观测值中内插生成的,本书称其为内插观测值,在内插过程中等效于对随机误差做滤波。为了更客观地估计误差,下面进行一些必要的比较计算,如表20.8所示。

表20.7 姿态变化率不同情况下的平差结果

| 姿态变化率/(°)s$^{-1}$ | 平差方法 | $m_X$/m | $m_Y$/m | $m_Z$/m | $m_{XY}$/m | 小面阵 |
|---|---|---|---|---|---|---|
| 10$^{-2}$ | EFP | 1.5 | 1.9 | 5.4 | 2.4 | 有 |
| | | 3.2 | 3.2 | 11.0 | 4.5 | 无 |
| | EFP全三线交会 | 2.2 | 2.2 | 5.1 | 3.1 | 无 |
| 10$^{-3}$ | EFP | 1.4 | 1.8 | 4.6 | 2.2 | 有 |
| | | 2.9 | 2.9 | 9.8 | 4.1 | 无 |
| | EFP全三线交会 | 1.4 | 3.4 | 3.9 | 3.6 | 无 |

注:外方位角元素误差为2″,外方位线元素为0 m,60个检查点,10个测回。

表20.8 直接观测值与内插值平差计算结果

| 观测值类型 | $m_X$/m | $m_Y$/m | $m_Z$/m | $m_{XY}$/m | $\sigma\varphi$/(″) | $\sigma\omega$/(″) | $\sigma\kappa$/(″) |
|---|---|---|---|---|---|---|---|
| 直接观测值 | 2.2 | 3.9 | 5.3 | 4.4 | 3.5 | 4.6 | 2.4 |
| 内插观测值 | 1.7 | 3.5 | 4.6 | 3.9 | 1.6 | 2.1 | 1.1 |
| 与内插观测值随机误差相同的直接观测值 | 1.2 | 3.3 | 3.5 | 3.5 | 1.6 | 2.1 | 1.1 |

从表20.8可看出,内插观测值的随机误差比直接观测值误差小,相当于进行了一次滤波,平差结果的精度比内插前的观测值平差略有一些提高,但由于内插滤波的作用,内插观测值中隐含了一些低频误差,因而平差精度不如随机误差值相同的直接观测值。这种状况使本书的各项模拟计算结果更可靠。

### 20.4.2 外方位含低频误差

采用EFP全三线交会平差,设外方位线元素误差为0,并用外方位角元素高频误差2″,每测回分别另加外方位角元素低频常差2″、3″、4″;其中,$\varphi$加一常差,$\omega$减一常差,$\kappa$加一常差,平差结果列于表20.9左侧所示。同样设外方位线元素误差为0,外方位角元素高频误差为2″,每测回另加外方位线元素低频常差4 m、6 m、

7 m;其中,$X_S$ 加一常差,$Y_S$ 减一常差,$Z_S$ 加一常差,平差结果如表 20.9 右侧所示。

表 20.9 外方位元素含低频常差平差结果

| 条件 | 外方位角元素常差/(″) | $m_X$/m | $m_Y$/m | $m_Z$/m | $m_{XY}$/m | 外方位线元素常差/m | $m_X$/m | $m_Y$/m | $m_Z$/m | $m_{XY}$/m |
|---|---|---|---|---|---|---|---|---|---|---|
| A | 2 | 6.1 | 3.5 | 8.1 | 7.0 | 4 | 5.1 | 3.0 | 9.9 | 5.9 |
| B |   | 6.2 | 3.0 | 4.4 | 6.9 |   | 5.6 | 2.4 | 6.9 | 6.1 |
| A | 3 | 8.5 | 5.3 | 8.1 | 10.0 | 5 | 6.8 | 4.3 | 11.2 | 8.0 |
| B |   | 8.5 | 5.1 | 4.5 | 9.9 |   | 7.6 | 3.9 | 8.6 | 8.5 |
| A | 4 | 11.0 | 7.5 | 8.1 | 13.3 | 6 | 7.8 | 5.1 | 11.9 | 9.3 |
| B |   | 10.8 | 7.4 | 4.5 | 13.1 |   | 8.5 | 4.8 | 9.5 | 9.7 |
| A | 0 | 2.8 | 3.9 | 8.2 | 4.8 |   |   |   |   |   |
| B |   | 2.1 | 3.1 | 4.4 | 3.7 |   |   |   |   |   |

注:外方位元素含低频误差 2″,1 个测回,60 个检查点;A 为直接前方交会,B 为 EFP 全三线交会平差。

从表 20.9 可知,外方位元素低频误差在平差中的作用特点如下:

(1)条件 A 的数据显示,直接前方交会的 $m_X$、$m_Y$ 误差随外方位角元素低频误差增大,$m_Z$ 几乎不受影响,但 $m_X$、$m_Y$、$m_Z$ 都随外方位线元素低频误差增大而增大。

(2)目标点平面坐标误差都是随外方位元素低频误差增大而增大,高程受外方位角元素低频误差影响不大,但受外方位线元素低频误差影响比较明显。

(3)条件 B 的数据表明,通过平差可以削弱外方位角元素误差对高程的影响,但平差对外方位线元素低频误差产生的高程影响的削弱作用不大,对平面坐标精度改善作用也很小。

(4)比较外方位角元素低频误差 4″和误差为 0 的平差结果可以看出,平面坐标受外方位角元素低频误差影响很明显,但高程影响不大。

(5)外方位角元素低频误差在 3″~4″、GPS 定位无误差时,无地面控制点目标平面坐标误差可大至 10 m,但高程精度影响不大。

### 20.4.3 外方位角元素低频误差补偿

EFP 全三线交会平差软件扩建有对外方位角元素低频误差补偿功能的模块。低频误差补偿是基于低频误差产生的上下视差规律导出的,由于 ω 低频误差在上下视差中无表现,所以软件目前只能对 φ、κ 角补偿有效。另外,低频误差量级小时,难以区分低频与高频误差对上下视差的影响,因而低频补偿软件主要作用是针对量级较大的低频误差补偿。

按外方位角元素高频误差为 $2''$，线元素误差为 0，外方位角元素低频误差分别为 $10''$、$25''$，计算结果如表 20.10 所示。

表 20.10　外方位角元素低频误差补偿平差结果

| 条件 | $m_X/\text{m}$ | $m_Y/\text{m}$ | $m_Z/\text{m}$ | $m_{XY}/\text{m}$ | $\varphi_C/('')$ | $\omega_C/('')$ | $\kappa_C/('')$ |
|---|---|---|---|---|---|---|---|
| A | 26.4 | 3.9 | 8.1 | 26.6 | 10 | 0 | 10 |
| B | 12.3 | 3.8 | 4.6 | 12.8 | | | |
| A | 25.8 | 3.9 | 8.3 | 26.0 | −10 | 0 | −10 |
| B | 2.1 | 2.2 | 4.3 | 2.6 | | | |
| A | 65.4 | 3.8 | 8.0 | 65.5 | 25 | 0 | 25 |
| B | 11.9 | 7.6 | 4.4 | 14.1 | | | |
| A | 64.8 | 3.9 | 8.4 | 64.9 | −25 | 0 | −25 |
| B | 3.5 | 1.3 | 4.4 | 3.7 | | | |

注：A 为直接前方交会结果，B 为补偿平差结果。

从表 20.10 中条件 A、B 的数据可以看出，该方法对外方位角元素低频误差有较好的补偿作用。低频补偿软件有助于防止量级大的低频误差对地面点坐标产生影响。

## 20.4.4　EFP 平差平面坐标问题解读

2011 年 10 月 7 日卫星影像（"天绘一号"01 星实验区）航线长 500 km，实验区检查点 57 个，计算结果如表 20.11 所示。

表 20.11　检查点 EFP 平差坐标与地面 GPS 实测坐标较差的中误差

| 条件 | $m_X/\text{m}$ | $m_Y/\text{m}$ | $m_Z/\text{m}$ | $m_{XY}/\text{m}$ | $\sigma\varphi/('')$ | $\sigma\omega/('')$ | $\sigma\kappa/('')$ |
|---|---|---|---|---|---|---|---|
| A | 9.3 | 14.2 | 8.7 | 16.9 | 2.6 | 2.9 | 3.3 |
| B | 9.3 | 12.1 | 6.0 | 15.3 | 2.6 | 2.9 | 3.3 |

由 20.4.1.2 小节模拟平差计算讨论可知，在单频 GPS 测轨误差为 4 m、外方位角元素高频误差为 $2''$ 时，无地面控制点目标定位误差为平面 4.5 m、高程 5.2 m，若采用双频 GPS 可望达到平面 3.8 m、高程 3.8 m。但表 20.11 中，实际卫星影像平差计算结果的平面误差达到 9～14 m。

针对以上问题进一步计算解读：考虑到"天绘一号"01 星外方位角元素高频误差比出厂额定误差大得多，取上述"天绘一号"01 星实验区的外方位角元素高频误差参与并按 20.4.1.2 小节 EFP 全三线交会模拟外方位角元素低频误差参与平差，计算结果如表 20.12 所示。

比较表 20.11 和表 20.12 中外方位角元素低频误差的计算结果，结合表 20.9 归纳的外方位元素低频误差在平差中的作用特点，可以推出 2011 年 10 月 7 日航线外方位角元素存在约 $4''$ 的低频误差。可见外方位角元素即使低频误差不大，也明显影响目标点平面精度,足以湮没双频 GPS 带来的提高平面精度的好处。

表 20.12　外方位角元素高频误差参与计算结果

| $m_X/\mathrm{m}$ | $m_Y/\mathrm{m}$ | $m_Z/\mathrm{m}$ | $m_{XY}/\mathrm{m}$ | $\sigma\varphi/(")$ | $\sigma\omega/(")$ | $\sigma\kappa/(")$ | $\varphi_C/(")$ | $\omega_C/(")$ | $\kappa_C/(")$ |
|---|---|---|---|---|---|---|---|---|---|
| 1.8 | 3.7 | 4.4 | 4.1 | 2.6 | 2.9 | 3.3 | 0 | 0 | 0 |
| 2.6 | 4.2 | 5.3 | 5.0 | | | | | | |
| 10.1 | 13.0 | 4.4 | 16.4 | 2.6 | 2.9 | 3.3 | 4 | 4 | 4 |
| 10.2 | 13.1 | 5.3 | 16.6 | | | | | | |

### 20.4.5　小　结

无地面控制点条件下,外方位元素的高频误差和低频误差是影响摄影测量目标点精度的关键因素,本小节讨论要点为:

(1) EFP 平差和 EFP 全三线交会平差均能有效削弱外方位角元素高频误差对高程精度的影响,是"天绘一号"实现高程精度 6 m 的关键技术。EFP 平差原理比较严密,配合 LMCCD 影像,最适用于相机参数在轨标定,但要求航线 500 km,不适用于测绘生产应用。EFP 全三线交会平差软件对航线长度没有严格要求,是生产应用软件。

(2) 外方位角元素低频误差严重影响目标点平面坐标精度,但对高程精度影响并不大。

(3) 外方位角元素低频误差在在轨标定中明显影响星地相机夹角改正数,但对相机标定参数影响不大。

(4) 外方位线元素低频误差直接影响到目标点的三个坐标 $X$、$Y$、$Z$。如果能有效消除外方位角元素低频误差,并保持高频误差在较小水平,在此条件下,更高精度 GPS 将有效提高目标点定位精度。

(5) 低频补偿技术能有效防止量级大的 $\varphi$、$\kappa$ 低频误差对目标点定位精度的严重影响。

## §20.5　卫星三线阵 CCD 影像目标定位精度提高的方向

卫星摄影测量中,在相机在轨标定完成后,影响目标定位精度的因素是:

(1) GPS 定位误差,在有条件情况下尽量采用更高精度的 GPS,后处理计算的外方位线元素误差在子米级,在平差中可以当作无误差处理。

(2) 外方位角元素高频误差和低频误差是无地面控制点目标定位误差的最主要因素。

(3) 像点坐标量测或影像匹配误差,在摄影测量中通常取影像匹配误差在 0.3~

0.36像元，本书模拟计算中匹配误差为0.3像元。

以下按EFP全三线交会平差模拟计算，共进行了10个测回，利用60个检查点进行统计误差，如表20.13所示。

表20.13　EFP全三线交会平差模拟计算结果

| $m_X$ /m | $m_Y$ /m | $m_Z$ /m | $m_{XY}$ /m | 地面分辨率/影像匹配误差 | 外方位角元素高频误差/(″) | 外方位角元素低频误差/(″) |
| --- | --- | --- | --- | --- | --- | --- |
| 1.4 | 3.3 | 3.7 | 5.2 | 5/1.5 | 2 | 0 |
| 1.3 | 3.2 | 3.3 | 4.9 | 1/0.3 | 2 | 0 |
| 7.5 | 10.5 | 3.7 | 13.4 | 5/1.5 | 2 | 3 |
| 7.5 | 10.4 | 3.3 | 13.2 | 1/0.3 | 2 | 3 |
| 4.9 | 8.0 | 3.7 | 10.2 | 5/1.5 | 2 | 2 |
| 4.9 | 8.0 | 3.3 | 10.0 | 1/0.3 | 2 | 2 |
| 2.4 | 5.5 | 2.8 | 6.6 | 5/1.5 | 1 | 1 |
| 2.3 | 5.4 | 2.4 | 6.4 | 1/0.3 | 1 | 1 |
| 1.1 | 4.2 | 2.5 | 5.1 | 5/1.5 | 0.5 | 0.5 |
| 1.0 | 4.1 | 2.0 | 4.7 | 1/0.3 | 0.5 | 0.5 |

从表20.13可以看出，高程误差主要取决于外方位角元素高频误差，外方位角元素低频误差主要影响平面坐标精度。

通过提高影像分辨率、减少影像匹配误差，对提高目标点定位精度贡献有限（王任享 等，2015）。在更高精度GPS应用情况下，目标定位精度提高的关键在于改善星敏感器的品质，尽量降低角元素的高、低频误差。GeoEye-1在无地面控制点条件下，目标点定位精度为平面3 m、高程2 m，可见美国在2008年以后，星敏与陀螺相结合的测姿系统测角精度已达到子秒级，是值得重视的发展方向。在"天绘一号"卫星工程中，如果卫星的星敏感器能有效消除角元素低频误差，且高频误差稳定到2″，并采用更高精度的导航系统，可望实现在无地面控制点条件下达到平面位置和高程位置均优于4 m的水平。

# 参考文献

钱曾波,1980.解析空中三角测量基础[M].北京:测绘出版社.
沈邦乐,1995.数字图像处理(下册)[M].北京:解放军出版社.
王建荣,王任享,胡莘,2014.卫星摄影测量中偏流角修正余差改正技术[J].测绘学报,43(9):954-959.
王任享,1964.在利用高差仪记录的情况下,应用"多次权中数"法平差摄影测量网[J].测绘学报,7(3):192-209.
王任享,1995."断面引导逼近"原理与影象匹配[J].测绘科技(3):1-11.
王任享,1996.数字正射影像生成中地形特征数据的应用[J].测绘科技(2):1-4.
王任享,2003.卫星三线阵CCD影像光束法平差研究[J].武汉大学学报(信息科学版),28(4):379-385.
王任享,2007.将卫星三线阵CCD影像变换为正直影像进行立体测绘[J].测绘科学,32(3):5-7.
王任享,2008a."嫦娥一号"立体影像的摄影测量内部精度估算[J].测绘科学,33(2):5-6.
王任享,2008b.卫星光学立体影像制图高程精度的探讨[J].测绘科学与工程,28(4):1-9.
王任享,2008c.月球卫星三线阵CCD影像EFP光束法空中三角测量[J].测绘科学,33(4):5-8.
王任享,2013.天绘一号卫星无地面控制点摄影测量关键技术及其发展历程[J].测绘科学,38(1):1-5.
王任享,胡莘,王建荣,2013.天绘一号无地面控制点摄影测量[J].测绘学报,42(1):1-5.
王任享,胡莘,杨俊峰,等,2004.卫星摄影测量LMCCD相机的建议[J].测绘学报,29(4):10-12.
王任享,王建荣,2014a.二线阵CCD卫星影像联合激光测距数据光束法平差技术[J].测绘科学技术学报,30(1):1-4.
王任享,王建荣,2015.无地面控制点卫星摄影测量探讨[J].测绘科学,40(2):3-12.
王任享,王建荣,胡莘,2011.在轨卫星无地面控制点摄影测量探讨[J].武汉大学学报(信息科学版),36(11):1261-1264.
王任享,王建荣,胡莘,2014b.LMCCD相机影像摄影测量首次实践[J].测绘学报,43(3):221-225.
王任享,王建荣,胡莘,2014c.EFP全三线交会光束法平差[J].武汉大学学报(信息科学版),39(7):757-761.
王任享,王建荣,赵斐,等,2006.利用地面控制点进行卫星摄影三线阵CCD相机的动态检测[J].地球科学与环境学报,28(2):1-5.
王之卓,1979.摄影测量原理[M].北京:测绘出版社.
杨俊峰,1998.三线阵CCD相机动态检定的研究[D].郑州:解放军测绘学院.
张森林,1988.三行线阵扫描数据的平差方案及精度分析[J].武汉测绘科技大学学报,13(4):60-69.
张绪茂,1999.前方空间交会精度估算公式及在航天摄影测量系统工程中的应用[J].解放军测绘研究所学报(3):1-11.

朝仓坚五,1974. 关于用连续点自动形成等高线的研究[J]. 写实测量(3),页码不详.

BALTSAVIAS E P, 1993. Integration of ortho-images in GIS[C] // CLARK B P, DOUGLAS A, FOLEY B L, et al. Proceedings of Optical Engineering and Photonics in Aerospace Sensing. International Society for Optics and Photonics, Oct 15, 1993, Vol.1943. Lausanne: Switzerland: Swiss Federal Institute of Technology: 314-324.

COLVOVORESSES A P, 1982. An automated mapping satellite system (MapSat)[J]. Photogrammetric Engineering and Remote Sensing, 48(10): 1585-1591.

DOYLE F J, 1985. The large-format camera on shuttle mission 41-G[J]. Photogrammetria, 40(2): 251-253.

EBNER H, KORNUS W, OHLHOF T, 1994. A simulation study on point determination for the MOMS_02/D2 space project using an extended functional model[J]. Geo-Information Systems, 7(1): 11-16.

EBNER H, KORNUS W, OHLHOF T, et al, 1999. Orientation of MOMS-02/D2 and MOMS-2P/PRIRODA imagery[J]. ISPRS Journal of Photogrammetry and Remote Sensing, 54(5): 332-341.

EBNER H, KORNUS W, STRUNZ G, et al, 1991. Simulation study on point determination using MOMS_O2/D2 imagery[J]. Photogrammetric Engineering and Remote Sensing, 57(10): 1315-1320.

EBNER H, MULLER F, ZHANG Senlin, 1989. Studies on object reconstruction from space using three-line scanner imagery[J]. ISPRS Journal of Photogrammetry and Remote Sensing, 44(4): 225-233.

ELMS D G, 1962. Mapping with a strip camera[J]. Photogrammetric Engineering, 28(4): 638-653.

DERENYI E, 1970. Orientation of continuous-strip imagery[D]. New Brunswick: University of New Brunswick.

HAMAZAKI T, 2000. Key technology development for the advanced land observing satellite[C] // JOSEPH G, VENEMA J C. Proceedings of the XIXth ISPRS Congress: Technical Commission I: Sensors, Platforms and Imagery, July 16-23, 2000, Amsterdam, The Netherlands. Amsterdam: ISPRS: 136-140.

HEIPKE C, KORNUS W, PFANNENSTEIN A, 1994. The evaluation of MEOSS airborne 3-line scanner imagery-processing chain and results [J]. International Archives of Photogrammetry and Remote Sensing, 30: 239-250.

HOFMANN O, NAVÉ P, EBNER H, 1982. DPS—a digital photogrammetric system for producing digital elevation models and orthophotos by means of linear array scanner imagery [J]. International Archives of Photogrammetry and Remote Sensing, 24(B3): 216-227.

HOFMANN O, 1984. Investigations of the accuracy of the digital photogrammetry system DPS, a rigorous three-dimensional compilation process for push broom imagery[J]. International Archives of Photogrammetry, 25: 180-187.

HOFMANN O, 1986. The stereo-push-broom scanner system DPS and its accuracy[C] // ISPRS. Proceedings of the ISPRS Commission III Symposium, August 9, 1986, Rovaniemi, Finland. Rovaniemi: ISPRS: 345-356.

HOFMANN O, MULLER F, 1988. Combined point determination using digital data of three line scanner systems [C] // ISPRS. Proceedings of the XVIth ISPRS Congress: Technical Commission III on Mathematical Analysis of Data, July 1-10, 1988, Kyoto, Japan. Kyoto: ISPRS: 567-577.

Itek Corp, 1981. Conceptual design of an automated mapping satellite system (MapSat) [R]. Massachusetts: Itek Optical System.

JACOBSEN K, 2008. Geometric modelling of linear CCDs and panoramic imagers[C] // ISPRS. Advances in Photogrammetry, Remote Sensing and Spatial Information Science: 2008 ISPRS Congress Book. Beijing: ISPRS: 145-155.

JPL, 1979. Preliminary StereoSat Mission Description[R]. Washington: NASA/JPL.

KATZ A H, 1952. Height measurements with the stereoscopic continuous strip camera[J]. Photogrammetric Engineering, 18(1): 53-62.

KONECNY G, 1995. International developments and satellite remote sensing [C] // Photogrammetry and Remote Sensing from Space Congress. Modular Optoelectronic Multispectral Stereo-Scanner on the Second German Spacelab Mission, July 5-7, 1995, Köln, Germany. Köln: [s.n.] :255-257.

KORNUS W, LEHNER M, BLECHINGER F, et al, 1996. Geometric calibration of the stereoscopic CCD-Line scanner MOMS-2P[J]. International Archives of Photogrammetry and Remote Sensing, 31: 90-98.

KORNUS W, LEHNER M, EBNER H, et al, 1998. Photogrammetric point determination and DEM generation using MOMS-2P/PRIRODA three-line imagery[J]. International Archives of Photogrammetry and Remote Sensing, 32: 321-328.

LEHNER M, KORNUS W, 1995. The photogrammetric evaluation of MOMS-02/D2 mode 3 data (Ethiopia, Mexico)[C] // SPIE. Proceedings of the MOMS-02 Symposium, 1995, Köln, Germany. Köln: SPIE: 102-114.

LIGHT D L. 1990. Characteristics of remote sensors for mapping and earth science applications [J]. Photogrammetric Engineering and Remote Sensing, 56(12):1613-1623.

NORVELLE F R, 1992. Using iterative orthophoto refinements to correct digital elevation models (DEM's) [C] // ASPRS. Proceedings of ASPRS/ACSM/RT 92 International Conference, Washington D C, USA, August 3-8, 1992. Washington D C, USA: ASPRS, ACSM: 151-155.

SCHENK T, LI J C, TOTH C K, 1990. Hierarchical approach to reconstruct surfaces by using iteratively rectified imagery[C] // GRUEN A, BALTSAVIAS E P. Proceedings of SPIE Conference on Close-range Photogrammetry Meets Machine Vision: Vol. 1395. Bellingham, WA: Society for Photo-Optical Instrumentation Engineers: 464.

WANG Renxiang, 1981. Possibility of aerial triangulation for images obtained from liner array cameras[D]. Enschede, Netherland: ITC.

WELCH R, MARKO W, 1981. Cartographic potential of a spacecraft line-array camera system-Stereosat[J]. Photogrammetric Engineering and Remote Sensing, 47: 1173-1185.

WERNER M, 2001. Shuttle radar topography mission (SRTM) mission overview[J]. Frequenz, 55(3-4): 75-79.

WU J, 1984. Triplet evaluation of stereo-pushbroom scanner data[C] // ISPRS. Proceedings of the XVth ISPRS Congress: Technical Commission III on Mathematical Analysis of Data, June 17-29, 1984, Rio de Janeiro, Brazil. Hanover, Germany: University of Hanover: 1164-1178.

ZHOU Guo, LI Ron, 2000. Accuracy evaluation of ground points from IKNONOS high-resolution satellite imagery[J]. Photogrammetric Engineering and Remote Sensing, 66(9): 1103-1112.

# 附 录 卫星摄影测量工程图片

在笔者多年的卫星摄影测量研究中,经历了多颗返回式和传输型摄影测量卫星工程。"863"三线阵 CCD 相机研制和"试验一号"、"嫦娥一号"、"天绘一号"等卫星工程是真实的三线阵 CCD 影像的应用,各工程(含返回式摄影测量卫星)的首次影像十分珍贵,特留在此以作纪念。

## 1. 第一代返回式摄影测量卫星影像

1987 年我国第一颗返回式卫星大幅面相机摄取的泰山地区像片,笔者将其生成数字化立体影像,作为模拟生成三线阵 CCD 影像的重要数据,如彩图 1 所示。

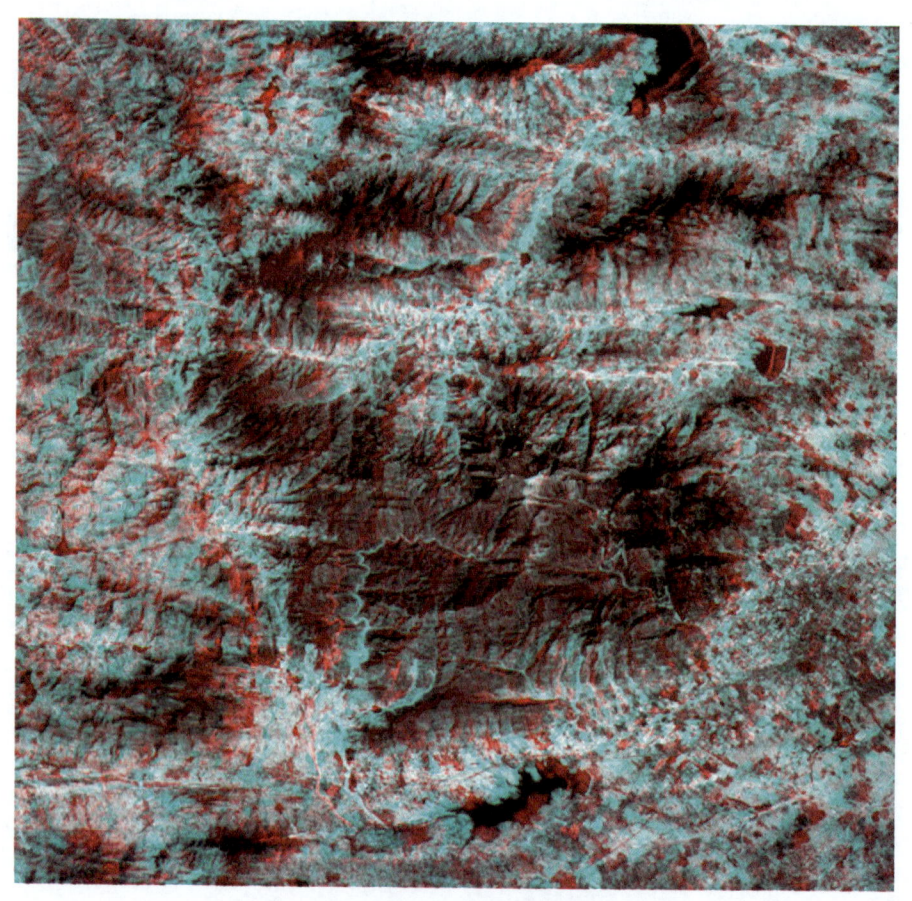

彩图 1 泰山卫星像片生成的红绿立体影像

## 2. "863"三线阵 CCD 相机航空校飞影像

1998 年我国三线阵 CCD 相机第一次推扫摄影获取的莱阳航空影像,并利用该影像制作了红绿立体等影像产品,如彩图 2 所示。

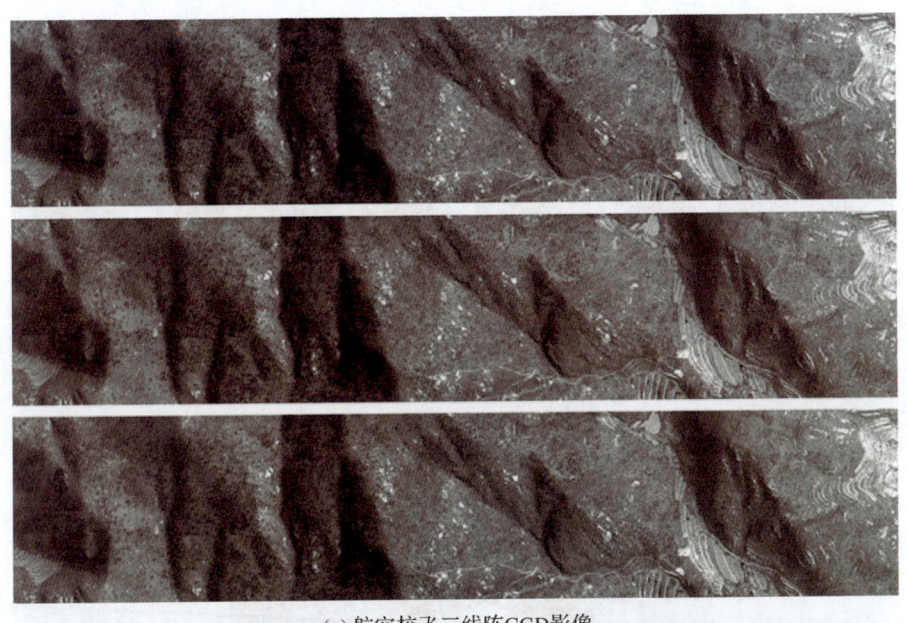

(a) 航空校飞三线阵CCD影像

(b) 等高线与影像叠加红绿立体

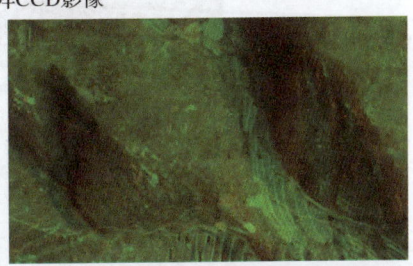

(c) 前、正视红绿立体

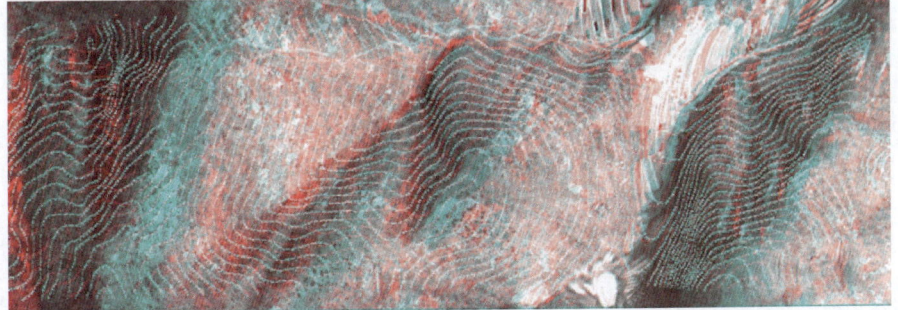

(d) 航空校飞影像(等高线与影像的叠加红绿立体影像)

彩图 2  "863"三线阵相机航空校飞影像

### 3. "试验一号"三线阵 CCD 影像

2004 年"试验一号"卫星获取的三线阵 CCD 影像,并利用该影像生成红绿立体、等高线等产品,如彩图 3 所示。

(a) 国外山区前视影像

(b) 国外山区后视影像

(c) 国外山区红绿立体影像

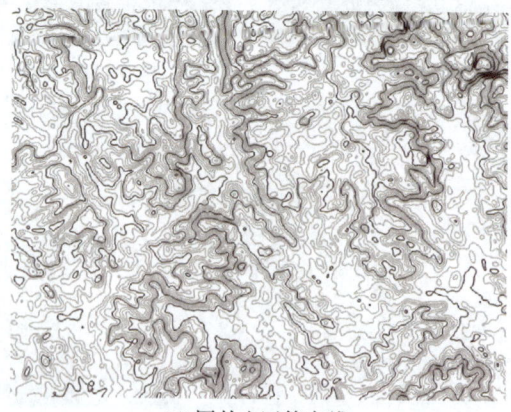
(d) 国外山区等高线

彩图 3 "试验一号"卫星三线阵 CCD 影像

### 4. "嫦娥一号"第一轨影像及几何反演图片

2007年"嫦娥一号"卫星获取月面三线阵CCD影像后,利用该影像进行外方位元素重建、DEM采集、等高线生成、正射影像及红绿立体影像制作等。在后期进行带有月球曲率的长航线影像处理,并生成红绿立体影像,使读者能够"俯视"月球,如彩图4所示。

(a) 月球正面红绿立体影像

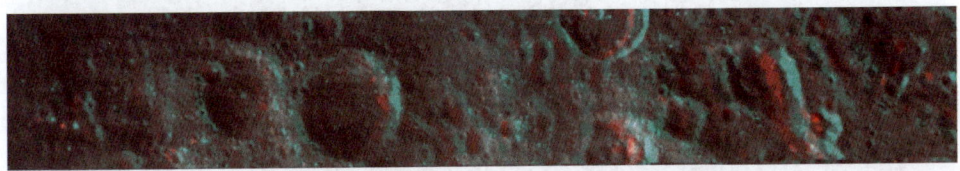

(b) 月球背面红绿立体影像

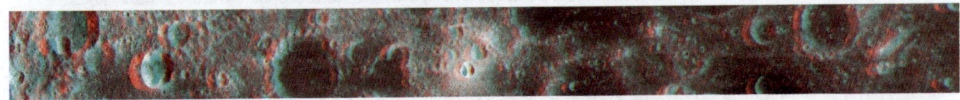

(c) 具有月球曲率的红绿立体影像

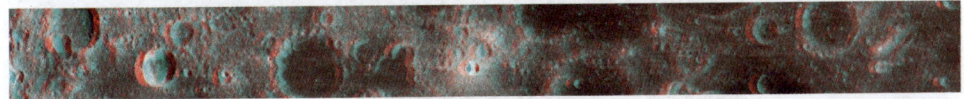

(d) 不带月球曲率的红绿立体影像

(e) 不带月球曲率的三维景观

(f) 带月球曲率的三维景观

彩图4 "嫦娥一号"获取的月球影像

应用影像匹配提取DEM,再利用立体摄影测量的方法将DEM点逆投影到前视和后视影像上,以不同大小的点表示,如彩图5所示。

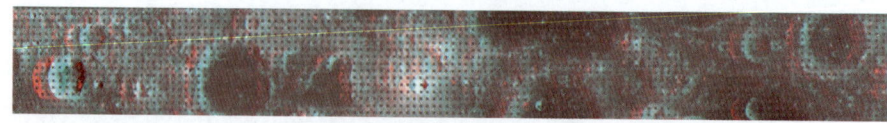

(a) 月球正面影像加点(尺度1)

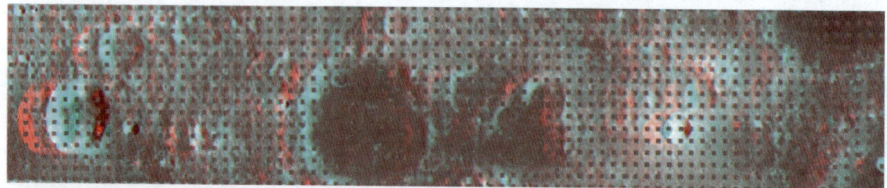

(b) 月球正面影像加点(尺度2)

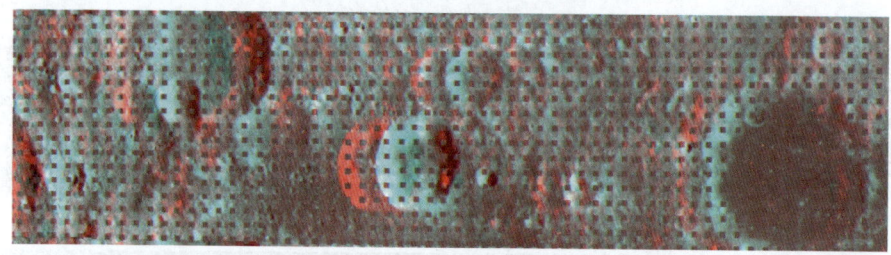

(c) 月球正面影像加点(尺度3)

(d) 月球背面影像加点(尺度1)

(e) 月球背面影像加点(尺度2)

彩图 5　月球影像加点

月球地貌十分奇特,笔者特从第一轨影像中提出几个地段,以红绿立体影像放大显示,如彩图 6 所示,读者戴红(左)绿(右)镜便能观览月面景观,图像上下宽度均为 61 km。

附　录　卫星摄影测量工程图片　　　203

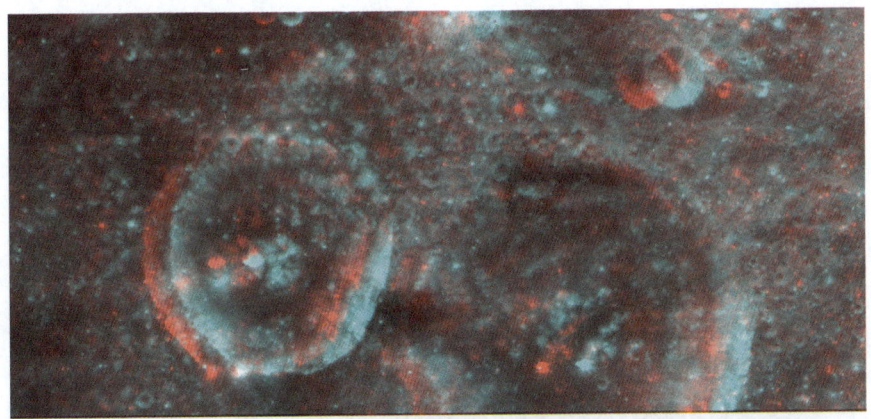

(a) 月坑互补红绿立体影像 1

(b) 月坑互补红绿立体影像 2

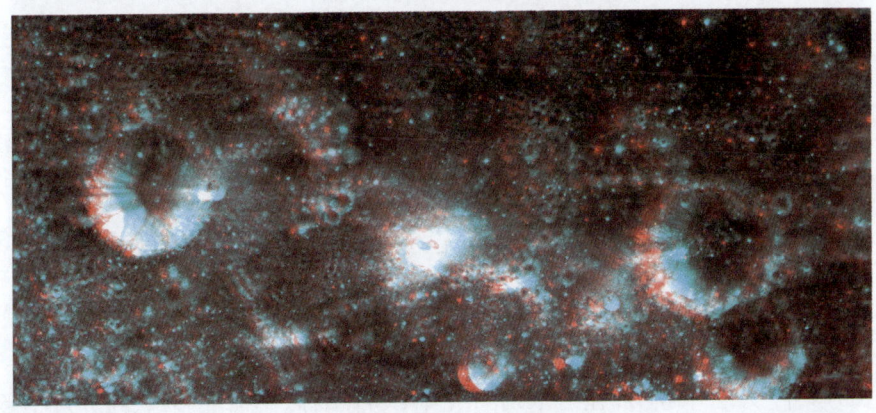

(c) 月坑互补红绿立体影像 3

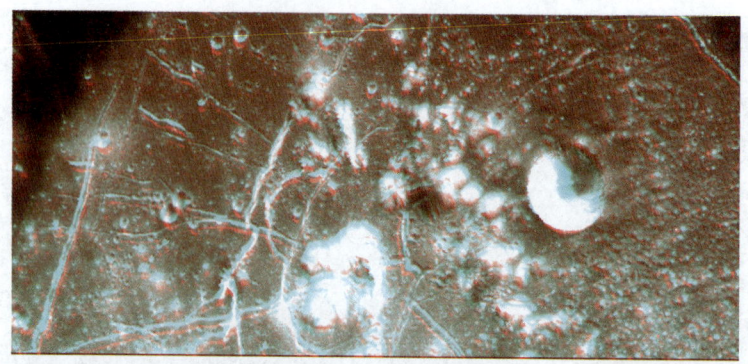

(d) 月坑互补红绿立体影像4

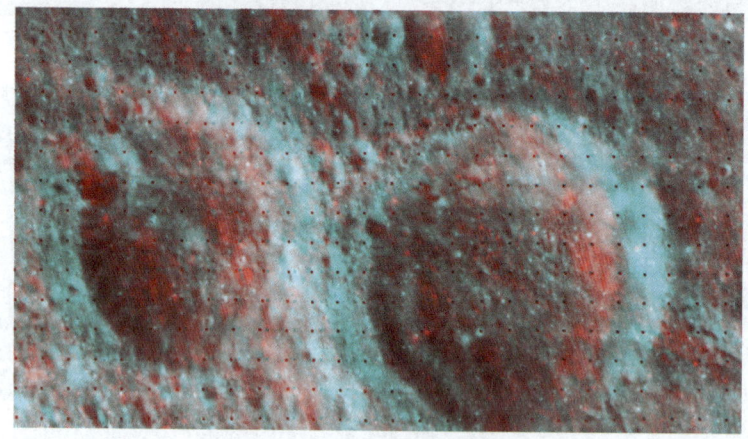

(e) 月坑互补红绿立体影像加点

彩图6　月坑互补红绿立体影像

工程研究初期,采用阿波罗影像模拟三线阵影像,并生成"零立体"的红绿影像,如彩图7所示。

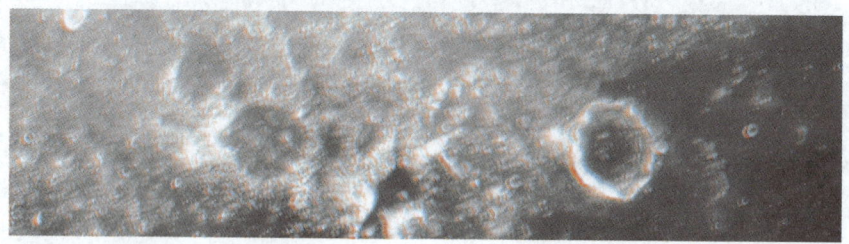

彩图7　"零立体"互补色立体图

## 5. "天绘一号"01星三线阵CCD影像

2010年"天绘一号"01星获取的三线阵CCD影像、小面阵影像、高分辨率影像与多光谱影像,并利用该影像生成红绿立体及融合影像,如彩图8所示。

附　录　卫星摄影测量工程图片　　　　　　　　　　　　　　205

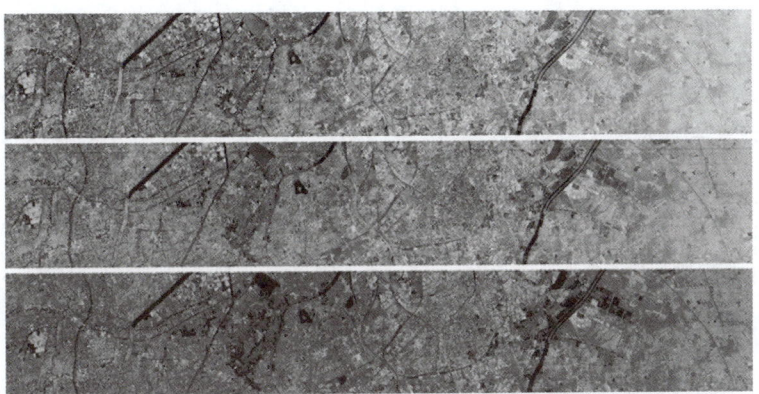

(a) 天津地区三线阵影像

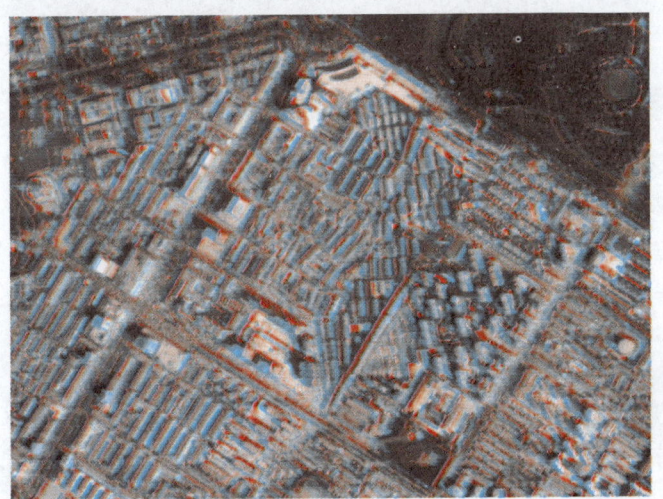

(b) 长春地区红绿立体影像1

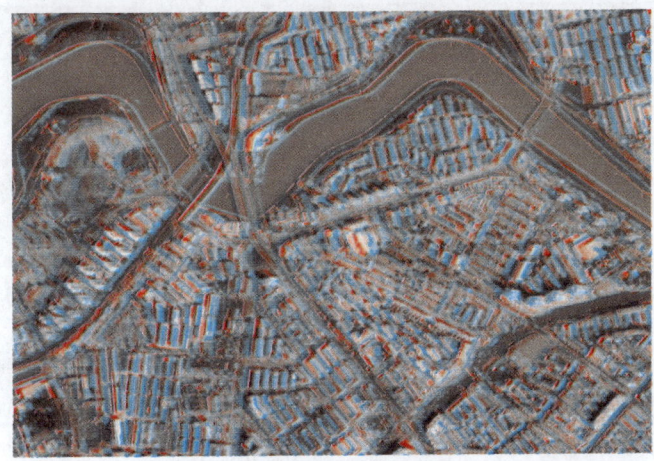

(c) 长春地区红绿立体影像2

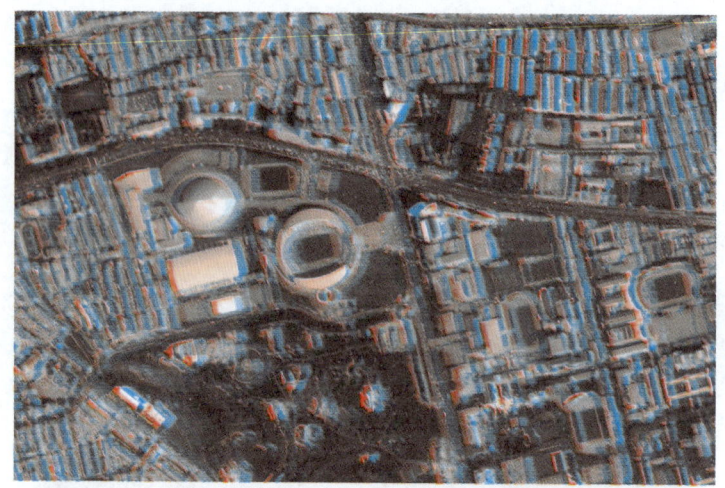

(d) 长春地区红绿立体影像 3

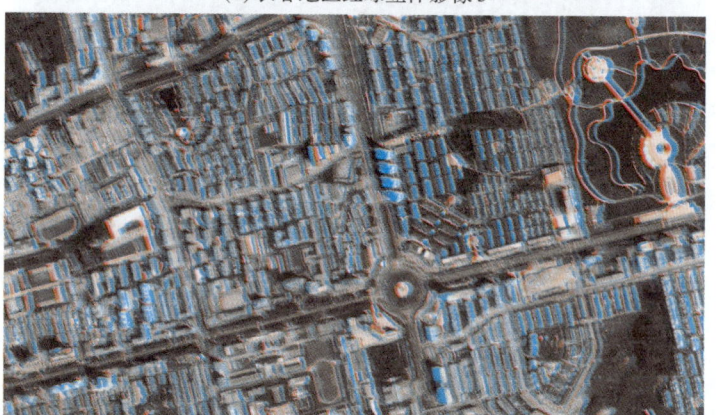

(e) 长春地区红绿立体影像 4

(f) 长春地区红绿立体影像 5

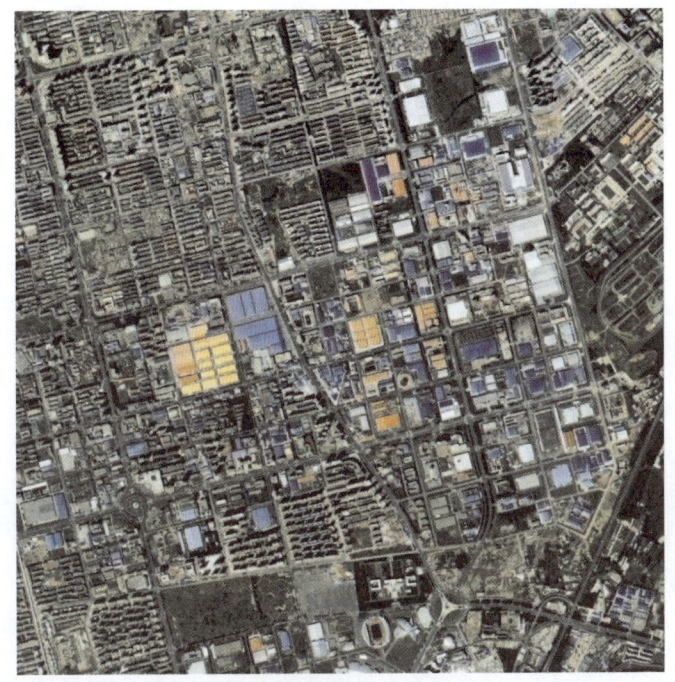

(g) 长春市区三线阵多光谱融合

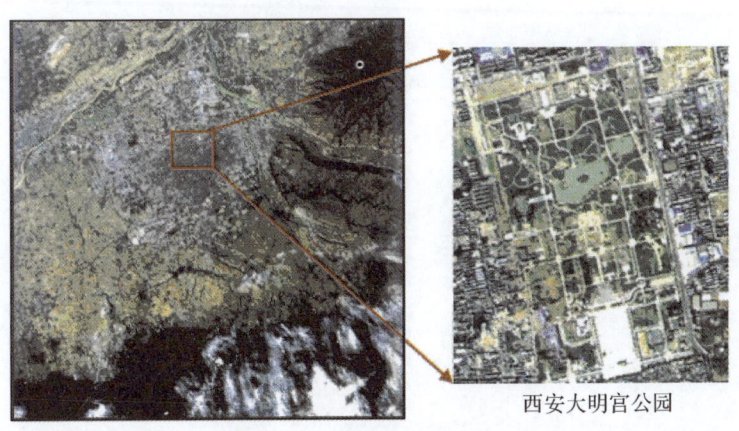

西安大明宫公园

(h) 西安地区影像

彩图 8 "天绘一号" 01 星影像